技能研修＆検定シリーズ

[改訂版] **機械・仕上**
の総合研究（上）

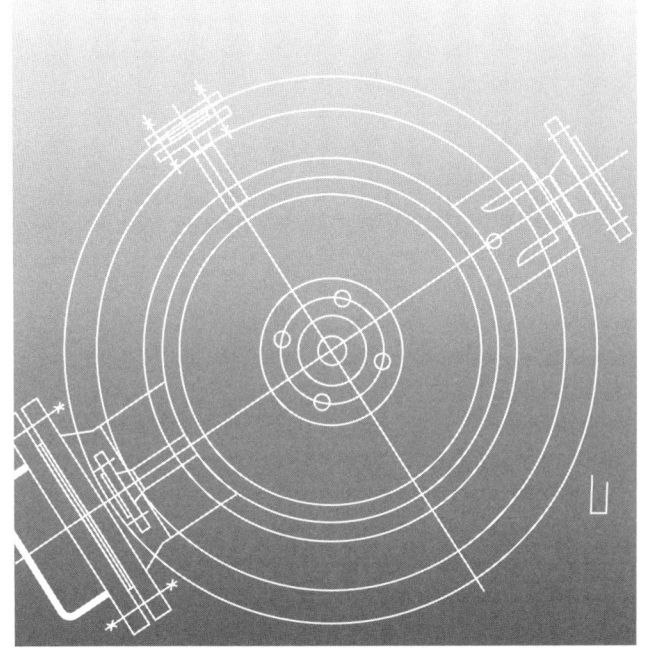

まえがき

　昨今では、機械設計技術や機械加工技術、生産技術の多様化・専門化が進んでいる。例えば、急速に発展したコンピュータ技術を活用して、機械設計の分野ではCAD、機械加工の分野では数値制御工作機械や産業用ロボットがものづくりの主流となっている。このような技術の発展によって、加工能率が大幅に向上し、機械製品の量産が容易になったのは間違いない。

　ものづくり立国と呼ばれて機械工業界が発展してきた我が国では、常に高い機械技術力の維持と発展が必要とされている。一方では、団塊の世代が一斉に定年を迎え、高い技能と多くの経験を持つベテラン技術者の技術・技能をどのようにして若い世代に継承していくかが大きな課題となっている。

　いかなる技術の発展や情勢の変化があっても、ものづくりに直接携わる技術者・技能者が必要とする知識や経験は変わらない。むしろ、昨今の技術の発展と多様化によって、一人一人の若い技術者の技術・技能の向上は、ますます重要となっていると言える。

　本書の内容は、多くの機械製品に使われているねじ部品や軸受などの機械要素から、機械材料に関する知識、電気や潤滑、油圧・空気圧機器に至るまで多岐に渡っている。これらの内容は、機械設計技術者から機械部品の加工をする技能者、機械の組立・仕上を行う技能者まで、レベルアップを目指す若い技術者・技能者に不可欠な知識である。

　平成21年に発行された本書は、昭和59年に改訂出版された「合格を目指す技能検定 1・2級 機械・仕上の総合研究（上）（機械仕上の総合研究編集委員会編）」を詳細に見直し、実際の工作現場で役立つ情報を選定・加筆・修正したものである。さらに平成26年には、近年改定された新しいJISを参照し、用語の定義や技術的内容の大幅な見直しを行った。本書が、従来からの技能検定試験の参考書としてばかりでなく、ものづくりに携わる若い技術者・技能者の現場のテキストとして役立つことを期待している。

　　　平成26年12月　　　　　　　　　　　　　　　　　　　　平田宏一

機械・仕上の総合研究（上）

目次

【第1章】機械要素

1 ねじ／ねじ部品
- 1.1 ねじの基礎 … 10
- 1.2 ねじ山の形状 … 13
- 1.3 三角ねじの規格 … 14
- 1.4 ねじの表示法 … 17
- 1.5 ねじの精度と測定 … 19
- 1.6 ボルトおよびナット … 19
- 1.7 ねじのゆるみ止め … 25

2 その他の締結用機素
- 2.1 キー … 28
- 2.2 止め輪 … 29
- 2.3 ピン … 30
- 2.4 リベットおよびリベット継手 … 33

3 歯車
- 3.1 歯車の基礎 … 35
- 3.2 歯車の種類と特徴 … 41
- 3.3 歯車列 … 46
- 3.4 歯車寸法の測度と精度 … 48

4 軸と軸継手
- 4.1 軸 … 50
- 4.2 軸継手 … 51
- 4.3 クラッチ … 54
- 4.4 ブレーキ … 56

5 軸受
- 5.1 軸受の分類 … 59
- 5.2 すべり軸受 … 60
- 5.3 転がり軸受 … 64

6 巻掛け伝動装置
- 6.1 摩擦ベルト伝動 … 71
- 6.2 チェーン伝動 … 74

7 リンク・カム・ばね
- 7.1 リンク機構 … 76
- 7.2 カム … 78
- 7.3 ばね … 81

8 密封装置
- 8.1 Oリング … 83
- 8.2 オイルシール … 84
- 8.3 メカニカルシール … 84
- 8.4 その他の密封装置 … 85

9 管・配管部品
- 9.1 管の種類と用途 … 87
- 9.2 管継手 … 88
- 9.3 バルブ … 90

10 テーパ
- 10.1 テーパの表示法 … 92
- 10.2 テーパの規格 … 92

実力診断テスト
- ・問題 … 95
- ・解答と解説 … 96

【第2章】機械材料

1 金属の一般的性質
- 1.1 金属の性質 … 98
- 1.2 合金 … 102
- 1.3 結晶構造と加工硬化 … 103

2 鉄鋼材料
- 2.1 鉄と鋼 ... 105
- 2.2 炭素鋼 ... 107
- 2.3 機械構造用合金鋼・特殊用途鋼 ... 113
- 2.4 鋳鉄 ... 117

3 工具鋼および工具用材料
- 3.1 炭素工具鋼 ... 121
- 3.2 合金工具鋼 ... 121
- 3.3 高速度工具鋼 ... 121
- 3.4 超硬合金 ... 122
- 3.5 サーメット ... 122

4 金属の性質と熱処理
- 4.1 金属の相の固溶体 ... 124
- 4.2 鉄と鋼の組織 ... 126
- 4.3 鋼の熱処理 ... 129
- 4.4 鋼の表面硬化処理 ... 132

5 非鉄金属
- 5.1 単金属の性質 ... 136
- 5.2 銅合金 ... 138
- 5.3 アルミニウム合金 ... 139
- 5.4 その他の合金 ... 141
- 5.5 軸受合金 ... 142
- 5.6 可溶合金 ... 143

6 非金属材料
- 6.1 耐火物および保温材 ... 145
- 6.2 セメント ... 146
- 6.3 木材・皮革・ゴム ... 146
- 6.4 合成樹脂材料 ... 148
- 6.5 塗料 ... 152

7 金属材料試験法
- 7.1 硬さ試験 ... 154
- 7.2 引張試験 ... 157
- 7.3 衝撃試験 ... 158
- 7.4 その他の試験方法 ... 159
- 7.5 非破壊検査 ... 160

実力診断テスト
- ・問題 ... 163
- ・解答と解説 ... 164

【第3章】材料力学

1 応力
- 1.1 荷重と応力 ... 166
- 1.2 ひずみと弾性限度 ... 169
- 1.3 許容応力と安全率 ... 172
- 1.4 応力集中 ... 175

2 はり
- 2.1 曲げ応力 ... 178
- 2.2 はりの曲げ強さ ... 179

実力診断テスト
- ・問題 ... 183
- ・解答と解説 ... 184

機械・仕上の総合研究（上）

目　次

【第4章】機械製図

1　製図の基礎
1.1　投影法　　　　　　　　　　　　186
1.2　線の名称および使用方法　　　　188
1.3　図形の表し方　　　　　　　　　190
1.4　断面の図示法　　　　　　　　　193
1.5　寸法の表し方　　　　　　　　　196

2　機械部品の製図
2.1　ねじの製図　　　　　　　　　　202
2.2　歯車の製図　　　　　　　　　　204
2.3　ばねの製図　　　　　　　　　　207
2.4　転がり軸受の製図　　　　　　　209

3　機械製図に用いる各種記号
3.1　表面性状　　　　　　　　　　　211
3.2　寸法公差およびはめあい　　　　213
3.3　溶接記号　　　　　　　　　　　220
3.4　材料記号　　　　　　　　　　　225

実力診断テスト
・問題　　　　　　　　　　　　　　227
・解答と解説　　　　　　　　　　　228

【第5章】電　気

1　電磁気の基礎
1.1　電位差と電流　　　　　　　　　230
1.2　電圧と起電力　　　　　　　　　230
1.3　抵抗および電源　　　　　　　　230
1.4　電力および電力量　　　　　　　231
1.5　オームの法則　　　　　　　　　231
1.6　抵抗の接続法と計算　　　　　　232
1.7　抵抗率,導電率　　　　　　　　 233
1.8　磁気　　　　　　　　　　　　　233

2　交　流
2.1　直流と交流　　　　　　　　　　235
2.2　周波数　　　　　　　　　　　　235
2.3　三相交流　　　　　　　　　　　235
2.4　力率と交流電力　　　　　　　　236

3　磁気と電動機
3.1　電動機の概要　　　　　　　　　237
3.2　三相同期電動機　　　　　　　　238
3.3　三相誘導電動機　　　　　　　　239

4　電気機器の取り扱い
4.1　テスタ　　　　　　　　　　　　243
4.2　スイッチ　　　　　　　　　　　243
4.3　ヒューズ　　　　　　　　　　　244
4.4　電線と絶縁抵抗　　　　　　　　245
4.5　接地　　　　　　　　　　　　　245

実力診断テスト
・問題　　　　　　　　　　　　　　247
・解答と解説　　　　　　　　　　　248

【第6章】潤　滑

1　潤滑作用
1.1　潤滑の目的　　　　　　　250
1.2　潤滑の種類　　　　　　　250

2　潤滑油と油潤滑機構
2.1　潤滑の状態　　　　　　　252
2.2　潤滑油の種類と特徴　　　252
2.3　油の粘度・粘度指数　　　253
2.4　潤滑油の選択　　　　　　254
2.5　潤滑油の劣化　　　　　　254

2.6　潤滑機構　　　　　　　　255
2.7　潤滑方式の種類　　　　　257

3　グリース潤滑
3.1　グリースの種類　　　　　260
3.2　グリース潤滑の特徴と用途　261

実力診断テスト
・問題　　　　　　　　　　　　263
・解答と解説　　　　　　　　　264

【第7章】油圧・空気圧

1　圧力の基礎
1.1　圧力の定義と単位　　　　266
1.2　ゲージ圧と絶対圧　　　　266
1.3　圧力を利用した機械　　　267

2　油　圧
2.1　油圧の特徴　　　　　　　268
2.2　油圧ポンプ　　　　　　　269
2.3　油圧シリンダ　　　　　　270
2.4　油圧モータ　　　　　　　272
2.5　油圧制御弁　　　　　　　272
2.6　油圧回路の補助機器　　　275
2.7　油圧記号と油圧回路　　　277

2.8　作動油　　　　　　　　　278
2.9　油圧回路のトラブル　　　279

3　空気圧
3.1　空気圧の特徴　　　　　　280
3.2　空気圧アクチュエータ　　280
3.3　制御弁　　　　　　　　　282
3.4　圧縮空気の清浄化・良質化　282

実力診断テスト
・問題　　　　　　　　　　　　283
・解答と解説　　　　　　　　　284

●参考文献　　　285
●索引　　　　　286

【第1章】機械要素

多くの機械では、ねじや歯車、軸受、動力伝達機構などの機械要素が使われている。これらについては、基礎知識だけでなく、使いこなすための応用力も身につけておく必要がある。

1 ねじ／ねじ部品

1.1 ねじの基礎

(1) ねじの原理

図1.1に示すように、円筒の周囲に傾斜角φをもった直角三角形を巻き付けると、円筒面上に斜辺ABによるつる巻線を描くことができる。このつる巻線に沿って、みぞや突起を作ったものがねじである。

このときの角φをリード角と呼び、つる巻き線の傾きを示す（図1.2）。

円筒の半径をrとした場合、リード角φは次式で表される。

$$\tan\varphi = \frac{P_h}{2\pi r}$$

円筒の外側にねじ山をもったものを**おねじ**、円筒の内側にねじ山をもったものを**めねじ**と呼ぶ（図1.3）。

(2) ピッチとリード

ねじの形状を表す数値としてピッチPとリードP_hがある。**ピッチP**は、ねじ山の相隣り合う山の対応する2点間の距離で定義される数値である（図1.4）。リードP_hは、ねじを1回転したとき、ねじ上の1点が軸方向に進む距離で定義される。

(3) 一条ねじと多条ねじ

一条ねじとは、1本のつる巻き線に沿ってねじ山を設けたねじであり、部品同士の締結などに用いられる最も一般的なねじである。一条ねじでは、ピ

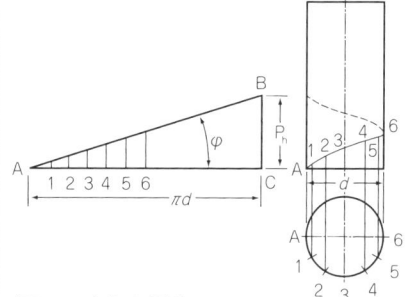

図1.1 ねじの原理

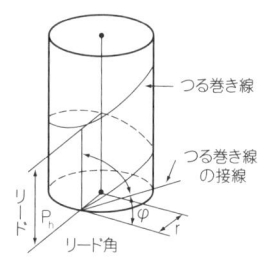

図1.2 つる巻き線とリード角

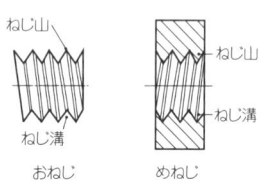

図1.3 おねじとめねじ

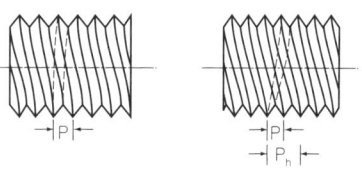

図1.4 ねじの条数（JIS B 0101）

ッチとリードが等しいため、通常はねじのピッチだけが表記される。

1本の円筒に2本のつる巻き線を等間隔に巻き付け、このつる巻き線に沿ってねじ山を設けたねじを二条ねじという。二条ねじ以上のものを**多条ねじ**と呼び、3本のつる巻き線を巻付けた三条ねじ、4本のつる巻き線を巻付けた四条ねじなどがある（**図1.4**）。

リードP_hとピッチPの関係は、ねじの条数nを用いて、次式で表される。

$P_h = n \times P$

多条ねじは、ねじを締め付ける際に少ない回転数で大きな移動距離を必要とする場合に用いられる。

(4) 右ねじと左ねじ

軸方向にみたとき、時計回り（右回り）に回すとその人から遠ざかるようなねじを**右ねじ**という。一般に使われているねじのほとんどは右ねじである。

軸方向にみたとき、反時計回り（左回り）に回すと、その人から遠ざかるようなねじを**左ねじ**という。左ねじは、回転運動によってねじが緩みやすい場合など、特殊な用途に用いられる。

(5) ねじの呼びと有効径

①**ねじの呼び**

ねじの呼びとは、ねじの形式、呼び径およびピッチを表す記号である。例えば、M12は呼び径が12mmのメートル並目ねじを表す。

②**呼び径**

呼び径は、ねじの基本寸法となるもので、一般におねじの外径寸法で表される。めねじの場合は、これにはまり合うおねじの外径寸法で呼ばれる。

③**有効径**

有効径とは、ねじの山の部分と谷の部分の寸法が等しくなる仮想的な円筒の直径で、ねじの強度計算や精密な測定を行うときなどに基本となる寸法である。

④**有効断面積**

有効断面積とは、おねじの有効径と谷の径等から計算される断面積であり、主におねじの強度計算に使われる。例えば、一般用メートルねじの計算方法はJIS B 1082で決められている。

(6) フランクとフランク角

図1.5に示すように、ねじ山の頂が谷底と連絡する面を**フランク**と呼ぶ。一般に、軸線を含んだ断面形では直線になる。また、軸線を含んだ断面形において、

軸線に直角な面とフランクとのなす角度を**フランク角 β** という。

(7) ねじの用途
ねじは以下のような用途で用いられる。
① **締め付け**：2つあるいはそれ以上の部品を、締め付けることにより1つに固定する働きがある。
② **運動伝達**：はまり合うねじの一方を回転させずに一方を回転させるといずれか一方が軸方向に移動する。この働きが運動の伝達に応用される。
③ **力の拡大**：ねじの運動を利用して、万力のように、ねじをしめる小さいトルクを大きい力に変換することができる。
④ **長さの測定**：ねじの回転角が軸方向の移動距離に比例する性質を利用して、長さ寸法の測定に使用される。

その他、部品同士の隙間を調節するための機構や密封部分の栓の働きなどをさせることがある。

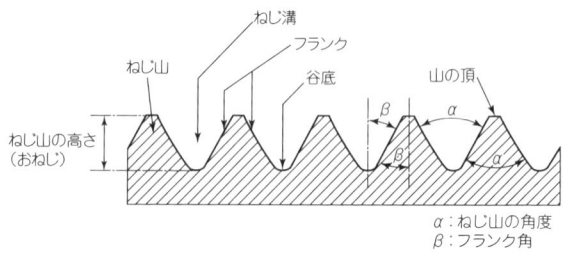

図1.5　フランクとフランク角
（JIS B 0101）

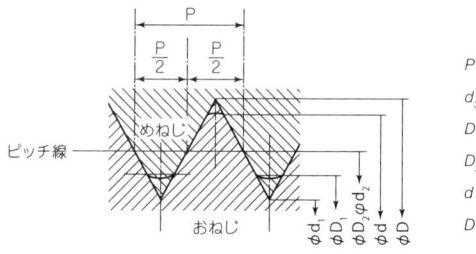

図1.6　三角ねじ

1.2 ねじ山の形状

(1) 三角ねじ
図1.6に示すように、ねじ山の断面が正三角形に近いねじを**三角ねじ**という。機械部品の締め付けや、調節、測長用として一般に広く用いられている。

(2) 角ねじ
角ねじは、正方形に近い断面をもつねじである（**図1.7**）。通常、強さを増し、すみの応力集中を避けるために、すみとかどに丸みを付けることが多い。ねじプレス、スクリュージャッキ、万力などに用いられる。特徴は以下の通りである。
① ねじ面が軸線に対しほとんど直角であるため、力の作用する方向は軸線と平行である。
② 三角ねじに比べて摩擦抵抗が少なく効率がよい。
③ 大きな力の伝達に適す。
④ 工作が困難で精度の高いものを作りにくく、摩耗すると調整が難しい。

(3) 台形ねじ
台形ねじは、**図1.8**に示すように断面が台形になったねじである。高精度なねじを比較的容易に工作でき、旋盤の親ねじやねじプレスなどの工作機械の送りねじ、万力などの力を伝動するためのねじに用いられている。JIS B 0216で規格化されているメートル台形ねじでは、ねじ山の角度が30°とされている。台形ねじの特徴は以下の通りである。
① 角ねじより加工が容易で、高精度なねじを作ることができる。
② 摩耗に対する調整がしやすい。
③ 強度が大きく、正確な伝動ができる。

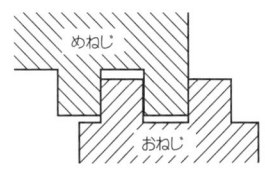

図1.7　角ねじ

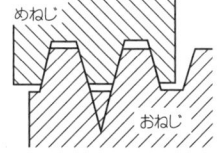

図1.8　台形ねじ

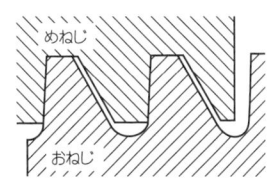

図1.9　のこ歯ねじ

(4) のこ歯ねじ

一方向の力を受ける場合、図1.9に示すのこ歯ねじが用いられることがある。軸にほぼ垂直なねじ面は強い力を支えることができる。万力のねじ棒、ねじプレス、ジャッキなどに用いられることがある。

(5) 丸ねじ

丸ねじは、図1.10に示すように、ねじ山と谷底の丸みが大きく半円形に近いねじであり、薄板から転造で作ることができ、成形も容易であるという特徴がある。電球の口金、ホースや陶器などの連結部など、大きな力がかからず、高い精度を必要としない個所に用いられる。

(6) ボールねじ

ボールねじは、ねじ山の代わりにつる巻き線状のみぞを設け、これに転がり軸受用の鋼球を入れたねじである。図1.11に示すボールねじは、ナットの一端から出たボールがナット本体中の穴（チューブ）を通って、再びナット他端のねじみぞ部に戻る循環機構になっている。

転がり摩擦であるため、すべり接触の一般のねじに比べて、摩擦係数が小さいこと、バックラッシがほとんどなく、伝動効率が高いことなどの特徴がある。数値制御工作機械の位置決め用ねじ、自動車のステアリング部などに使用されている。

1.3 三角ねじの規格

上述した通り、三角ねじは、機械部品の締め付けや、調節、測長用として一般に広く用いられている。ねじの規格としては、メートル並目ねじ、メートル細目ねじ、ユニファイ並目ねじ、ユニファイ細目ねじなどがある。特殊な場合

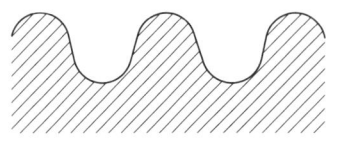

図 1.10　丸ねじ

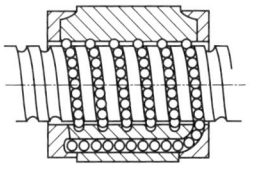

図 1.11　ボールねじ

を除き、通常はメートルねじが使われている。

(1) メートルねじ
メートルねじには、メートル並目ねじとメートル細目ねじがJISによって規格化されている（JIS B 0205、JIS B 0207）。
①形状
直径およびピッチは、ミリメートル（mm）の単位で表す。ねじの角度は60°であり、ねじ山の山頂は平らで谷底は丸い。はめ合わせたとき山頂と相手側の谷底との間に隙間ができる。
②用途
最も広く使われているねじであり、一般機械、自動車などに使用されている。

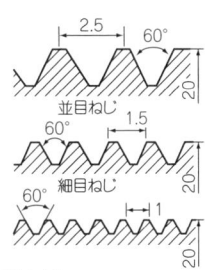

図1.12
並目ねじと細目ねじ

③表示法
メートル並目ねじは記号（メートルねじの記号：M）と呼び径で表す（例：M8）。メートル細目ねじは記号、呼び径×ピッチの順で表す（例：M10×1）。

(2) ユニファイねじ
ユニファイねじは、ねじの各部の寸法を25.4mm（1インチ）基準として決められたインチねじである。ユニファイ並目ねじとユニファイ細目ねじがJISによって規格化されている（JIS B 0206、JIS B 0208）。
①形状
形状はメートルねじと同じで、ねじ山の角度は60°である。呼び径の単位はインチまたは番号で表す。
②用途
航空機など特殊な用途に使用されている。
③表示法
ねじの直径を表す記号、山数（1インチ当りの山の数）、ねじの種類を表す記号（ユニファイ並目ねじはUNC、ユニファイ細目ねじはUNF）で表す。
（例：$3/8$ － 16UNC、No. 8 － 36UNF）

(3) 並目ねじと細目ねじ
図1.12に示すように、呼び径が同じねじでは、並目ねじのピッチは細目ねじのピッチより大きい。ねじ山の角度は並目ねじも細目ねじも同じ60°である。
●並目ねじの特徴
①めっきや腐食に対して強い。

②脆くて割れやすい材料に加工しやすい。
③ねじ径が大きくて強いねじが必要な場合に適する。
●細目ねじの特徴
①並目ねじより強度があり、締付力が大きい。
②山の高さが低く谷が浅い。
③薄板や薄肉の部分、硬い材料に適する。
④ねじ径が小さくて強いねじが必要な場合に適する。
⑤外径が同じ場合、並目ねじより有効径が大きい。

(4) 管用ねじ

JISでは、管用平行ねじと管用テーパねじの2種類が規格化されている（図1.13）。特に密閉性を必要とする個所に用いられる（JIS B 0202、JIS B 0203）。

①形状

図1.13に示すように、ねじ山角度は55°でねじ山と谷は丸みをもっている。管用テーパねじのテーパは1/16であり、ねじ山は中心軸線に直角とされ、ピッチは軸の中心軸線に沿って測られる。

②用途

主にガス管や水道管などの配管接続用のねじとして使用される。耐密性を要する場合には、テーパねじを使用することが多い。テーパねじは、おねじ、めねじともテーパねじを使用する場合と、おねじにテーパねじを使い、めねじに平行ねじを使う場合がある。

③表示法

ねじの種類を表す記号とねじの呼び径（インチ）で表す。ねじの種類を表す記号は、テーパおねじがR、テーパめねじがRc、管用平行ねじがGで表される。テーパおねじと組み合わされる平行めねじはRpと表され、記号Gの管用平行ねじとは寸法許容差が異なる。ねじの呼び径は管の内径にほぼ等しく、おねじの外径とは一致しない。また、旧JISでは、管用平行ねじにPF、管用テーパねじにPT、テーパおねじと組み合わされる平行めねじにPSが使われており、現在の図面や工具に使われていることもある。

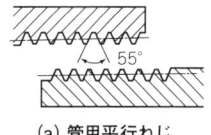

(a) 管用平行ねじ　　(b) 管用テーパねじ

図 1.13　管用ねじ

1.4 ねじの表示法

(1) ねじの表示法

ねじの表示法は次のように構成される（JIS B 0123）。ただし、ねじ山の巻き方向の挿入位置は特に定められておらず、右ねじの場合は省略することが多い。

| ねじの呼び | － | ねじの等級 | － | ねじ山の巻き方向 |

(2) ねじの呼びの表し方

ねじの呼びは、ねじの種類を表す記号（**表1.1**）、ねじの呼び径を表す数字およびピッチ、または25.4mm（1インチ）間におけるねじ山の数を用いて、次のように表す。

① ピッチをミリメートルで表す一条ねじ（メートルねじ）

| ねじの種類を表す記号 | ねじの呼び径を表す数字 | × | ピッチ |

ただし、メートル並目ねじのように、同一の呼び径でピッチが1つに規定されているねじでは、ピッチの記入を省略する。

② 多条メートルねじ

| ねじの種類を表す記号 | ねじの呼び径を表す数字 | × | リード | ピッチ |

表1.1 ねじの種類を表す記号およびねじの呼びの表し方の例（JIS B 0123）

区 分	ねじの種類		ねじの種類を表す記号	ねじの呼びの表し方の例	引用規格
ピッチをmmで表すねじ	メートル並目ねじ		M	M8	JIS B 0205
	メートル細目ねじ			M8×1	JIS B 0207
	ミニチュアねじ		S	S0.5	JIS B 0201
	メートル台形ねじ		Tr	Tr10×2	JIS B 0216
ピッチを山数で表すねじ	管用テーパねじ	テーパおねじ	R	R 3/4	JIS B 0203
		テーパめねじ	Rc	Rc 3/4	
		並行めねじ	Rp	Rp 3/4	
	管用並行ねじ		G	G 1/2	JIS B 0202
	ユニファイ並目ねじ		UNC	3/8―UNC	JIS B 0206
	ユニファイ細目ねじ		UNF	No.8―36UNF	JIS B 0208

③多条メートル台形ねじ

| ねじの種類を表す記号 | ねじの呼び径を表す数字 |×| リード | ピッチ |

④ピッチを山数で表すねじ（ユニファイねじを除く）

| ねじの種類を表す記号 | ねじの直径を表す数値 |−| 山数 |

　ただし、管用ねじなどのように、同一直径に山数が1つ規定されているねじでは、山数を省略する。

⑤ユニファイねじ

| ねじの直径を表す数字または番号 |−| 山数 | ねじの種類を表す記号 |

(3) ねじの等級

　ねじの等級の表し方は、ねじの種類によって異なり、ねじの等級を表す数字や文字によって表される（**表1.2**）。

(4) ねじ山の巻き方向

　ねじ山の巻き方向は、左ねじの場合は記号LHを用いる。右ねじの場合は省略するか、記号RHを用いる。

表1.2　ねじの等級の表し方（JIS B 0123）

ねじの種類	めねじ・おねじの別		ねじの等級の表し方（例）	ねじの表し方（例）	引用規格
メートルねじ	めねじ	有効径と内径の等級が同じ場合	6H	M14×1.5-5H	JIS B 0215
	おねじ	有効径と外径の等級が同じ場合	6g	M12-6g	
		有効径と外径の等級が異なる場合	5g、6g	M8-5g 6g	
	めねじとおねじを組み合わせたもの		6H/5g	M20-6H/5g	
メートル台形ねじ	めねじ		7H	Tr40×7-7H	JIS B 0217
	おねじ		7e	Tr30×4-7e	
	めねじとおねじを組み合わせたもの		7H/7e	Tr45×8-7H/7e	
管用平行ねじ	おねじ		A	G 1/2-A	JIS B 0202
ユニファイねじ	めねじ		2B	No.10-32UNF-2B	JIS B 0210
	おねじ		2A	1/2-13UNC-2A	JIS B 0212

1.5 ねじの精度と測定

ねじの精度においては、ピッチ、有効径、ねじ山の角度が重要である。これらの誤差は単独に表れることはなく、互いに影響し合って実際のねじの精度に反映される。

(1) ピッチ誤差

ピッチ誤差があると、十分なはめあい長さをもたせないとねじ山が接触しない。すなわち、はめあいが困難になり、強度が低下する。

(2) ねじ山の角度誤差

ねじ山の角度誤差があると、ねじ山の面と面とが正しく接触しないため、強度が低下する。

(3) ねじの精度測定

JISではねじの等級ごとに、許容限界寸法および公差を規定している。ピッチやねじ山の角度の検査にはピッチゲージや工具顕微鏡、外径の測定にはノギスや外側マイクロメータが用いられる。また、ねじの総合判定には、ねじ用限界ゲージなどが用いられる。

1.6 ボルト およびナット

(1) 六角ボルト

図1.14に示す六角ボルトおよび六角ナットは最も一般的なねじ部品である。材料には軟鋼が用いられることが多いが、耐腐食性が要求される場合には、銅合金やステンレス鋼などの耐食性合金が使用される。

JIS B 1180では、円筒部の種類によって、円筒部の径がねじの呼び径にほぼ等しい呼び径六角ボルト、円筒部をもたず頭部付近までねじ山をもつ全ねじ六角ボルト、円筒部の径がねじの有効径にほぼ等しい有効径六角ボルトが規格化されている（図1.15）。また、ねじのピッチにより、それぞれ並目ねじと細目ねじがある。さらに、部品等級としてA、B、Cがあり、Aが最も精度が高く、Cが最も精度が低い。

六角ボルトの寸法は「ねじの呼び×首下の長さ」で表し、その他の指定事項は、特に指定する必要のあるときに記入する。例えば、呼び径六角ボルトのね

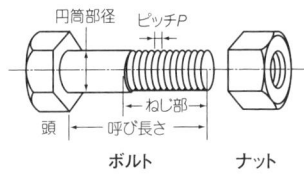

図 1.14　六角ボルトおよび六角ナット

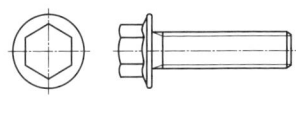

図 1.16　フランジ付き六角ボルト（JIS B 0143）

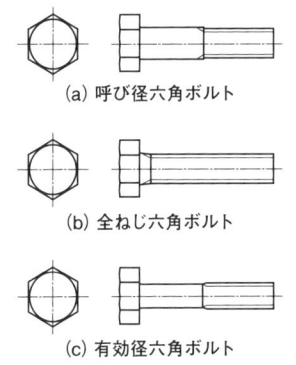

図 1.15　六角ボルトの種類（JIS B 1180）

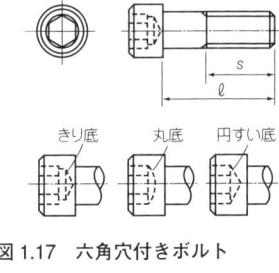

図 1.17　六角穴付きボルト

図 1.18　六角棒スパナ

じ部の長さを指定したり、フランジ付き六角ボルトの場合にはフランジの径などを指定することがある（**図1.16**）。

(2) 六角穴付きボルト

　JIS B 1176で規格化されている六角穴付きボルトは、六角穴のある円筒形の頭が付いたボルトである（**図1.17**）。**図1.18**に示すような六角棒スパナを六角穴にはめ込んで、締め付けや取り外しを行う。ねじ込む場所が狭く、スパナが使いにくい個所や頭部を部品に沈める場合に用いることができるなどの特徴があり、一般機械に広く使用されている。材質はSCM435などの比較的強度が高い鋼材やステンレス鋼などが使われることが多い。

(3) ボルトの種類

① 通しボルト

　図1.19(a)に示す通しボルトは、締め付ける2つの部品にボルトの外径より大きい穴（ボルト穴）をあけ、それに六角ボルトを通し先端に六角ナットを入れて締め付ける方法であり、多くの機械に用いられている。

20

【第1章】機械要素

②リーマボルト
　機械の部分や部品を分解したとき、位置がずれたり心が狂ったりして元通りに組立ができないと困る場合やボルトにせん断荷重が働く場合など、図1.19(b)に示すようにリーマ穴をあけてこれにしっくりとはまるリーマボルトを用いることがある（図1.20）。リーマボルトは外径を研磨して精密に作るため、硬い材質の炭素鋼を使用し、焼入れ・焼もどしの処理を行う。

③両ナットボルト
　図1.21に示すように、通しボルトが通らないような構造の場合、両端にねじを切ったボルトを使い、両端にナットをはめて締め付けることがある。

④押えボルト
　図1.22に示す押えボルトは、ねじ込みボルト、タップボルトとも呼ばれ、六角ボルトをねじ込んで部品を締結する。

⑤植込みボルト
　図1.23に示す植込みボルトは、両端にねじを切ったボルトである。機械を分解するときにボルトは本体に取付けたままにしておきナットだけ外せば分解できる。

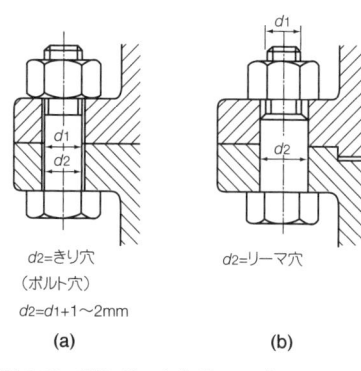

d_2=きり穴
（ボルト穴）
$d_2=d_1+1〜2mm$

(a) 　　　(b)

図1.19　通しボルトとリーマボルト

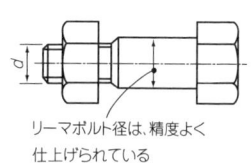

リーマボルト径は、精度よく仕上げられている

図1.20　リーマボルト

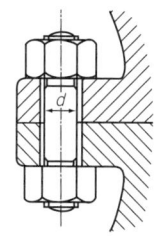

図1.21　両ナットボルト

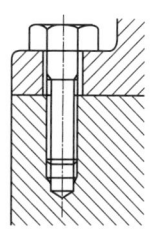

図1.22　押えボルト

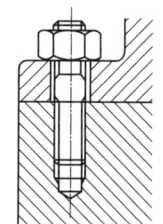

図1.23　植込みボルト

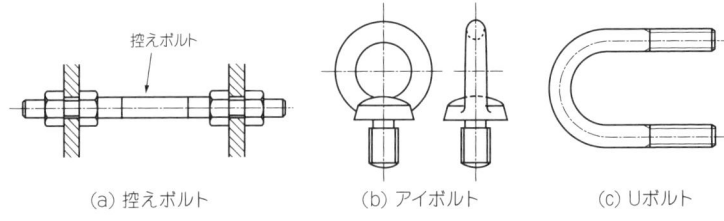

(a) 控えボルト　　　(b) アイボルト　　　(c) Uボルト

図1.24　様々なボルト（JIS B 0101）

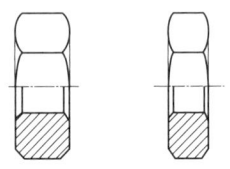

図1.25　六角ナット　　(a) 六角ナット　(b) 六角低ナット

⑥その他のボルト

　図1.24にその他のボルトを示す。控えボルトは機械部品の間隔を保つために用いられる。ボルトの頭が輪状になったアイボルトは、ロープをかけて機械をつり上げるのに用いられる。UボルトはU字形をした両端にねじを付けたボルトであり、配管などの固定に使われる。

(4) ナットの種類

　図1.25に示す六角ナットは最も一般的に使用されているナットである。JIS B 1181では数種類の形状が規格化されている。その他にも、図1.26に示すような様々なナットが用いられる。

　ちょうナットは、指先で締め外しができ、よく取り外しする個所に使われる。六角袋ナットは一面が袋状に閉ざされたナットであり、通常のナットのように締め付けられない箇所に使う。フランジ付き六角ナットは、ナットの底面に円形の座面を設けたナットであり、ボルト穴が大きい場合や面圧を下げたい場合などに使う。溝付き六角ナットは、ナットがゆるむのを防ぐため割りピンを取り付ける溝が切られたナットである。横穴付き丸ナットは旋盤の主軸などに用いられる円形のナットである。

【第1章】機械要素

1 ねじ／ねじ部品

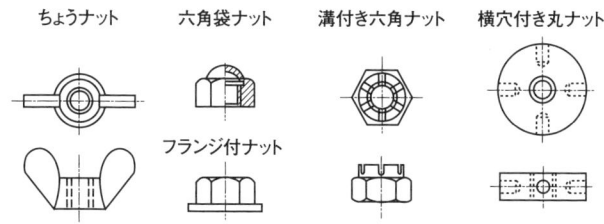

図1.26　様々なナット

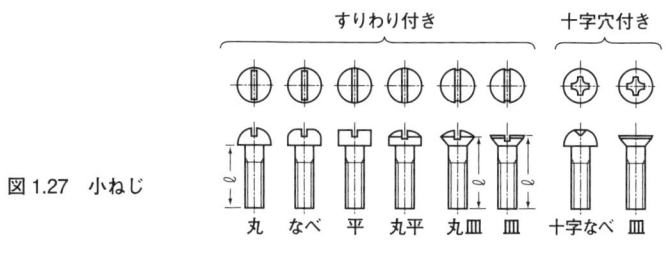

図1.27　小ねじ

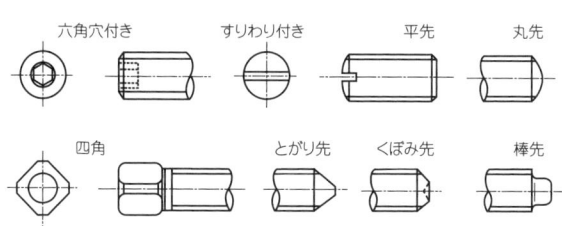

図1.28　止めねじ

(5) 小ねじ

図1.27に示す小ねじは、大きな締結力を必要としない部品の取り付けなどに用いられる。すりわり付きや十字穴付きなどの頭部形状がある。例えば、JIS B 1111では呼び径1.6～10mmまでの十字穴付き小ねじが規格化されている。

(6) 止めねじ

図1.28に示す止めねじは、ねじの先端を利用して軸に回転体を固定したり、部品の位置調整をしたりするときに使われる。

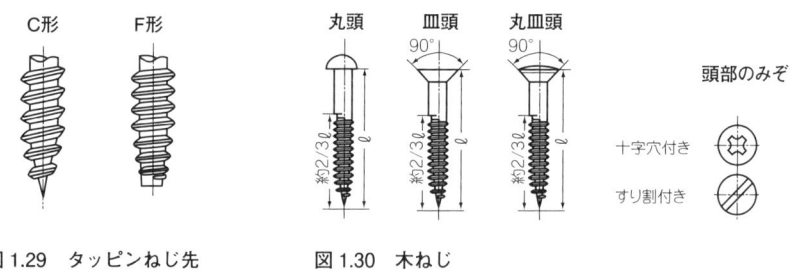

図1.29 タッピンねじ先   図1.30 木ねじ

(7) タッピンねじ

図1.29に示すタッピンねじは、先端のねじ山にテーパが付けてあり、下穴にねじを立てず、自分でねじを立てながら締め付けるねじである。薄板をとじ合せる場合などに用いられる。

(8) 木ねじ

図1.30に示す木ねじは、木材を締め付けるときに用いられる。金属に使われるねじと比べて、ねじ山が高くて薄いのが特徴である。つる巻き角が大きく、先端が鋭いため、ねじ込みやすくなっている。

(9) インサート

図1.31に示すインサートは、ひし形断面の線材をつる巻き状に巻いたねじ部品である。材料にめねじを立てられないようなもろい個所に埋め込んで、耐久性のあるめねじを作るための部品である。

(10) 座金

座金はワッシャとも呼ばれ、座面の材料が弱く広い面で支えなければならないときや、ボルト穴の径が大きいときなどに用いられる。また、振動や回転によるボルト・ナットのゆるみを防止するときに用いられることもある。

座金には、図1.32に示すような様々な種類がある。平座金は、平ワッシャとも呼ばれ、一般機械では外形が丸いものがよく使われる。木材用では四角のものが使われることもあり、角座金と呼ばれる。ばね座金は、スプリングワッシャとも呼ばれ、弾力性があり、ボルトやナットの振動によるゆるみを防止する役目をもつ。右ねじには左巻きのものを、左ねじには右巻きのものを使う。

その他の座金として、回転止めのためにナットを締めてから折り曲げる舌付座金、つめを折り込んで固定するつめ付座金、ばね作用を利用してゆるみ止めの効果を高めた歯付座金などがある。

【第1章】機械要素

1 ねじ　ねじ部品

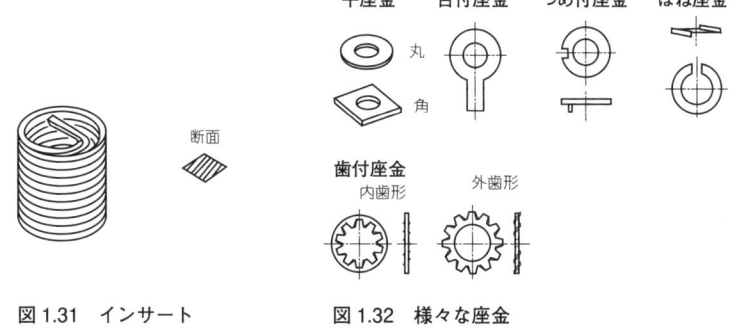

図1.31　インサート　　　図1.32　様々な座金

1.7 ねじのゆるみ止め

　機械には多くのねじが使用されている。これらのねじが機械の運転中の振動や衝撃でゆるんだり、脱落したりすることは避けなければならない。したがって、特にねじがゆるみやすい個所や、ゆるんだ場合に重大な事故の発生につながるような個所には、様々なゆるみ止めの工夫がなされる。また、そのような個所については、運転終了時や起動前などに締め付け個所を点検する必要がある。

(1) 座金による方法

　平座金を使うことによって、接触面積を大きくできるため、ゆるみ止めになる。さらに、ばね座金や歯付座金は、ばねの反発力をゆるみ止めに使用している。
　舌付座金や角座金は、一端を折り曲げて部品やボルト・ナットの平面部分に密着させてゆるみ止めの効果をもたせている（図1.33）。つめ付座金は、つめを部品に食込ませてゆるみ止めにさせている。

(2) 止めナットによるゆるみ止め

　図1.34に示す止めナットは、2個のナットを使って互いに締め付け、ナット相互を押し合わせる状態にして、振動を受けても常に荷重が働いているようにしたものである。通常、上部の本ナットより下部の止めナットの方が薄いが、同じ厚さでもよい。
　締め方は、まず止めナットBを締め、次に本ナットAを締めて、さらに止めナ

ットBを押さえて本ナットAを締め付けて互いに押し合う状態にする。

(3) ピン、小ねじによるゆるみ止め

図1.35にピンや小ねじによるゆるみ止めの方法を示している。これらのゆるみ止めは、いずれも一長一短があり、特に再三の取り外しや締め付け直しに難点が多い。

① 溝付きナットを使用し、これに割ピンを挿入する方法（図1.35 (a)）。
② 締め付け後、ナットとボルトの両者に穴をあけ、ピンまたはテーパピン、割ピンなどを挿入する方法（図1.35 (b)）。
③ ナットの側面から止めねじでボルトのねじ山部分を押す方法（図1.35 (c)）。
④ ナットの一部にすり割みぞを入れ、この部分をねじで締め付け、ねじの摩擦力を大きくする方法（図1.35 (d)）。
⑤ ナットを締め付けた後、側面沿いに小穴をあけピンを打ち込む方法（図1.35 (e)）。
⑥ 特殊な締め付け座金を使用し、それを小ねじで止める方法（図1.35 (f)）。

(4) 針金を使用する方法

図1.36に示すように、複数のねじがある場合、ボルトの頭部に穴をあけ、ここに針金を通して互いのボルト同士を連結することでゆるみ止めの効果をもたせることがある。

【第1章】機械要素

1 ねじ　ねじ部品

図 1.33　座金によるゆるみ止め　　　　　　　図 1.34　止めナット

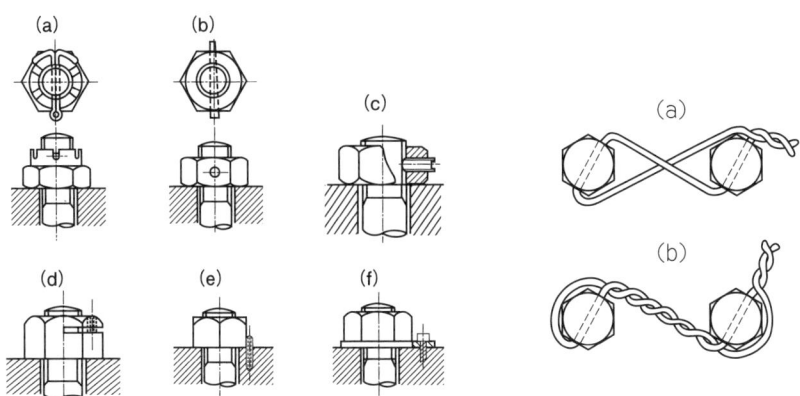

図 1.35　ピン、小ねじによるゆるみ止め　　　図 1.36　針金によるゆるみ止め

27

2 その他の締結用機素

2.1 キー

歯車やベルト車などの回転体を回転軸に取り付けて一体とする場合、図1.37に示すキーを用いることがある。キーは、寸法が小さい割に大きな力を伝えることができる。材料としては軸よりも少し硬いS35CやS45Cなどの鋼材を使用することが多い。

一般に用いるキーは、長方形の断面をもつ細長い四角柱状のものであり、JIS B 1301では、上下両面が平行な**平行キー**、上面が1/100ほど傾斜した**こう配キー**、側面が半月形状をした**半月キー**が規格化されている。

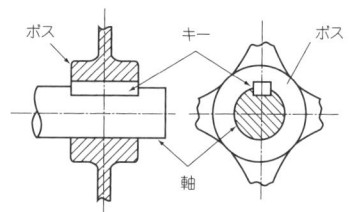

図1.37 キーによる結合

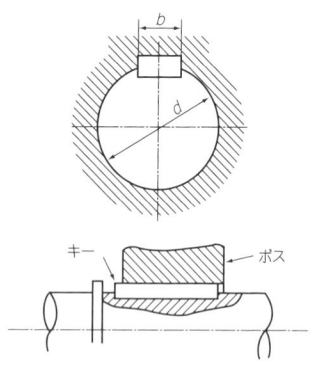

図1.38 平行キー

(1) 平行キー

図1.38に示す平行キーは、軸とボスの両方にキー溝を切って、これにキーをはめ込む形式である。平行キーの特徴は以下の通りである。

①軸のキー溝にキーをはめ込んでから、その上に部品を押し込んで固定する。
②軸とボスのキー溝は、ともに軸に平行である。
③通常、キーの両側面は上仕上げ、上下面は並仕上げとする。
④通常、両側面に締めしろを付け、上下面は滑合する程度とする。

(2) こう配キー

図1.39 (a)、(b) に示すように、頭なしと頭付きの2種類ある。こう配キーの特徴は以下の通りである。

①部品を軸にはめてからキーをハンマで打ち込み、固定する。
②軸のキー溝は軸に平行、ボスのキー溝にはキーと同じ1/100のこう配が付けられる。
③キー溝の長さは、キーの長さの2倍が必要である。
④通常、キーの上面と下面は両側面よりもやや高い表面粗さで仕上げられる。

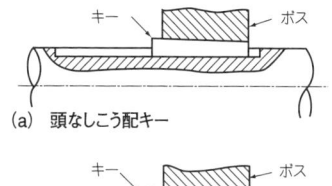

(a) 頭なしこう配キー

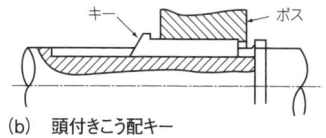

(b) 頭付きこう配キー

図 1.39　こう配キー

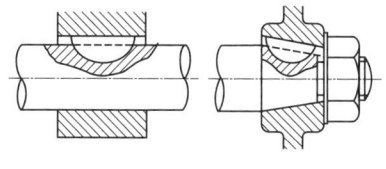

図 1.40　半月キー

(3) 半月キー

図1.40に示す**半月キー**は、キーを溝にはめ込んでからボスを取り付けて固定する。特徴は以下の通りである。
①キーが溝の中で動くので、取り付け・取り外しが容易である。
②傾斜の調整がしやすく、ボスと軸が正しく取り付けられる。そのため、テーパ軸にも多く用いられる。
③キー溝はフライス盤で簡単に工作できる。
④キー溝が深いので軸が弱くなる。

2.2 止め輪

止め輪（スナップリング）は、軸が軸方向に移動するのを防ぐ場合や部品が軸から抜け出さないようにする場合などに使われる。薄鋼板を打抜いた止め輪には、図1.41に示すようなC形止め輪やE形止め輪、グリップ止め輪が規格化されている（JIS B 2804）。

C形止め輪には溝付きの軸に使用されるものと溝付きの穴に使用されるものとがある。E形止め輪およびグリップ止め輪は溝付きの軸に使用される。これらの材料には、SK85Mなどのばね性をもつものが使われる。図1.42は止め輪の使用例である。

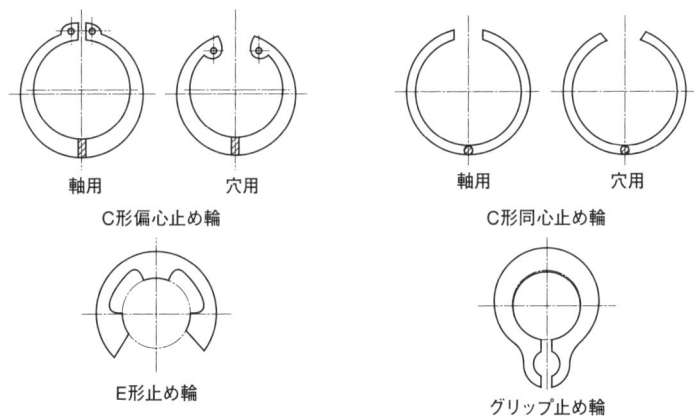

図 1.41 止め輪（JIS B 0103）

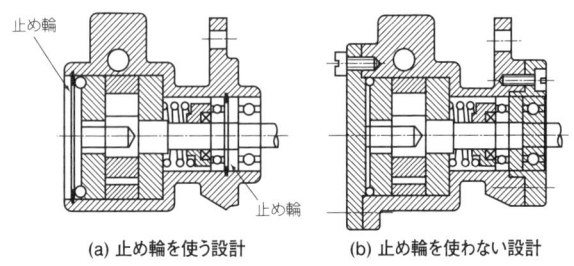

図 1.42 止め輪の使用

2.3 ピン

(1) 平行ピン

図1.43に示す平行ピンは、**ノックピン**とも呼ばれ、分解・組立をしたりする部品同士の合わせ面の関係位置を常に一定に保つ必要のある場合などに用いられる（JIS B 1354）。平行ピンの大きさは呼び径d（mm）と呼び長さl（mm）で表される。また、製品では、外径の公差域クラスや材質（表面処理）などが指定される。

【第1章】機械要素

(2) テーパピン

JIS B 1352では、テーパ1/50の傾斜をもつテーパピンが規格化されている。図1.44に示すように、ボスと軸を固定するときなどに用いられる。なお、テーパピンの呼び径は、最小端部の直径で表される。

(3) 割りピン

割りピンは、ナットのゆるみ止めや軸にはめた部品が抜けるのを防ぐために用いられる。JIS B 1351では、鋼製、黄銅製およびステンレス鋼製の割りピンが規格化されている。図1.45に示すように、割りピンを穴に通した後、先端を二又に開く。

(4) スナップピン

図1.46に示すスナップピンは、穴加工または溝加工をした軸に挿入し、部品の脱落を防止するために用いられる。これらの材料には、SW-BやSUS420J2などのばね性をもつものが使われる。

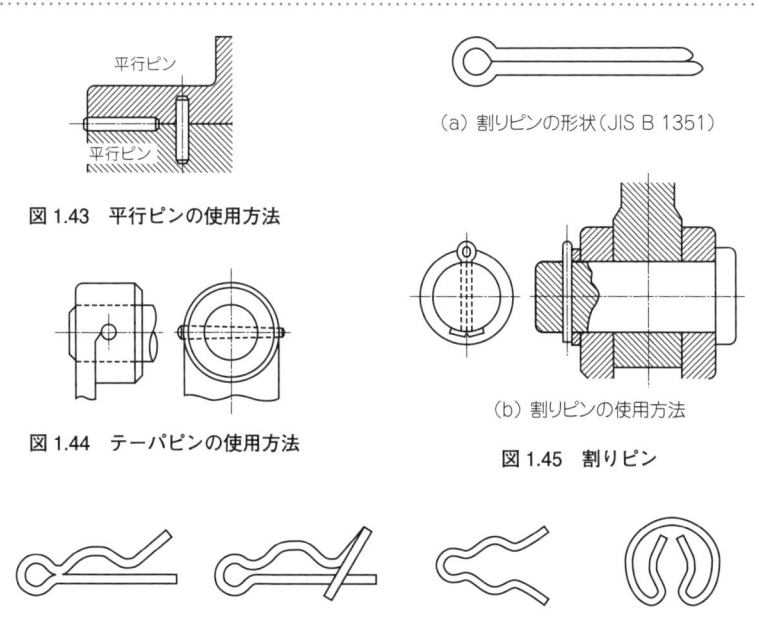

図1.43　平行ピンの使用方法

(a) 割りピンの形状（JIS B 1351）

図1.44　テーパピンの使用方法

(b) 割りピンの使用方法

図1.45　割りピン

円弧部抜き止めタイプ　折返し抜き止めタイプ　スナップリテーナタイプ　クリップリングタイプ

図1.46　スナップピン（JIS B 1360）

2.4 リベットおよびリベット継手

(1) リベット
リベットは、容器、圧力タンク、建築物、橋梁などで2個以上の鋼板や形鋼を重ね合せて半永久的に結合したり、あるいはこれらに他の機械部品を取り付けたりするために使われる機械要素である。

(2) リベットの種類
冷間圧造によって頭部を成形した冷間成形リベット（JIS B 1213）、熱間圧造によって頭部を成形した熱間成形リベット（JIS B 1214）が規格化されている。
頭部の形状によって図1.47に示すような種類があり、次のように表す。

	〔規格番号〕	〔種類〕	〔呼び径d×呼び長さℓ〕	〔材料〕	〔指定事項〕
例	JIS B 1213	丸リベット	6×18	SWRM10	

一般に丸リベットが最も多く使用され、平リベットは構造用に、皿リベットは表面に頭が突き出ては都合の悪い個所などに用いられる。

(3) リベットの材料
リベット材料としては、鋼、銅、黄銅、アルミニウム合金などがあるが、一般につなぎ合せる板と同種類の材質のものを使用することが多い。

(4) リベット打ちとコーキング
①リベット打ち
赤熱したリベットを図1.48に示すような当て金で押しながら、軸部をリベッタ（リベット締機）で衝撃を与えて押しつぶし、頭の形を作ると同時にリベット下穴とのすき間を埋める（図1.49）。なお、銅やアルミニウム合金のリベットは常温で締める。

②コーキング
ボイラなどの耐圧容器や船板のように耐密性を必要とする場合は、リベット打ちの後、リベット頭の周囲と継目の板のふちをたがねなどでかしめて、液体やガスが漏れるのを防ぐ。これをコーキングと呼ぶ（図1.50）。

③フラーリング
コーキングよりさらに気密を完全にするために、板厚と同じ幅の板でたたくことをフラーリングと呼ぶ（図1.51）。ただし、板厚5mm以下の薄板の場合には、かしめの効果が得られにくいので、麻布や油紙などを板の間にはさん

でからリベット打ちを行うこともある。

(5) リベット継手

リベット継手には重ね継手と突合せ継手がありリベットの配列により平行形と千鳥形に分けられる（図1.52、図1.53）。最近では、リベット継手は溶接継手に置き換えられることが多い。

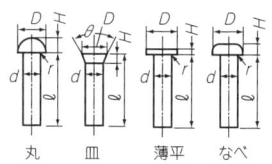

図1.47　リベット頭部の形状

①重ね継手

重ね継手は、図1.52に示すように、2枚の板を重ね合せて締結する継手である。

②突合せ継手

図1.53に示す突合せ継手は、2枚の板を突き合わせて、その片側または両側に目板を当ててリベットで締結する継手である。重ね継手よりゆがみが少なく、気密を保ちやすい。

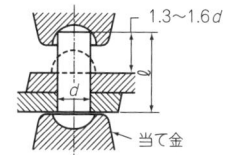

図1.48　リベット打ち

③リベット継手の強さ

リベット継手はせん断力には強いが、曲げ力、引張力には比較的弱く、せん断力以外の力がかからないようにしなければならない。また、リベット継手は継手の部分に穴があけられるため、板材の強度が低下する。

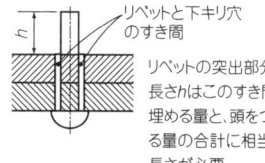

図1.49　リベットとリベット下穴のすき間

④リベット継手の効率

リベット継手を用いた板の強さと元の板の強さとの比をリベット継手の効率という。具体的には、次の2つの値の小さい方がとられる。リベット継手の効率は一列重ね継手で40〜45％、三列突合せ継手で80〜85％程度である。

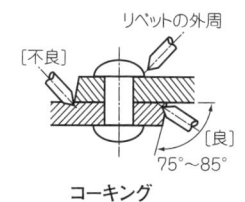

図1.50　コーキング

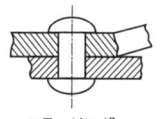

図1.51　フラーリング

$$\text{板の効率} = \frac{1\text{ピッチ幅における穴のある板の許容引張応力}}{1\text{ピッチ幅における板の許容引張応力}}$$

$$\text{リベットの効率} = \frac{1\text{ピッチ内におけるリベットの許容せん断応力}}{1\text{ピッチ幅における板の許容引張応力}}$$

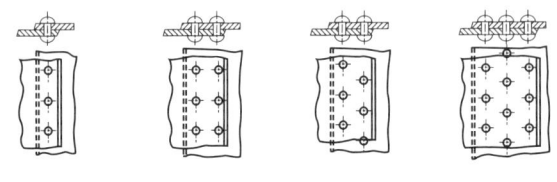

(a) 一列リベット　(b) 二列平行　(c) 二列千鳥形　(d) 三列千鳥形

図 1.52　重ね継手

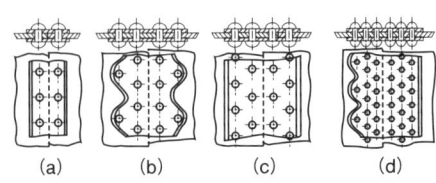

(a)　(b)　(c)　(d)

図 1.53　突合せ継手

3 歯車

3.1 歯車の基礎

(1) 歯車各部の名称

歯車は回転運動の伝達に使われる機械要素であり、多くの機械に使われている。図1.54に歯車各部の名称を示す。

①**ピッチ面**
ピッチ面とは、歯車のかみ合い運動を幾何学的に扱うために、互いに転がり接触する仮想的な曲面をいう。歯車の軸に垂直な平面とピッチ面とが交わってできる円をピッチ円と呼ぶ。歯車の大きさはピッチ円直径で表されることがある。

②**基準面**
基準面とは、歯車の歯の寸法を定義する基準となる面である。JIS B 0102-1:2013では、歯車の基準面とピッチ面を表す「かみ合い」とを分けて定義しているが、「基準」と「かみ合い」とを明確に区別する必要がないこともある。

③**歯先円**
歯の先端を連ねた円を歯先円と呼び、この直径を歯先円直径という。

④**歯底円**
歯の根元を通る円を歯底円と呼び、この直径を歯底円直径という。

⑤**歯たけ**
歯たけとは、歯先円と歯底円との半径方向の距離で定義される。

⑥**歯末のたけ(アデンダム)**
歯末のたけとは、歯底円と基準円との半径方向の距離で定義される。

⑦**歯元のたけ(デデンダム)**
歯元のたけとは、歯先円と基準円との半径方向の距離で定義される。

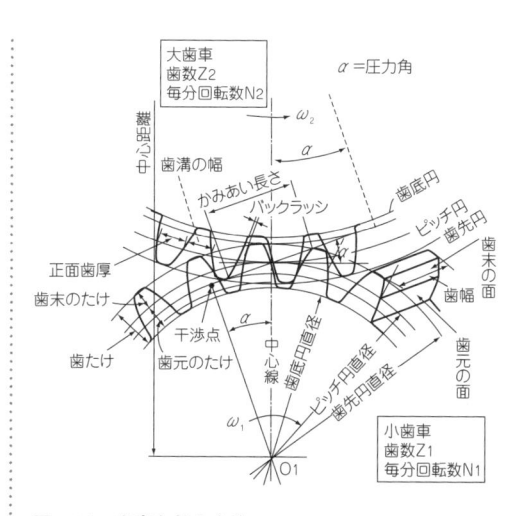

図 1.54 歯車各部の名称

⑧ **正面歯厚・歯直角弦歯厚**
基準円周上における歯の厚さ（基準円の円弧の長さ）を正面歯厚という。また、1つの歯形の基準円状の最短距離を歯直角弦歯厚と呼び、歯厚を測定する際に用いられる。

⑨ **正面歯溝幅**
1つの歯車の両側の歯形の間にある基準円の円弧の長さを正面歯溝幅という。

⑩ **基礎円**
インボリュート歯形を作るためのもととなる円を基礎円といい、圧力角が大きくなると基礎円が小さくなり歯元は厚くなる（**図1.55**参照）。

(2) 歯の大きさ

歯の大きさはモジュールで規格化されており、モジュールの値の大きいものほど歯の大きさは大きくなる。一般に、モジュール、ピッチ円直径および歯数の関係は次式で定義される。

> **重要公式**
>
> モジュール m 〔mm〕 = $\dfrac{\text{ピッチ円直径}\,d\,〔\text{mm}〕}{\text{歯数}\,Z}$

標準平歯車では、ピッチ円直径と歯車の中心距離は次式のようになる。ただし、mはモジュール、Z_1、Z_2 は互いにかみ合う歯車の歯数である。

> **重要公式**
>
> ピッチ円直径： $d_1 = Z_1 m \quad d_2 = Z_2 m$
>
> 歯車の中心距離： $a = (Z_1 + Z_2) m \div 2$

(3) 歯形

歯車の歯形には、インボリュート歯形とサイクロイド歯形があり、特殊な場合を除いてインボリュート歯形が用いられていることが多い。

① インボリュート歯形

図1.55に示すように、円柱（基礎円）に巻いた糸をピンと張りながらほどいていくとき、その糸の1点の描く軌跡が**インボリュート曲線**である。この曲線による歯形を**インボリュート歯形**という。

インボリュート歯形は、歯面が同一曲線になるので中心距離にある程度の誤差があっても正しくかみ合うこと、歯形が工作しやすいため安価であること、歯元が太いため強度が高いことなどの特徴がある。

② **サイクロイド歯形**

図1.56に示すように、ピッチ円周上に定円を外接させながら転がすとき、その定円の円周上の1点が描く曲線をエピサイクロイド曲線、内接させながら転がすとき、ハイポサイクロイド曲線という。この2つの曲線による歯形を**サイクロイド歯形**と呼ぶ。

サイクロイド歯形は、かみ合い時にすべりがないため、回転が円滑で歯面が摩耗しにくいこと、効率がよく、騒音が小さいなどの優れた特徴をもつ。しかし、2つの曲線がピッチ円の両側で接合する歯形のため、ピッチ円が完全に一致しないとかみ合いが不正確になる。また、工作が難しいこと、歯元がくびれるため強度が低いことなど問題もある。

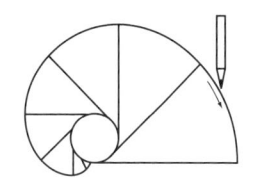

図 1.55　インボリュート曲線

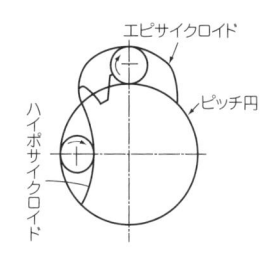

図 1.56　サイクロイド曲線

(4) 基準ラック

インボリュート歯形の平歯車において、ピッチ円直径を無限大にするとピッチ円は直線となり、直線歯形のラックとなる。このラックの歯形は高精度に作りやすいため、ホブやラック工具に応用されている。歯車に互換性を与えるためには、歯の大きさと歯形曲線を決めておかなければならない。ホブやラック工具を用いると一つの工具で歯数の違った歯車の歯切りが可能であり、互換性を与えることができる。そこで、JIS B 1701-1:2012 では、圧力角 20°の標準基準ラック歯形を規格化している（図 1.57）。

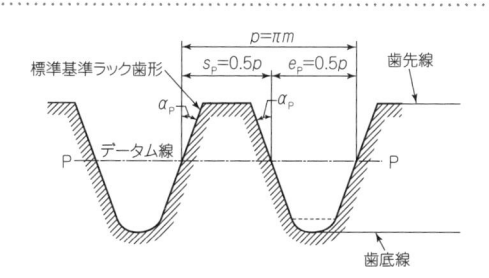

図 1.57　標準基準ラック歯形
（JIS B 1701-1）

(5) 歯車の圧力角

圧力角とは、**図1.58**に示すように、歯形上の接点を通る半径線と基準円の共通接線とのなす角 a のことである。一般に圧力角20°の歯車がよく使われている。

歯車の圧力角に関する特徴は以下の通りである。

① 圧力角が大きくなるほど歯車の中心にかかる分力が大きくなる。すなわち、軸受にかかる力が大きくなるので、動力の損失が大きくなる。

② 圧力角が大きくなると歯車のかみ合い率が小さくなる。すなわち、一度にかみ合う歯数が少なくなるので、振動や騒音が起こりやすい。

③ 圧力角が大きくなると基準円周上の歯厚は同じでも基礎円が小さくなるため歯元が太くなる。逆に圧力角が小さくなると歯元は細くなる。

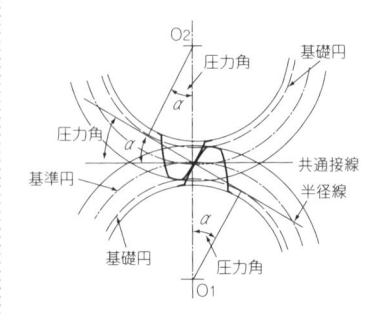

図1.58 歯車の圧力角

(6) かみ合い率

歯と歯がかみ合いを始めてから終わるまでの基準円上の円弧をかみ合い弧と呼ぶ（**図1.59**）。また、歯と歯がかみ合いを始めてから終わるまでの歯車が回転する角度をかみ合い角と呼ぶ。かみ合い率は、かみ合い角を角度ピッチで除した値で定義される。

インボリュート歯車のかみ合い率は、かみ合い長さを法線ピッチ（基礎円の円弧に沿って測ったピッチ）で除した値に等しいので、実質上、かみ合い率＝かみ合い長さ／法線ピッチと考えて差し支えない（**図1.60**）。通常、かみ合い率の値は1.2 〜 1.5程度である。

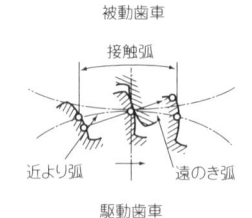

図1.59 かみ合い弧

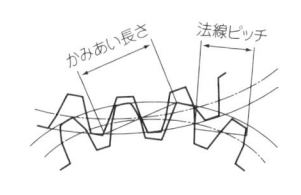

図1.60 かみ合い長さと法線ピッチ

(7) 歯の干渉と切下げ

インボリュート歯車においては、歯数の少ない場合や歯数比が非常に大きい場合、一方の歯車の歯先が相手の歯車の歯元に当たって正常なかみ合いができない場合がある。この現象を歯の**干渉**と呼ぶ。

ラック工具やホブで歯切りを行うとき、歯数が少ないと歯の干渉を生じ、歯元を削りとるようになる（**図1.61**）。この現象を**歯の切下げ**あるいは**アンダカット**と呼ぶ。切下げされた歯は使用できる歯面やかみ合う長さが短くなり、歯の強度も低下する。

圧力角が20°の歯車の場合、アンダカットを生じない限界歯数は、理論上17枚、実用上14枚程度である。ラックと小歯車の組み合わせのような特別な場合を除き、実用上の限界歯数まで使用することができる。

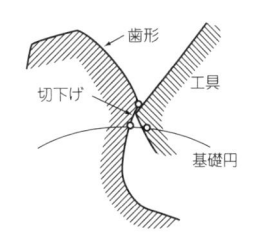

図 1.61　歯の切下げ

(8) 転位歯車

一組の歯車で、小歯車の歯元のたけを短く、歯末のたけを長くなるように切削すると切下げが避けられる。このような切り方をして得られた歯車を**転位歯車**と呼ぶ。

図1.62に示すように、転位歯車の歯形を切るには、ラック工具の基準ピッチ線を歯車の基準ピッチ円からモジュールのx倍だけずらせばよい。このxm（mはモジュール）を転位量、xを転位係数と呼ぶ。

図1.63に示すように、ラックの基準ピッチ線を基準円より外側にとるプラス転位は、歯厚が厚くなり、歯先がとがってくる。マイナス転位は、基準ピッチ線を基準円の内側にとる転位である。

転位歯車の特徴は以下の通りである。

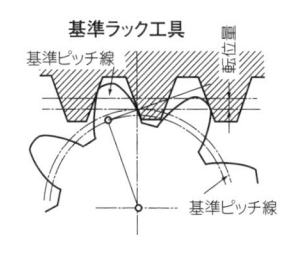

図 1.62　転位歯車

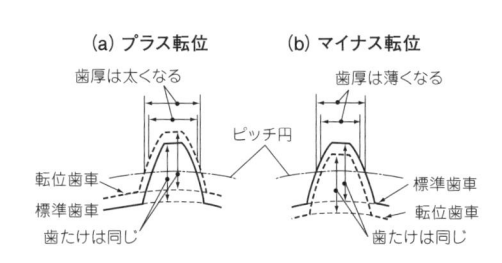

図 1.63　プラス転位とマイナス転位

① 歯数が少ないときに起こる切下げを防止できる。
② 標準モジュールでは与えられた軸間距離が得られないときでも、転位することで任意の軸間距離が得られる。
③ 歯数比が大きく異なる一組の歯車の場合、摩耗しやすい小歯車の方をプラス転位して歯厚を厚くし、大歯車の方をマイナス転位して歯厚を薄くすれば、互いの寿命を均等化することができる。
④ 互換性がなく、かみ合い圧力角の増加によって軸受にかかる力が大きくなるという短所がある。

(9) バックラッシとクラウニング

　実際の歯車では、歯車の加工公差、中心距離の誤差、運転中の負荷による歯の変形、熱膨張、軸のたわみなどの諸要因があるため、理論的には正しくかみ合うはずでも滑らかには運転できない。そこで、歯車の回転を滑らかにするために、歯と歯の間に多少の隙間（遊び）を設ける必要がある。**バックラッシ**とは、一対の歯車をかみ合せたときの円周方向での歯面間の隙間である（**図1.64**）。一般に、バックラッシは、歯車が大きいほど、また精度等級が低いほど大きくする。ただし、バックラッシは大きすぎると騒音や振動の原因となるので、必要最小限度にとどめる。なお、バックラッシは歯面の潤滑油の油膜形成にも大きな役割を果している。

　また、歯の当たりをよくするために、**図1.65**に示すように歯すじの方向に適当なふくらみを付けることがある。これを**クラウニング**と呼ぶ。

図 1.64　バックラッシ　　　　　図 1.65　クラウニング

3.2 歯車の種類と特徴

図1.66に様々な歯車を示す。歯車は、平歯車や内歯車のように2軸が平行な歯車、かさ歯車のように2軸が交わる歯車、ねじ歯車のように2軸が平行でなく交わりもしない歯車に分類される。

(1) 平歯車（スパーギヤ）

平歯車（スパーギヤ）は、歯すじがまっすぐ（軸に平行）で、平行な2本の軸の間に回転運動を伝える歯車であり、一般的な動力伝達用によく使われている。特徴は以下の通りである。
 ①最も簡単で作りやすい。
 ②軸に斜め方向の力がかからない。
 ③高速回転の場合、騒音が発生しやすい。

(2) 内歯車（インターナルギヤ）

内歯車（インターナルギヤ）は、2軸の回転方向が同じで回転比を大きくしたい場合などに用いられる。構造や歯形は外歯の平歯車と同じである。特徴は以下の通りである。
 ①外歯の平歯車の場合には同一方向の回転を得るのに中間に遊び歯車が必要であるが、内歯車ではその必要がなく、機構の小型化ができる。
 ②大歯車と小歯車の歯数の差に制限がある。
 ③原則として、小歯車から内歯の大歯車を回す。

(3) はすば歯車（ヘリカルギヤ）

はすば歯車（ヘリカルギヤ）は、かみ

平歯車　内歯車
はすば歯車　やまば歯車
すぐばかさ歯車　はすばかさ歯車
冠歯車　ねじ歯車
まがりばかさ歯車　フェースギヤ
ハイポイドギヤ

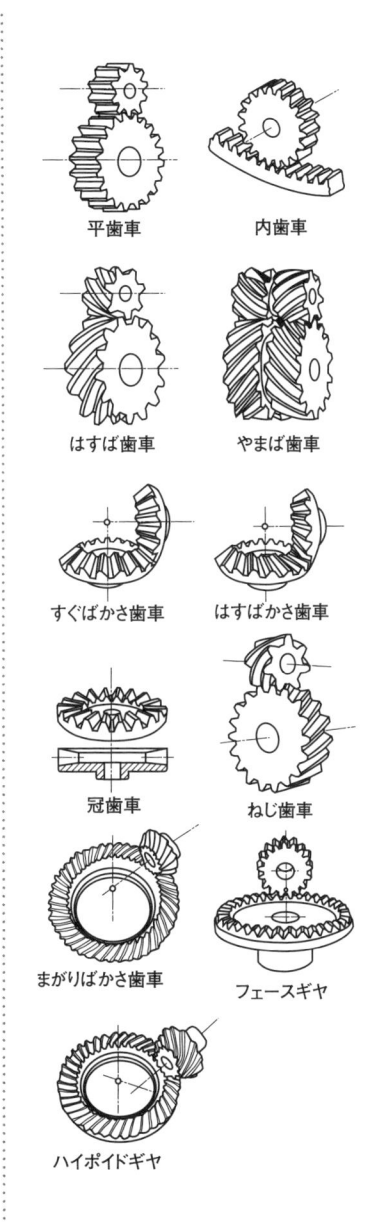

図 1.66　様々な歯車

合いを滑らかにするために歯すじを軸に対して斜めにした歯車である。荷重が徐々に円滑に移っていき、かみ合いの変動が少なく、荷重による曲げ作用が少ない。ただし、軸方向の力（スラスト力）が生じるという欠点がある。特徴は以下の通りである。

①平歯車よりも強度が高い。
②高速回転でも運動が円滑で衝撃が少ない。
③歯すじが斜めのため、かみ合い率が大きく、振動や騒音が少ない。
④局部的摩耗が起こりにくい。
⑤製作がやや面倒である。
⑥一対の歯車において、ねじれ角は同じで、ねじれ方向が逆である。

(4) やまば歯車（ダブルヘリカルギヤ）

やまば歯車（ダブルヘリカルギヤ）は、向きが反対のはすば歯車を同軸に組み合わせたもので、軸方向のスラスト力が生じず、効率が高い歯車である。歯の種類には山の頂上部分の製作方法によって図1.67に示すようにいくつかの形式がある。タービン減速機、製鉄用圧延機、大型ポンプなどの大動力伝動に用いられることが多い。特徴は以下の通りである。

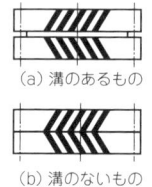

(a) 溝のあるもの

(b) 溝のないもの

図1.67 やまば歯車
（JIS B 0102-1）

①回転比が大きいときでも、高速で円滑な回転ができる。
②強度が大きい。
③伝動が静かで効率が高い。
④軸方向の力が互いに打ち消されるため軸方向のスラスト力が生じない。
⑤製作が難しい。

(5) ラック

ラックとは、歯車のピッチ円直径を無限大にしたものの一部であり、ラックにかみ合う歯車を特にピニオンと呼ぶ。ピニオンの回転運動をラックの直線運動に変換したり、あるいはその逆の運動をさせたりすることができる。工作機械のしゅう動装置やリニアアクチュエータ（直動モータ）などのメカトロニクス機器に使われている。

(6) かさ歯車

かさ歯車は、直交あるいは任意の角度で交差する2軸の間に回転を伝える歯車である。2軸の交差する点を頂点とした円すいを基準面として、その円すいに沿って歯が刻まれている（図1.68参照）。

①すぐばかさ歯車

　すぐばかさ歯車は、歯すじが円すいの頂点に向かってまっすぐに刻まれているかさ歯車である。軸方向にかかる力が少なく、製作が比較的容易であるといった特徴がある。伝動力の大きいときには、すぐばかさ歯車よりも強度が高いはすばかさ歯車やまがりばかさ歯車が使われる。

②はすばかさ歯車

　はすばかさ歯車は、歯すじはまっすぐであるが円すいの頂点に向かっていないかさ歯車である。すぐばかさ歯車より歯当たり面積が大きく、強度が高いといった特徴がある。伝動が比較的静かであり、大型減速機などに用いられている。

③まがりばかさ歯車

　まがりばかさ歯車は、歯すじが曲線になっているかさ歯車であり、すぐばかさ歯車やはすばかさ歯車より強度が高い。ただし、軸方向の力が大きいのが欠点である。高負荷高速運転に適するため、自動車の減速機や工作機械などに用いられている。

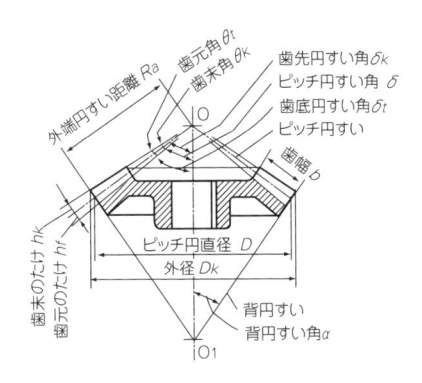

図1.68　かさ歯車の各部名称

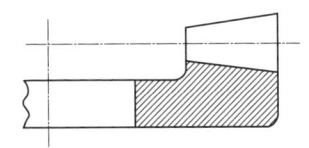

図1.69　冠歯車（JIS B 0102-1）

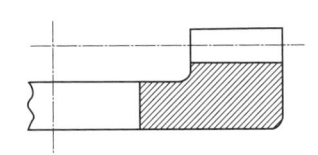

図1.70　フェースギヤ（JIS B 0102-1）

④冠歯車

　冠歯車（クラウンギヤ）は、基準円すい角が90°のかさ歯車である（図1.69）。

⑤フェースギヤ

　フェースギヤは、歯先および歯底円すい角が90°のかさ歯車である（図1.70）。平歯車またははすば歯車とかみ合い、2軸は交わることもあり、食い違うこともある。大動力の伝動には適さず、軽荷重な機器に用いられる。主に小型のかさ歯車やハイポイドギヤの代わりとして用いられる。

(7) ねじ歯車

ねじ歯車は、はすば歯車の軸を食い違えてかみ合せた歯車であり、一対の歯車の軸が平行でなく、しかも交わらない場合に使われる。点接触となるため摩耗しやすいこと、大動力の伝動には適さないこと、回転比は小さいが減速・増速のどちらでも効率が高いことなどの特徴がある。自動車補機駆動用、一般産業機械用、自動機械など複雑な回転運動をする機械に使われる。

(8) ハイポイドギヤ

ハイポイドギヤは、円すい形の歯車であり、形状はまがりばかさ歯車に類似している。ただし、2軸が食い違っており、主にウォームギヤの代わりに用いることが多い。歯当たり面積が大きく、伝動が静かであること、ある範囲内で軸間距離を任意に定めることができることなどの特徴があり、自動車の減速機などに使われている。

(9) ウォームとウォームホイール

ウォームと**ウォームホイール**は同一平面内にない2軸が互いに直角な場合の伝動に用いられる歯車である。歯数の少ない方はねじ状になっていてこれをウォームと呼び、これにかみ合う歯車を**ウォームホイール**と呼ぶ。これらの歯車対を**ウォームギヤ**と呼ぶ。

ウォームギヤには、一般的な円筒ウォームギヤと鼓形ウォームギヤの2種類がある（**図1.71**）。鼓形ウォームギヤは、かみ合い接触面を大きくとるために考えられた歯形であり、製作はやや困難であるが比較的大きな動力を伝動することができるといった特徴がある。

ウォームの**進み角**（基準となるつる巻き線の進み角）は、ねじのリード角に相当するものである。ウォームギヤは歯面間のすべりが大きいことが特徴で、

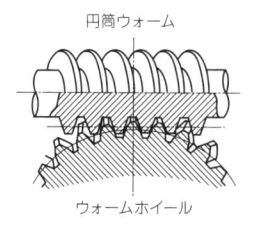

(a) 円筒ウォームギヤ 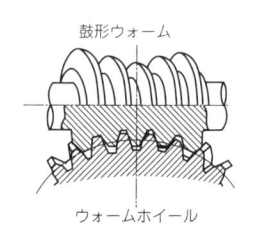　　(b) 鼓形ウォームギヤ

図 1.71　ウォームギヤ

【第1章】機械要素

3 歯車

進み角が35°〜45°程度であれば伝動効率は比較的高い。進み角が小さくなると伝動効率が低くなる。

一般に、ウォームギヤは、ウォームからウォームホイールを回す減速運動に使われることがほとんどである。歯数比が大きい場合や進み角が5°以下のような小さなウォームの場合、ウォームホイールからウォームへの伝動はできない。このような性質を活かして、減速装置やウインチ、チェーンブロック、工作機械など、幅広い用途で使われている。ウォームギヤの特徴は以下の通りである。

①小型で大きな減速比（1：6〜1：100）が得られる。
②かみ合いが静かで円滑である。
③摩擦が大きく、寿命が比較的短い。
④伝動効率が低いので動力伝達用としてはあまり有利でない。また、円筒ウォームギヤより鼓形ウォームギヤの方が高負荷の動力伝達には有利である。
⑤両軸の中心距離や関係位置を適切に組み立てないと、摩擦・摩耗が激しくなるので注意する。
⑥運転時、ウォームに強いスラスト力が発生する。

(10) 遊星歯車機構

図1.72に示す**遊星歯車機構**は、中心軸に固定、あるいは回転できるように取り付けた太陽歯車とまわりの遊星歯車が太陽歯車とかみ合い、自転しながら回転（公転）する歯車装置である。小型で回転比を大きくすることができる機構である。

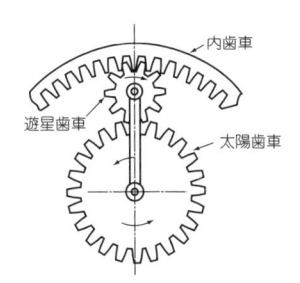

図1.72 遊星歯車機構

3.3 歯車列

(1) 歯車の回転比

多数の歯車を組み合わせて、運動の伝達や所要回転比を得る目的で作られた一連の歯車伝動装置のことを**歯車列**と呼ぶ。

互いにかみ合っている一組の歯車で、原動車をA、従動車をZの記号で表すものとして、歯車の回転比をiとすれば、iは次式で表される。

$$i = \frac{N_Z}{N_A} = \frac{D_A}{D_Z} = \frac{Z_A}{Z_Z}$$

ここで、Dはピッチ円直径、Zは歯数、Nは回転数である。

①二段掛歯車装置

図1.73に示すように、1本の軸に1つの歯車が配置された歯車列を**二段掛歯車装置**という。図1.73(b)における歯車B、同図(c)における歯車Bと歯車Cは遊び歯車と呼ばれる。遊び歯車を用いることで、回転方向が変わるが、装置の回転比には関係しない。

②多段掛歯車装置

図1.74に示すような歯車列を多段掛歯車装置と呼び、原動車A、従動車Zを除く歯車B、C、D、E……を中間歯車、BC軸、DE軸を**中間軸**と呼ぶ。歯車の回転比iは次式で表される。

(a)の場合 $i = \frac{N_Z}{N_A} = \frac{Z_A \times Z_C}{Z_B \times Z_Z}$

(b)の場合 $i = \frac{N_Z}{N_A} = \frac{Z_A \times Z_C \times Z_E \times Z_G}{Z_B \times Z_D \times Z_F \times Z_Z}$

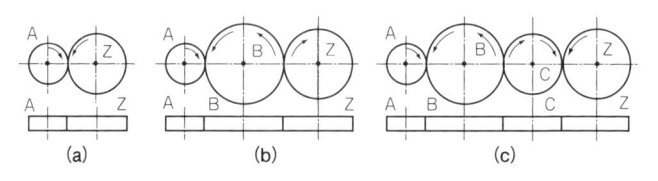

図1.73 二段掛歯車装置

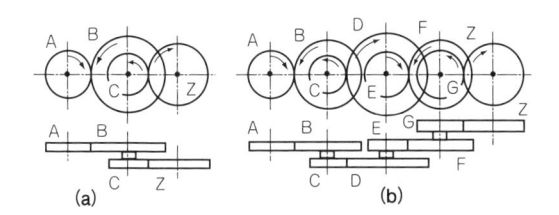

図 1.74　多段掛歯車装置

(2) ウォームとウォームホイールの回転比

ウォームのねじ条数をZ_A、その回転数をN_Aとし、ウォームホイールの歯数をZ_Z、その回転数をN_Zとすれば、次式が成り立つ。

$$Z_A \times N_A = Z_Z \times N_Z$$

したがって、回転比iは次式となる。

$$i = \frac{N_Z}{N_A} = \frac{Z_A}{Z_Z}$$

(3) 歯車の減速比の限度

それぞれの歯車の形状や性質などによって異なるが、一般的な減速比の限度は、**表1.3**に示す通りである。

表 1.3　歯車の減速比の限度

種　別	平歯車	かさ歯車	やまば歯車	ウォームとウォームホイール
低速度	1：7	1：5	1：15	通常1：100程度まで.
高速度	1：5	1：3	1：10	

3.4 歯車寸法の測定と精度

(1) 歯車寸法の測定
一般に、歯車の仕上げ寸法は歯厚で指定される。それらの測定法には、弦歯厚法、またぎ歯厚法、オーバピン（玉）法がある。

①弦歯厚法
1枚の歯厚を**歯厚ノギス**（歯形キャリパ）で測る方法である。図1.75に示すh_jはキャリパ歯たけ、S_jは弦歯厚、d_kは歯先円直径、d_0は基準円直径を表す。

②**またぎ歯厚法**
図1.76に示すように、平行な平面で、ある枚数の歯をはさんで測定する方法である。測定する歯車の歯数に応じて、それぞれ決められた歯数をまたいで測定する。

③**オーバピン法、オーバボール法**
基準円付近で両側歯面に接するような直径のピンまたはボールとマイクロメータを用いる方法である。

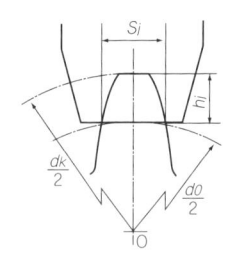

図 1.75　弦歯厚法

(2) 歯車の誤差
JIS B 1702-1では、次のようなインボリュート歯車の誤差が定義されている。

①ピッチ誤差
隣り合った歯のピッチ円上における測定される実際のピッチと理論上のピッチとの差を単一ピッチ誤差と呼ぶ（図1.77参照）。また、複数のピッチに対応する円弧の実際の長さと理論長さの差である部分累積ピッチ誤差、歯車の全歯面領域における最大累積ピッチ誤差である累積ピッチ誤差などが定義されている。

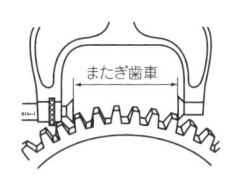

図 1.76　またぎ歯厚法

②歯形誤差
歯形誤差は、実際の歯形の設計歯形からの偏り量として定義されている（図1.78参照）。

③歯すじ誤差
図1.79に示すように、必要な検査範囲内の

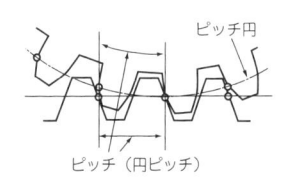

図 1.77　円ピッチ

歯幅に対応する実際の歯すじ曲線と、理論上の曲線との差として定義されている。

(3) 歯車の精度等級

　歯車の誤差を総合的に一括して検査することは極めて難しい。したがって、これらの誤差を単独に測定し、その大きさによって精度等級を表している。JIS B 1702では、平歯車およびはすば歯車の精度等級を詳細に規定している。その精度等級は0級から12級までに分けられ、それぞれの等級に対する誤差の許容値が示されている。

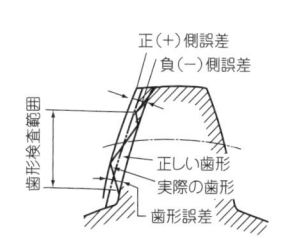

図 1.78　歯形誤差

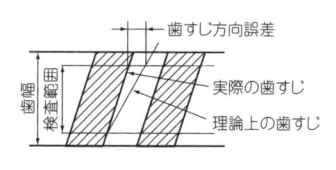

図 1.79　歯すじ方向誤差

4 軸と軸継手

4.1 軸

(1) 軸の種類

①伝動軸

動力を伝えることを目的とした軸を**伝動軸**（シャフト）といい、主としてねじり作用を受ける場合が多い。図1.80中の中間軸などがこれに属する。

②車軸

電車の両輪を連結した車両のように、車体や荷物の重さを支え、主として曲げ作用を受ける軸を**車軸**（アクスル）という。

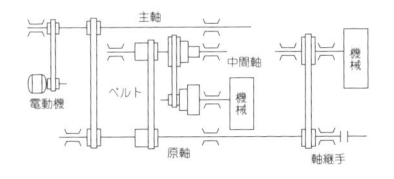

図 1.80 伝動軸

③スピンドル

スピンドルは機械部品の一つとして使われ、動力を伝えながら実際の作業をする比較的短い軸である。ボール盤などの工作機械に使われる軸がその例であり、ねじり作用だけを受けるが、形状・寸法が精密で変形が少なく、摩耗に強いことなどが要求される。

(2) 特殊な軸

①たわみ軸

図1.81に示す**たわみ軸**（フレキシブルシャフト）は、伝動軸にたわみ性を持たせて、伝動中に軸の方向を自由に変えられるようにしたものである。

②スプライン軸

スプラインとは、軸のまわりにキー状の山と溝を等間隔で削り出し、ボスにはこれとはまり合う溝（スプライン穴）が切ってある特殊な軸である（図1.82）。キー溝付きの軸に比べ、はるかに大きなトルクを伝達することができる。必要に応じて軸方向へボスを移動させることができ、工作機械、自動車、航空機など幅広く用いられている。

溝の側面が互いに平行な角形スプラインとインボリュート歯形を軸とボスに削り出したインボリュートスプラインがある。インボリュートスプラインは、角形スプラインに比べ精度が高く、大きなトルクを伝達できる。

③セレーション軸

図1.83に示すように、スプラインの溝形を三角形の山にしたもので、歯数を多くすることができ、歯の高さは低いが歯元が広いので同径のスプライン

【第1章】機械要素

4 軸と軸継手

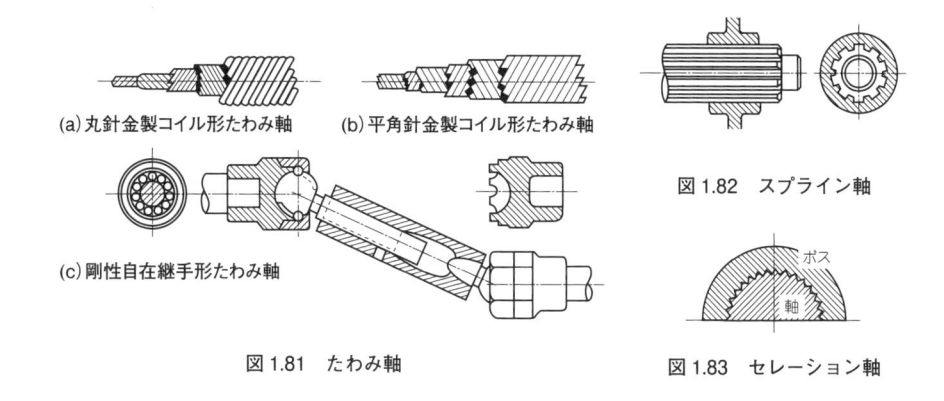

(a) 丸針金製コイル形たわみ軸
(b) 平角針金製コイル形たわみ軸
(c) 剛性自在継手形たわみ軸

図1.81　たわみ軸

図1.82　スプライン軸

図1.83　セレーション軸

よりさらに大きなトルクを伝達することができる。軸とボスはしまりばめにすることが多い。

(3) 軸の材料

軸には曲げ、ねじりの他、引張り、圧縮などが作用する。また、それらが同時に働く場合もあるので十分な強さが必要である。

一般機械の軸の材料としては、みがき棒鋼S20C-DやS25C-D、鍛鋼品SF55などがよく使われる。また、特に小型で強度を必要とするものには、高価であるがNi、Cr、Mn、Mo、V、Wを入れたNi-Cr-Mo鋼やCr-V鋼が用いられることもある。

4.2 軸継手

様々な条件で軸を長くできない場合や2つの回転機械を接続して使う場合など、軸同士をつなぐ必要がある。このような場合に用いる継手を**軸継手（カップリング）** と呼ぶ。機械の保守や点検の際、軸継手の部分から一部を切り離すことができるので便利である。

(1) 固定軸継手

固定軸継手は、両軸心が正しく一直線上にある場合に使われる。小径の軸にはスリーブ軸継手、大径の軸にはフランジ軸継手が使用されることが多い。

①**スリーブ軸継手**

図1.84に示すスリーブ軸継手は、鋳鉄製の筒の中に2本の軸を両方から差

51

し込み、キーで止めた軸継手である。比較的安価であるが、正確な心合わせが必要であり、大動力・高速回転には不向きである。また、軸方向に引張り力がかかる場合は使用できない。

②**箱形軸継手**

図1.85に示す箱形軸継手は、鋳鉄製の2つの半円形割筒で両端を抱きしめて、軸をキーで固定し、ボルトで締める形式である。軸心に沿った面で分解でき、軸自体を軸心方向にずらさずに取り付けることができる。

③**フランジ形固定軸継手**

図1.86に示すフランジ形固定軸継手は、一般に広く用いられる軸継手であり、鋳鉄または鋼製のフランジを両軸端にキーで固定し、これをリーマボルトで締め合わせて使用する。

(2) たわみ軸継手

たわみ軸継手は、2軸の中心線がわずかにずれているか、わずかに傾いたりしている場合に使われる。**図1.87**はJISで規格化されているフランジ形たわみ軸継手であり、結合部分に合成ゴム、皮革、ばねなどのたわみ性を持った材料を使用し、両軸間の回転力をこれらのものを介して伝達するようにしている。そのため、振動や衝撃が緩和されるとともに、電気絶縁にも役立つ。発電機、タービンポンプ、電動機などの伝動軸に使われる。

図1.88に示すようなスプロケットとチェーンを利用したローラチェーン軸継手も、2軸の中心線が一致していないときに用いることができる軸継手である。

(3) オルダム軸継手

2軸が平行で、軸心がずれている場合、**図1.89**に示すような**オルダム軸継手**が使われる

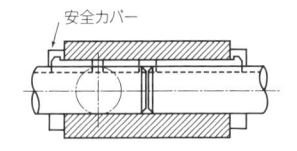

図1.84 スリーブ軸継手

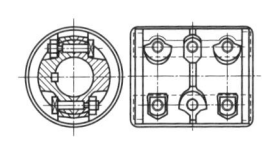

図1.85 箱形軸継手

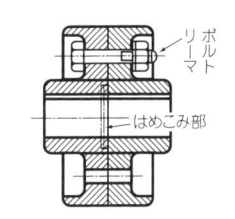

図1.86 フランジ形固定軸継手

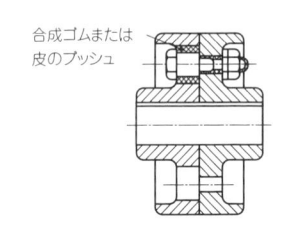

図1.87 フランジ形たわみ軸継手

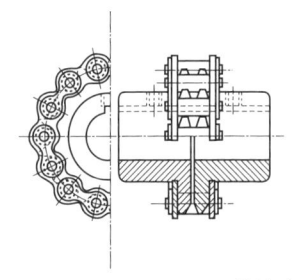

図1.88 ローラチェーン軸継手

ことがある。この軸継手は、両軸端に付けられたフランジの間に90°の角度でキー状の突出部を両面に持つ円板があり、この突出部がフランジの溝にはまり込んで伝動するように一体化されている。振動を起こしやすく、摩擦が大きいので、高速回転には不向きである。

(4) 自在軸継手

図1.90に示すこま形自在軸継手はユニバーサルジョイントとも呼ばれ、2軸が比較的大きい角度で交わる場合に用いられる軸継手である。十字形のピンで連結して回転できるようにした構造であり、自動車のギヤボックスから後車軸への動力伝達、工作機械、圧延ロール伝動軸、船舶などに使われている。

駆動軸が一定の等速回転であっても、2軸の傾斜角が大きいほど被動軸の回転にむら（不等速回転）が生じる。したがって、傾斜角は普通30°以内で使用し、被動軸の回転の変動を避けるようにすることが多い。なお、図1.91に示すように、中間軸として使用し、2軸のなす傾斜角 a を等しくとれば、被動軸の速度は一定となる。

自在軸継手の特徴は以下の通りである。
①伝動が円滑で静かである。
②吸振性、耐久性がある。
③回転中でも傾斜角を変えることができる。

図1.89　オルダム軸継手

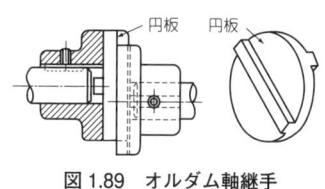

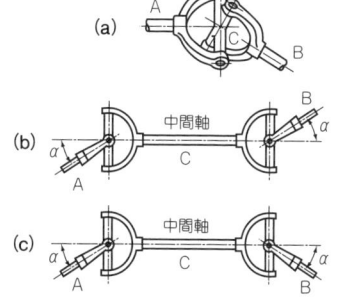

図1.91　自在軸継手の使用方法

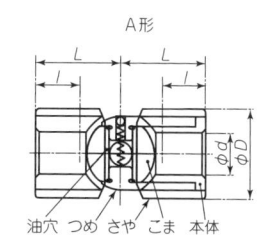

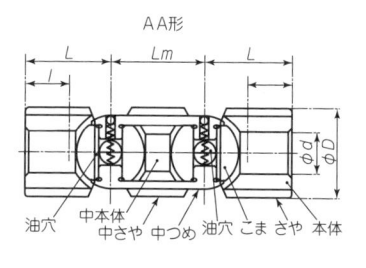

図1.90　こま形自在軸継手

4.3 クラッチ

クラッチは、回転中でも同心軸上にある2軸の結合および切り離しのできる機械要素であり、駆動側の運転を止めないで被動側の回転を制御する場合に用いられる（JIS B 0152）。クラッチには次のような種類がある。

(1) かみ合いクラッチ

図1.92に示すかみあいクラッチは、一端は軸にキーで固定され、他方は軸上を滑動できるキーやスプラインなどで軸に取り付けられる。接触面に付いたつめによって伝動の結合と切り離しを行う。

つめの形状により、回転方向が一定の形式、変化できる形式などがあり、一般に着脱は停止時または低速時に行う。表1.4は、かみ合いクラッチのつめの形状と特性を示したものである。

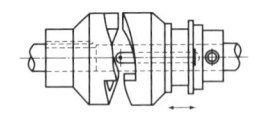

図 1.92 かみ合いクラッチ

表 1.4 かみ合いクラッチのつめの形と特性

形状						
着脱	運転中着脱可能（比較的低速時）			かみあわせは停止中、取外しは運転中も可能	着脱は左のものより容易	
荷重	比較的軽荷重		比較的重荷重	重荷重		超重荷重
回転方向	回転方向の変化するものに用いられる	回転方向一定		回転方向の変化するものに用いられる		回転方向一定

注）左を駆動軸側，右を被動軸側とする。

【第1章】機械要素

4 軸と軸継手

(2) 摩擦クラッチ

図1.93に示す**摩擦クラッチ**は、軸方向に押し付ける力によって生じる摩擦力を利用して動力を伝えるクラッチである。摩擦面の材料には、一方に金属、他方に皮革や硬質ゴムが使われることがある。

摩擦クラッチの特徴は以下の通りである。

① 回転中の駆動軸に連結しても、最初に摩擦面の圧着力が小さいうちはすべりがあるので被動軸に衝撃を与えることがなく、平滑に連結できる。
② クラッチの着脱が簡単で確実であるが、回転伝達の即時性に劣る。
③ 一定以上の負荷が被動軸に加わると、摩擦面ですべりが生じ、過大な荷重を駆動軸に伝えられない。

接触面には、平面、円すい面、円筒面などがあり、円板クラッチと円すいクラッチに分けられる。円板クラッチは、動力を伝達する摩擦面が円板の形をしているクラッチであり、摩擦面の数により単板式、多板式（**図1.94**）などがある。自動車やその他の機械に広く利用されている。

図1.95に示す**円すいクラッチ**は、摩擦面を円すいの内・外周を使うようにした形式であり、軸方向に押す力Fを加えて摩擦面に圧力を発生させ、その摩擦力によって動力を伝達するクラッチである。円すい角が小さいほど押す力Fは小さくてすむが、あまり円すい角が小さいと切り離しが困難になる。

(3) 電磁クラッチ

図1.96に示す電磁クラッチは、摩擦面の結合および切り離しに電磁石を利用するクラッチである。磁石の吸引力によって摩擦板を断続させる形式と、磁場を発生させて磁力によってトルクを伝達する形式とがある。電磁クラッチは、電流によってトルクを変化、調整できることが特徴である。

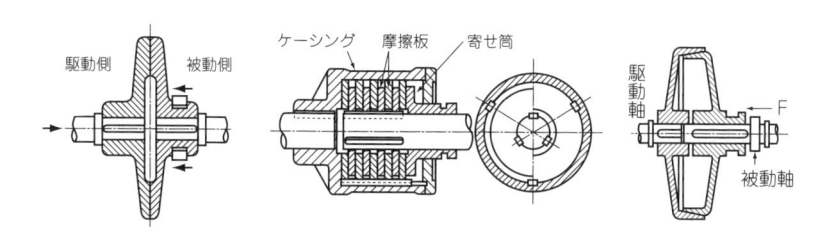

| 図1.93　摩擦クラッチ | 図1.94　多板クラッチ | 図1.95　円すいクラッチ |

（4）流体継手

　流体継手は、ケーシング内の常に一定量の流体（普通は油）が両羽根車の間を循環しつつ、トルクの伝達が行われる継手である（**図1.97**）。駆動軸が回転すると、流体はポンプ羽根車によって回され、遠心力によって水車羽根車に流れ込んで被動軸を回転させ、再びポンプ羽根車に戻る構造となっている。流体の流動で動力を伝えるため、振動や衝撃が吸収されること、軸の寿命が長く、高速運転でも効率よくトルクを伝えられること、トルク伝達が常に円滑で、運転が容易であることなどの特徴があり、自動車や各種装置の自動変速機に用いられている。

4.4 ブレーキ

　ブレーキは、車両や機械の運動部分のエネルギーを吸収して、その速度を減らしたり、停止させたりするための機械要素である（JIS B 0152）。最も一般的なものは摩擦力を利用した摩擦ブレーキである。ブレーキを動かす力としては、人力、圧縮空気、油圧、電磁力などが利用される。

（1）ブロックブレーキ

　図1.98に示すブロックブレーキは、最も簡単な構造のブレーキであり、回転するブレーキ胴にブレーキ片を押し付ける構造である。この形式は、制動軸に曲げモーメントが働くため、あまり大きな回転力の制動には用いられない。

　図1.99は、軸の両側から対称にブレーキをかけるので、互いに力がつり合って、軸に曲げモーメントがかからない構造としたブレーキである。そのため、大きな制動力を要する場合に適している。

　図1.100に示すドラムブレーキは、2つのブレーキ片がブレーキの内側にあり、

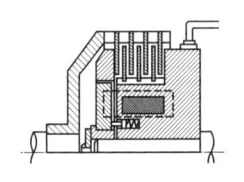

図 1.96　電磁クラッチ　　　　　図 1.97　流体継手

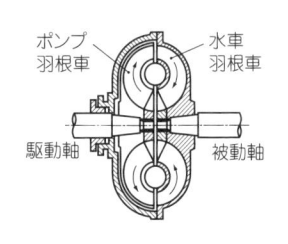

【第1章】機械要素

4 軸と軸継手

それが外側に広がって制動をする形式である。鉄道車両や自動車、起重機などに用いられているブレーキである。

(2) バンドブレーキ
図1.101に示すバンドブレーキは、円筒外面にブレーキバンドを巻き付けて制動作用を行うブレーキである。

(3) 円すいブレーキ
図1.102に示す円すいブレーキは、ブレーキ棒に制動軸方向の力を加え、さらに円すい部のくさび作用によって接触圧力を高めて制動作用を持たせる構造である。

(4) ディスクブレーキ
図1.103に示す多板式のディスクブレーキは、円板が交互に軸とケースにキーで取り付けられていて、これを軸方向に押すと円板と円板が密着して、この間に生じる摩擦力で軸に制動力が働く構造となっている。

(5) 電磁ブレーキ
電磁ブレーキは、ブレーキ片の操作力として電磁力を利用するものである（図1.104）。最近、その性能が高く評価され、鉄道車両、自動車、工作機械などに使用されるようになっている。

(6) ウォームブレーキ
ウォームはウォームホイールの方から回転させた場合は回転しないという性質がある（自動締り）。ウォームブレーキはその性質を利用したブレーキであり、主にチェーンブロックやウインチなどに用いられる（図1.105）。

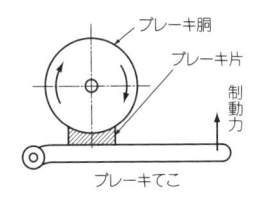

図1.98 単ブロックブレーキ

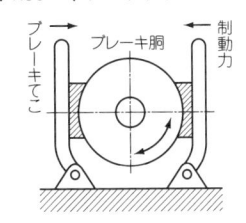

図1.99 複ブロックブレーキ

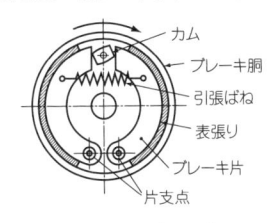

図1.100 ドラムブレーキ

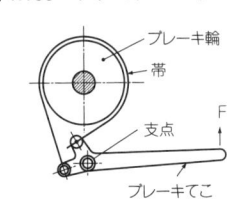

図1.101 バンドブレーキ

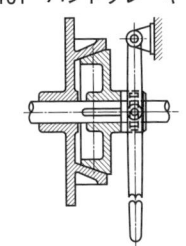

図1.102 円すいブレーキ

57

（7）つめ車装置

図1.106に示すように、車のまわりに特殊な歯を付けてつめ車とし、その車につめをかけて逆転を防止することができる。このような装置をつめ車装置、あるいは**ラチェット**と呼ぶ。図1.106において、レバーを左右に動かせば、つめ車Aは間欠的に回転する。この場合、つめBを送りつめ、つめB'を**もどり止め**と呼ぶ。

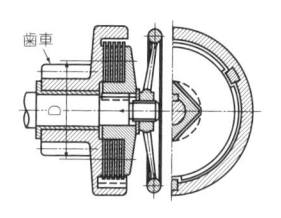

図1.103　ディスクブレーキ

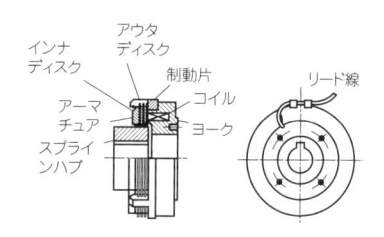

図1.104　電磁ブレーキ

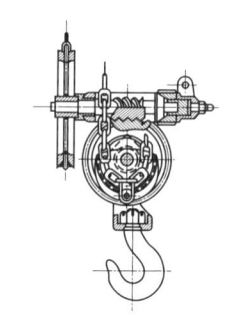

図1.105　ウォームブレーキ

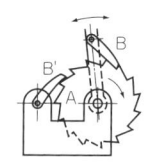

図1.106　つめ車

5 軸受

5.1 軸受の分類

回転軸または往復運動をする軸を支えている機械部品を**軸受**と呼び、通常は回転軸を支えているものをいう。また軸受で支えられている軸の部分を**ジャーナル**と呼ぶ。

(a) ラジアル軸受　(b) スラスト軸受

図 1.107　荷重の方向

(a) すべり軸受　(b) 転がり軸受

図 1.108　すべり軸受と転がり軸受

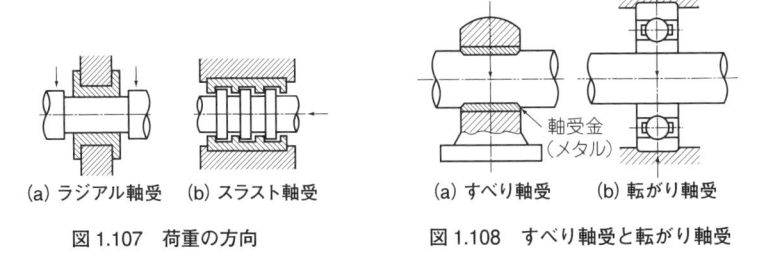

表 1.5　すべり軸受と転がり軸受の比較

項目	すべり軸受	転がり軸受
荷重	面で受けるので大きな荷重を受けられる。衝撃荷重に対して強い。	点または線で受けるので大荷重には向かない。衝撃荷重に弱い。
摩擦抵抗	すべり摩擦なので摩擦抵抗は大きい。特に起動摩擦が大きい。	転がり摩擦なので抵抗は小さく動力損失が少ない。起動摩擦も小さい。
運転速度	一般的に高速回転には不向き。油膜構成がよい場合は高速運転も可。	高速回転でも摩擦による発熱は少ない。
振動・音響	比較的安定している。特に油膜構成がよければ振動に対し有利。	軌道面の精度に左右される。振動があると音が高い。
潤滑	潤滑装置は必ず必要。油膜切れは直ちに事故につながる。	グリース封入の場合は特に必要としない。補給も容易。
寿命	軸受メタルの摩耗が原因になる。	繰返し圧縮荷重による疲れが原因になる。
取付け条件	構造が簡単容易である。外径が小さく、幅が大きい。	幅が小さく外径が大きい。全体の軸受部を小さくできる。軸受のはめあい条件に注意が必要。
互換性	なし	JIS規格が完備され互換性あり。
保守	割合に面倒で手間がかかる。	簡単である。

(1) 力の方向による分類

軸受に働く力の方向から、力の方向が軸に直角な**ラジアル軸受**、力の方向が軸に平行な**スラスト軸受**に分類できる（図1.107）。

(2) 接触の状態による分類

軸受と軸の接触状態から、軸と軸が互いにすべり接触をするすべり軸受、軸と軸受の間に玉やころを入れ、転がり接触をする転がり軸受に分類できる（図1.108）。これらの特徴は表1.5に示す通りである。

5.2 すべり軸受

(1) すべり軸受の特性

すべり軸受には、ジャーナル軸受、円すい軸受、つば軸受、うす軸受などがある。すべり軸受は次のような特徴がある。

① 比較的低速回転向きで、静かな運転ができる。寿命が長い。
② 伝達トルクが大きく、軸受への荷重が大きな個所に適する。
③ 軸受への衝撃荷重に強い。
④ 転がり軸受に比べて高い精度が得られるため、工作機械や測定器など高精度な回転運動が必要な機械によく用いられる。
⑤ 構造が簡単で製作が容易なため安価で、摩耗による修理も手軽にできる。
⑥ 接触面積が大きいため、特に始動時などに摩擦抵抗が大きい。

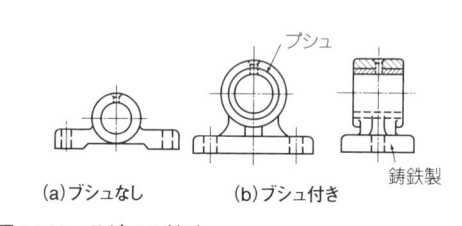

図 1.109 ラジアル軸受

(2) ジャーナル軸受

ジャーナル軸受は、古くから一般に使われている。最も簡単なものは、図1.109 (a) に示すように軸を通る穴と給油穴と取り

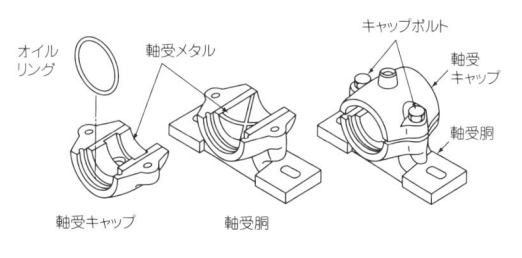

図 1.110 割軸受

付け用のボルト穴があいたものである。

①ブッシング軸受
図1.109 (b) に示すブッシング軸受は、軸受部分が摩耗した場合の取り換えと、軸受の摩擦を減らす目的のために筒形のブシュを入れた形式である。軸受本体は鋳鉄、ブシュは砲金と呼ばれる銅合金（CAC403〜CAC406）あるいは黄銅などが使われる。一般に軽荷重、低速回転用として用いられる。

②割軸受
図1.110に示す割軸受は、本体を上下に分け、2つ割りまたは3つ割りの軸受メタルを用いて、軸との隙間を調節できるようにした軸受である。隙間の調整は、軸受メタルの合わせ目に薄い数枚の黄銅板などを入れる。軸受メタルが摩耗した場合には、薄板を調整すればよいので、非常に使い勝手のよい軸受である。

(3) 円すい軸受
図1.111に示す円すい軸受（テーパメタル）は、ラジアル荷重とスラスト荷重の合成荷重を受けるのに適した軸受である。円すい形（テーパ）に仕上げた軸受メタルが使われており、軸のねじによって摩耗による隙間の調整ができる。工作機械の主軸などに用いられる。

(4) つば軸受・うす軸受
図1.112に示すつば軸受は、スラスト方向の荷重が大きい場合に用いられる。図1.113に示すうす軸受は、立形のスラスト軸受であり、軸端をうす形とした軸受メタルで支える。大きな荷重を支えるのに適している。

(5) ピボット軸受
図1.114に示すピボット軸受は、力のかからない計器や時計の軸を支える一種のスラス

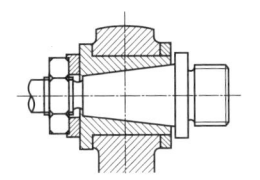

図1.111　円すい軸受

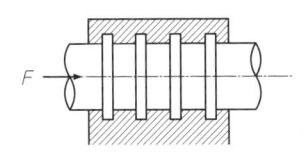

図1.112　つば軸受

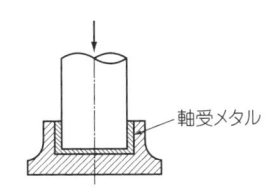

図1.113　うす軸受

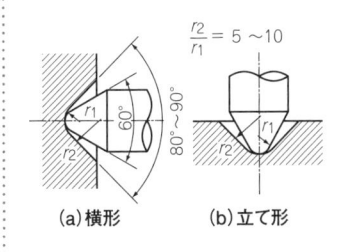

図1.114　ピボット軸受

ト軸受である。摩擦をできるだけ少なくするために軸端を円すい形にし、軸受は円すい形のくぼみにする。軸受の材料には、硬質な鋼などが用いられる。
　摩擦抵抗がきわめて少なく、小形化できるといった優れた特徴があるが、許容荷重が非常に小さいこと、摩耗が大きく、寿命が比較的短いことなどの欠点もある。

(6) 含油軸受

　含油軸受（オイルレスベアリング）は、焼結合金軸受の代表的なものであり、粉末状の銅粒子に10％程度のすずの粉末と２～３％程度の黒鉛を混合し、プレスで加圧焼結し多孔質にして、油を真空充てんしたものなどがある。銅系の他に鉄系（鉄粉90％、黒鉛３～５％、鉛３～５％）や合成樹脂のものなどがある。含油量は5～30％で、使用中に摩擦熱などによる温度上昇により粒子間に浸出してきて接触面を潤滑する。
　加工精度に優れ、強度が高いこと、含油がなくなるまで長時間にわたって給油する必要がないことなどの特徴がある。ただし、強制潤滑と比べて潤滑性能に劣るため、高速・重荷重や高温環境下での連続運転には適さない。
　油の汚れをきらう紡織機械、印刷機械、自動車部品、時計、電気部品、給油困難な場所の軸受として使われる。

(7) 軸受メタルの性質

　すべり軸受の材料（**軸受メタル**）には、次のような性質が必要である。
①摩擦が少なく、耐摩耗性に優れる。
②摩擦熱などで焼付きが起こらず、なじみやすい。
③圧縮強さ、疲れ強さが大きく、耐食性がある。
④軸を傷付けないように、軸よりも若干軟らかい。
一般に広く使われている軸受メタルの種類として、次のものがあげられる。
①ホワイトメタル：WJ1～WJ10（なじみやすく焼付きにくい）
②青銅（砲金）：CAC403～CAC406
③りん青銅：CAC502A～CAC503B
④鉛青銅：CAC602～CAC605
⑤鋳鉄：FC10～FC20
⑥アルミニウム合金：AJ1～AJ2
この中でも②～④は、特に耐食性、耐摩耗性、疲れ強さに優れている。

(8) 合成樹脂軸受

　合成樹脂は、金属材料に比べて耐食性があり、軽量で工作も容易なため、広く使用されている。ナイロンやPTFE（テフロン）などは、摩擦係数が小さく優

れた軸受材料である。ただし、耐熱性に劣り、熱伝導率も小さく、熱による変形が大きいという欠点があるので低速・軽荷重の場合に使用が限定される。

また、合成樹脂ではないが、カーボングラファイトは使用温度範囲が広く、潤滑油なしで使用できるという長所がある。

(9) すべり軸受の潤滑法

すべり軸受は、主に油によって潤滑が行われる。潤滑油は軸受と軸との隙間に介在し、軸が運動を始めると、油の粘性によるくさび作用で軸を軸受から浮き上がらせ、この間に油膜を形成する（**図1.115**）。

油膜を形成する潤滑油の圧力は、くさび作用による油膜の薄くなる部分が最も高くなる。外部から油を供給する場合、圧力の低い個所から供給する。また、油みぞを掘る位置もこの圧力の低い位置とする。

すべり軸受の潤滑には以下のような方法がある。

①**手差し潤滑**
　外部から油を手差しで注入する方法であり、**ラッパ**と呼ばれる油かんで適時補給する。

②**滴下潤滑**
　オイルカップから穴、針弁などを経て、ほぼ一定量の油が自動的に摘下される方法である。低速（4〜5m/s）・軽荷重または中荷重用の潤滑法である。

③**リング潤滑**
　ジャーナル部にリングをかけて軸とともに回転させ、油だまりから油を上げて軸の上面に注油する方法である（**図1.116**）。中・高速用に適している。

④**パッド潤滑**
　軸受下部に油だめを設け、これに浸したパッド（フェルト、毛糸など）をジャーナル部に押し付けて、パッドの毛管現象により油を軸受面に供給する方法である（**図1.117**）。

⑤**はねかけ潤滑**
　油だまりの油を回転体がたたいたり、かき混ぜたりしたときに生じるはね

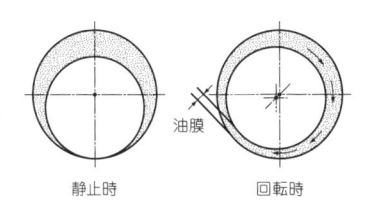

図 1.115　潤滑油による油膜の形式

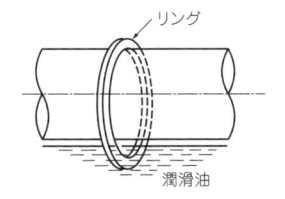

図 1.116　リング潤滑

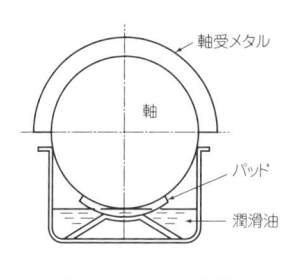

図 1.117　パッド潤滑　　　　　図 1.118　はねかけ潤滑

返りの油でまわりの軸受部に注油する方法である（**図1.118**）。内燃機関のピストン、シリンダ、歯車などの潤滑に使用される。
⑥**浸し潤滑**
軸受部分を油中に浸す方法である。確実な方法であるが、周囲の密閉が必要である。
⑦**強制潤滑**
ポンプで圧力を上げた潤滑油を、配管によって必要な個所に強制的に送る方法であり、1つのポンプで多数の個所に同時に確実に注油できる。ポンプには、高圧を得られる歯車ポンプやピストンポンプが使われることが多い。
⑧**グリース潤滑**
グリースをグリースカップに詰め、そのグリースが軸受部の温度上昇によって次第に溶融し、潤滑を行う仕組みになっている。

5.3 転がり軸受

（1）転がり軸受の種類と特性

転がり軸受は、接触面間に玉（鋼球）やころ、針を入れて接触部を転がり運動とし、摩擦抵抗を小さくした軸受である。転がり軸受には、**図1.119**に示すような様々な形式がある。

図1.120に、転がり玉軸受の主要部分の寸法を示している。なお、軸受の軌道輪や転動体（玉、ころ）には、一般に高炭素クロム軸受鋼が用いられている。

転がり軸受の寿命は、使用条件によって大きな差が生じる。したがって、多くの同一構造の軸受を同一条件で試験し、そのうちの90％以上の軸受が耐える寿命を定格寿命、定格寿命が10^6回転になるような荷重を基本定格荷重として規定している。

【第1章】機械要素

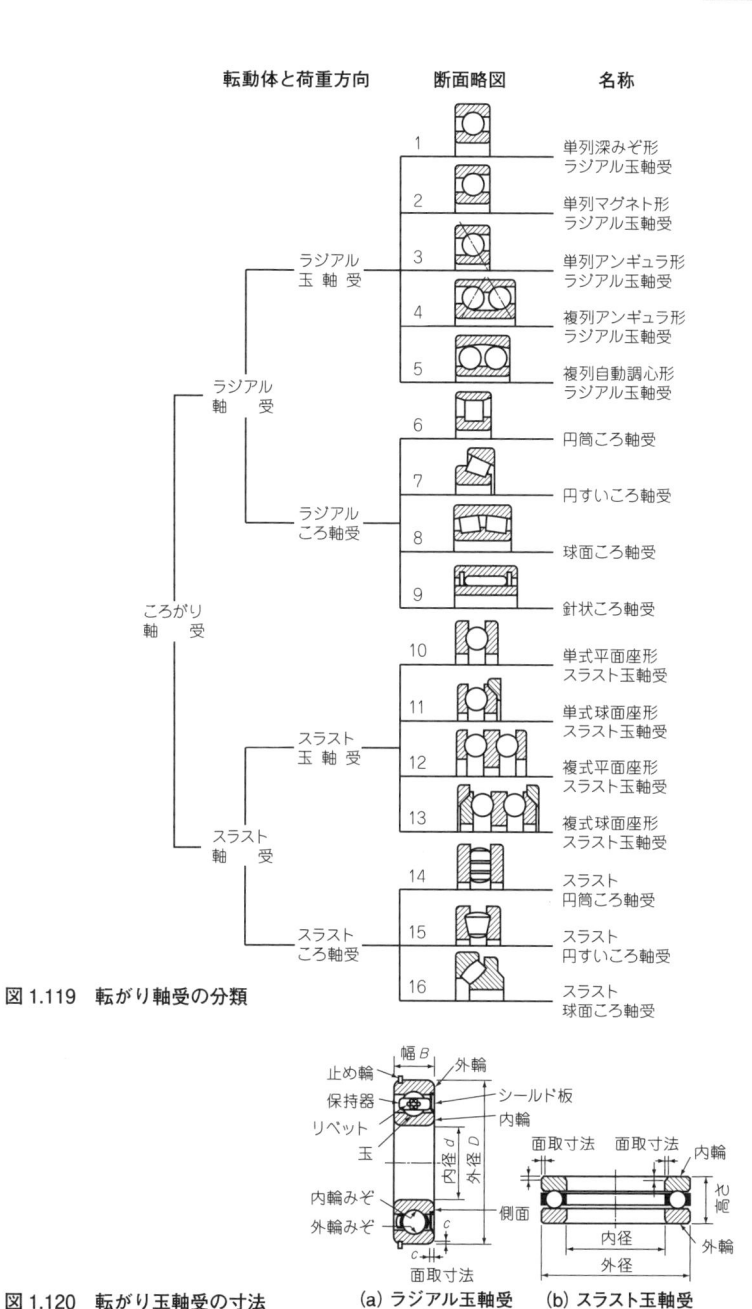

5 軸受

転動体と荷重方向		断面略図	名称
ラジアル軸受 — ラジアル玉軸受	1		単列深みぞ形ラジアル玉軸受
	2		単列マグネト形ラジアル玉軸受
	3		単列アンギュラ形ラジアル玉軸受
	4		複列アンギュラ形ラジアル玉軸受
	5		複列自動調心形ラジアル玉軸受
ラジアルころ軸受	6		円筒ころ軸受
	7		円すいころ軸受
	8		球面ころ軸受
	9		針状ころ軸受
スラスト軸受 — スラスト玉軸受	10		単式平面座形スラスト玉軸受
	11		単式球面座形スラスト玉軸受
	12		複式平面座形スラスト玉軸受
	13		複式球面座形スラスト玉軸受
スラストころ軸受	14		スラスト円筒ころ軸受
	15		スラスト円すいころ軸受
	16		スラスト球面ころ軸受

図 1.119　転がり軸受の分類

図 1.120　転がり玉軸受の寸法　　(a) ラジアル玉軸受　　(b) スラスト玉軸受

65

(2) ラジアル玉軸受

ラジアル玉軸受には様々な種類がある（**図1.121参照**）。それぞれの特徴は以下の通りである。

●深溝形
① 軌道が深い溝になっているので、スラスト荷重も負荷できる。
② 特に高速回転の場合のスラスト荷重には、スラスト玉軸受の代わりに用いられる。
③ 構造が簡単で、高精度、高速回転に適する。
④ 最も代表的な玉軸受であり、電動機、工作機械、一般産業機械、その他に幅広く用いられている。

●アンギュラ形
① 玉の内外輪を結ぶ直線が、ラジアル方向とある角度（接触角と呼ぶ）をなしている。
② 接触角が大きいほどスラスト荷重を受ける能力が大きくなる。
③ 高速回転には接触角が小さい方が有効である。
④ 複列のものは互いに接触角が反対になっているので、両方向のスラスト負荷能力があり、ラジアル軸受とスラスト軸受の合成軸受として通し、安定度が高く、広く利用されている（単列のものを2個組み合わせてもよい）。
⑤ 中荷重からやや重荷重用、スラスト荷重のある箇所に広く用いられている。

●自動調心形
① 外輪の軌道が球面で軸がある程度傾いても差し支えなく、軸心を正確に出しにくい場合に適する。
② 軸や軸受箱のたわみに対しても有利である。
③ 多少のスラスト荷重に耐えることができる。
④ 軽荷重・中荷重用で、伝動装置や歯車装置に用いられる。

(3) ラジアルころ軸受

ラジアルころ軸受の種類と特徴を以下にあげる（**図1.122参照**）。

図 1.121
主なラジアル玉軸受

(a) 単列深みぞ形ラジアル玉軸受 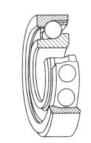　(b) 単列アンギュラコンタクト形玉軸受 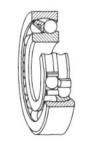　(c) 複列自動調心形ラジアル玉軸受

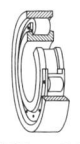

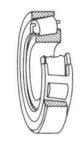

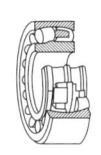

図 1.122
主なラジアルころ軸受

 (a) 円筒ころ軸受 (b) 円すいころ軸受 (c) 球面ころ軸受

● 円筒ころ形
 ① 円筒ころが内輪または外輪のつばで案内されていて、つばの場所と形状によりN形、NU形、NF形、NJ形などがある。
 ② 一般に大荷重や衝撃荷重に耐えるが、スラスト荷重には耐えられない。ただし、内外輪の両方につばのあるNF形などは、軽いスラスト荷重であれば耐えられる。
 ③ 複列のNN形は、主に重荷重用として工作機械などに使用される。
 ④ 内輪または外輪だけにつばのあるものは、軸をある程度軸方向に移動できる。
● 円すいころ形
 ① 円すいのころを用いたもので、内輪、外輪の軌道も円すいであり、接触線は1点に集まり、ころは内輪のつばで案内される。
 ② ラジアル荷重と一方向のスラスト荷重に対して大きな負荷能力がある。
 ③ 衝撃荷重に強い。
 ④ 自動車、鉄道車両、工作機械など広く用いられている。
● 球面ころ形
 ① 球面（たる形）ころを用い、軌道が球面なので自動調心ができる。
 ② 重荷重にも耐え、軸のたわみや軸心を正確に出しにくいときにも適する。
 ③ 多少のスラスト荷重に耐えられる。低速・重荷重用で、衝撃荷重にも強い。
● 針状ころ形（ニードルベアリング）
 ① 針状のころを用いたもので、外径が小さい。
 ② 多数の接触線によって荷重を受けるので、小型でありながら、衝撃荷重に強く、重荷重にも耐える。
 ③ 摩擦抵抗が大きい。
 ④ 産業機械や自動車用エンジンなどに用いられる。

（4）スラスト軸受

 スラスト軸受には、取り付けの座の形により平面座形と球面座形（調心座形）がある。球面座形のものは自動調心ができる。また、荷重の向きによって、片押し形

（単式）と両押し形（複式）がある（図1.123）。
スラスト軸受の特性は以下の通りである。
① 球やころが遠心力で外方向に振り出され、摩耗しやすく、低速回転のみに用いられる。
② スラスト荷重の負荷能力は大きいが、ラジアル荷重はほとんど受けられない。
③ スラスト玉軸受は耐衝撃性が小さく、スラストころ軸受は耐衝撃性が大きい。

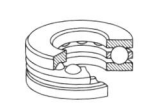

(a) 単式スラスト玉軸受　(b) 複式スラスト玉軸受

図1.123　主なスラスト軸受

(5) 転がり軸受のはめあい

通常、転がり軸受は、外輪が固定され、内輪の回転によって運転される。外輪を回転させる場合は内輪回転に比べ寿命は短くなる。また、荷重の条件などにより異なるが、一般に内輪と軸はきついはめあいを、外輪と軸受箱はやや緩いはめあい（中間ばめ）を使うことが多い（図1.124）。表1.6は、ラジアル軸受のはめあいを示したものである。

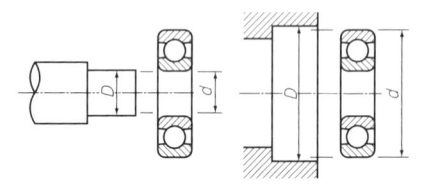

図1.124　転がり軸受のはめあい　(a) 内輪のはめあい　(b) 外輪のはめあい

表1.6　ラジアル軸受のはめあい

作用荷重	ラジアル軸受		はめあい	
	内輪	外輪	内輪と軸	外輪と軸受箱
静止荷重	回　転	静　止	しまりばめ	中間ばめ
	静　止	回　転	中間ばめ	しまりばめ
荷重方向不定（振動・衝撃など）	回　転（円周荷重）	静　止	しまりばめ（かたく）	ややしまりばめ（ややかたく）
	静　止	回　転（揺動荷重）		
	回　転（揺動荷重）	静　止	ややしまりばめ（ややかたく）	しまりばめ（かたく）
	静　止	回　転（円周荷重）		

（6）転がり軸受の取り付け方法

軸受の取り付け方法には次のような方法がある。

①焼ばめによる方法

加熱油槽で軸受を加熱し膨張させて軸にはめ込む方法で、軸と軸受が完全に冷却するまで軸受内輪端面と軸の段付端面を密着させる。加熱温度は、100℃程度でよい。はめあいがゆるいと内輪が軸面を滑って熱を生じたり軸を傷付けたりする。また、きつすぎれば内輪が膨らみ玉やころの運動が妨げられる。

②圧入

軸受内径と軸に油などを塗り、軸受に当て金を当ててプレスやジャッキなどで静かに圧入する方法である。推奨される方法ではないが、ハンマなどで軸受の円周を交互にたたいて、ゆがまないようにたたき込む方法もある。

以下、転がり軸受の取り付けに関する注意事項をまとめる。

①通常、外輪は軸受箱にゆるく取り付けるが、高速で振動があるもの、重荷重で衝撃がある場合、軸受箱が回転する場合などは、きつくはめ込まなければならない。

②長い伝動軸などのように1本の軸を多くの軸受で支える場合は、どれか一つを固定軸受とし、他のものは軸方向に移動できるようにする。製作上の誤差や熱膨張で軸が伸縮したりしても故障が起こりにくい。

③スラスト軸受を取り付ける場合は、支えられる方の軌道輪を中間ばめ程度にする。なお、スラスト軸受は単独では使用せず、ラジアル軸受と併用する（図1.125）。

④長い軸の中間に軸受を取り付ける場合は、テーパ穴軸受とアダプタスリーブで取り付けるとよい（図1.126）。取り付けが簡単で、スリーブに対する内輪の軸方向の移動量を測れば、間接的に隙間の減少量がわかる。

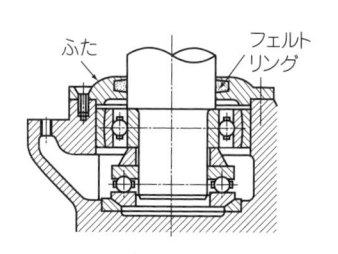

図1.125　スラスト軸受の取り付け

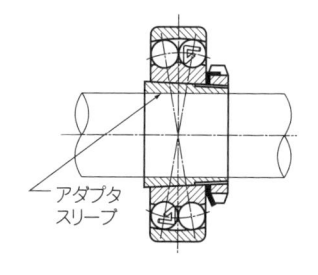

図1.126　アダプタスリーブ

(7) 転がり軸受の故障

設計上、軸受の選択を誤ったり、保守や潤滑の不良が生じたりすると、以下のような故障が起こりやすくなる。

①はめあいが不適当な場合に起こるトラブル

はめあいが不適当な場合、取付面にすべりが生じ、軸や軸受箱が摩耗することがある。また、高速回転では、摩擦熱による焼付き、軸受の破損などが起こる。

②密封が不十分な場合に起こるトラブル

密封が不十分な場合、潤滑油漏れなどで、さびや摩耗が発生する。また、外部から水やごみなどの異物が浸入し、軸受の転動面に入って軸受を摩耗させたりして寿命を短くする。

以上の他に、はく離、かじりなどの故障、振動や騒音などのトラブルが起こることもある。

(8) 転がり軸受の潤滑

転がり摩擦においては、潤滑剤を与えても摩擦の大きさにあまり変化がない。すなわち、転がり軸受の潤滑は、すべり軸受の潤滑とは少し目的が異なっている。転がり軸受の潤滑は、転動体と内輪との間に生じるわずかなすべり摩擦の防止と、さび止めが主な目的である。

転がり軸受の潤滑には、次にあげるような方法がある。

①グリース潤滑

漏れが少なく、密封も簡単で保守もしやすい。ただし、熱放散や循環性が悪く、またグリースの劣化があるため、交換時期が重要である。一般に、中・低速用に採用される。

②油浴潤滑

横軸の場合は最下位転動体の中央まで、立軸の場合は転動体の30〜50％程度までを油中に入れる。熱放散もよく、ごみのろ化も容易である。高速用に用いられる。

③噴霧潤滑

油を霧状にして、圧縮空気により潤滑油を通過させる方法である。空気で軸受の冷却ができ、油の微粒子が接触面に付着して潤滑を行う。高速、高精度の軸受用に用いられる。

④強制潤滑

ノズルから軸受部に圧力油を吹き付ける方法である。潤滑作用、冷却作用ともに優れた方法である。

6 巻掛け伝動装置

中心距離が大きい2軸の間に回転を伝える場合、歯車は使用しづらくなる。このような場合、ベルトやチェーンなどの巻掛け伝動装置を使って運動を伝達する。**巻掛け伝動装置**は、2軸間の距離が小さいとかえって不便なものとなる。**表1.7**は、巻掛け伝動装置の適用範囲である。

表1.7 巻掛け伝動装置の適用範囲

	軸間距離 (m)	速度比 普通	速度比 最大	速度 (m/s)	摘　要
平ベルト	10以下	1～6	8	10～30	平行掛けと十字掛けがある。
Vベルト	5以下	1～7	10	10～15	Vベルトはベルト車の底に触れない。
チェーン	4以下	1～5	8	5以下	すべりがなく回転比が正確。

6.1 摩擦ベルト伝動

摩擦ベルト伝動は、駆動軸と被動軸に取り付けたベルト車にベルトを巻掛けて、その間の摩擦力によって力を伝える方法である。高いトルクや正確な速度比が要求されない場合には、伝動効率は95～98％とかなり高く、伝動装置も簡単で安価なため、広く一般に用いられている。

(1) ベルト掛け

ベルト掛けの方法には、**オープンベルト**（平行掛け）と**クロスベルト**（十字掛け）がある。2つのベルト車は、オープンベルトでは同方向に回転するが、クロスベルトでは反対方向になる。

①巻付き接触角

図1.127において、θ_1、θ_2を巻付き**接触角**と呼び、この角度が大きくなるほどベルトの滑りは少なくなり、大きな動力を伝えることができる。巻付き接触角は、平ベルトでは160°程度が最小限度である。オープンベルトとクロスベルトでは、クロスベルトの方が巻付き接触角は大きい。

なお、ベルト車の径が小さいと、滑りが起こりやすく伝動効率が低くなるので、巻付き接触角が大きくなるように張り車を入れることがある（**図1.128**）。

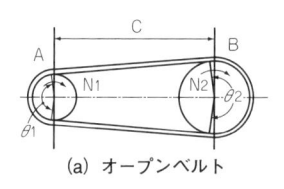

(a) オープンベルト

$$L = 2C + \frac{\pi}{2}(D_1 + D_2) + \frac{(D_1 - D_2)^2}{4C}$$

$\begin{bmatrix} L: ベルトの長さ \\ D_1, D_2: ベルト車の直径 \end{bmatrix}$

図1.128　張り車

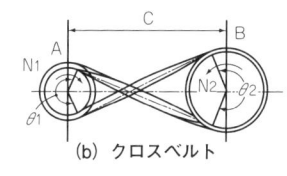

(b) クロスベルト

$$L = 2C + \frac{\pi}{2}(D_1 + D_2) + \frac{(D_1 + D_2)^2}{4C}$$

図1.127　ベルト掛け

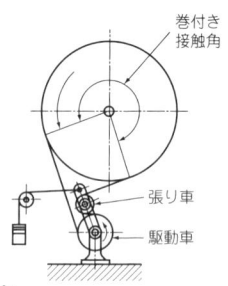

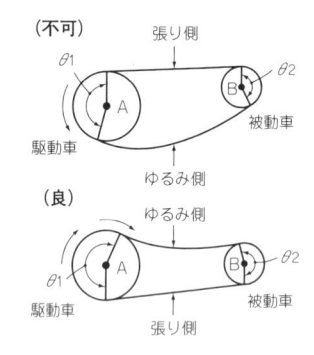

図1.129　張り側とゆるみ側

②**張り側とゆるみ側**

ベルトが駆動車Aに入る側を**張り側**、駆動車から出る側を**ゆるみ側**と呼ぶ（**図1.129**）。また、オープンベルトでは、張り側を下にゆるみ側を上にすることによって巻付き接触角が大きくなり、伝動効率を上げることができる。

③**ベルトの摩擦係数**

ベルトとベルト車の間の動力の伝達は、摩擦力によって行われる。一般に、ベルトの張り側とゆるみ側の張りの強さの比は、ベルト車の摩擦係数と巻付き接触角によって決まる。

(2) 平プーリ、平ゴムベルト

平プーリは、鋳鉄製がよく使われている。高速用ではアルミニウム合金などの軽合金、または鋼製が使われることがある。

図1.130に平プーリの形状を示している。一般に4〜8本程度のアームがある。径が小さいものや高速で動かすものは、円板にすることもある。平プーリのリ

ムは、ベルトの幅よりも大きく、中高の形状にしてあることが多い。これはベルトが左右に外れたりするのを防ぐためである。

なお、平ゴムベルトはJIS K 6321で規格化されている。

(3) Vベルト伝動

Vベルト伝動は、断面がV字形で継ぎ目のないベルトを、同形の溝をもつベルト車に数本巻き掛けて2軸間の伝動を行う装置である（JIS B 1860）。摩擦力が大きいため滑りが少なく、運転は比較的静かである。また、軸間距離が比較的短い伝動に適しており、回転比は、平ベルトよりも大きくすることができる。

図1.131に示すVベルトは、ゴムを主体としたベルトで、内部には抗張体として糸や布、合成繊維などが入っている。一般用Vベルトは、その有効周（長さ）がJIS K 6323で定められている。太さは小さい順からM、A、B、C、D、Eの6種類が規格化されている。

Vベルトは、常にオープンベルト（平行掛け）で使用し、強い動力を伝えるため、数本以上を並行して使用することがある（図1.132）。

Vベルト車は、鋳鉄または鋳鋼製がよく使われる。Vベルト車の溝の角度は34°、36°、38°の3種類がある。Vベルトは曲げられると内側の幅が広く、外側の幅は狭くなり、ベルトの角度が初期の40°より小さくなる。そのため、Vベルト車は径が小さいものほど溝の角度が小さい。

溝の形は、Vベルトの寿命や伝動効率に大きな影響を与えるので、精密に仕上げる。なお、Vベルトの底面は、溝底に触れないような形状になっている。

(4) 歯付きベルト伝動

歯付きベルト伝動は**タイミングベルト伝動**とも呼ばれ、ベルトの内側に、一定ピッチで浅い歯のような突起を付けたものである（図1.133）。歯付プーリの

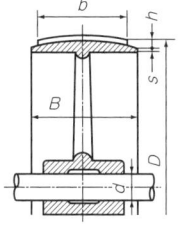

図1.130　平プーリの寸法

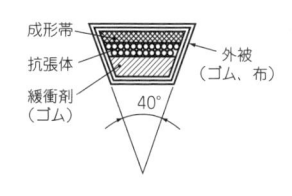

図1.131　Vベルト

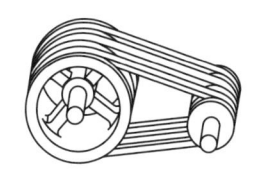

図1.132　Vベルト車

突起とかみ合って伝動するので、滑りがなく伝動効率がよいため、最近の機械でよく用いられている。ベルトはゴムで作られているが、綿布、グラスファイバ、鋼索などが入れてあり、伸びは非常に少ない。

速度比が大きくとれ、しかも速度を一定に保てること、大きい張力を与える必要がないこと、高速・低速のいずれにも適することなどの特徴がある。

6.2 チェーン伝動

チェーン伝動は、チェーンが**スプロケット**（鎖歯車）の歯にかかって確実に伝動するので、大きな動力を高効率で伝えることができる。ただし、振動や騒音を起こしやすいため、高速回転には適していない。また、ベルト伝動のような大きい張力を必要としないので、軸受への負担が小さいこと、耐熱、耐油、耐湿性に優れることなどの特徴がある。

(1) 伝動用ローラチェーン

図1.134に示す**ローラチェーン**は、鋼板まゆ形リンクをピンで接続し、これにブシュとローラをはめた構造である。このチェーンは、ローラが自由に回転するので、摩擦が少ない。ただし、ピッチが伸びるとスプロケットの一つの歯だけが荷重を受けることになるため、次の歯に荷重が移るときに騒音を発するようになる。大荷重の伝動には多列のものが用いられる。

(2) スプロケット

スプロケットは、鋼製のものがよく使われる。スプロケットの歯数は10～70枚程度であるが、少なすぎると伝動が円滑に行えなくなる。なるべく奇数の歯数にするのが普通である。

【第1章】機械要素

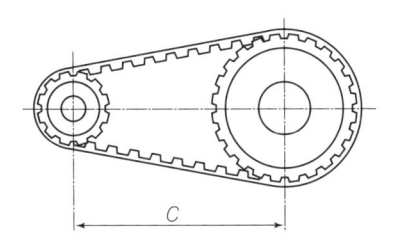

6 巻掛け伝動装置

図 1.133 歯付きベルト伝動（JIS B 1859）

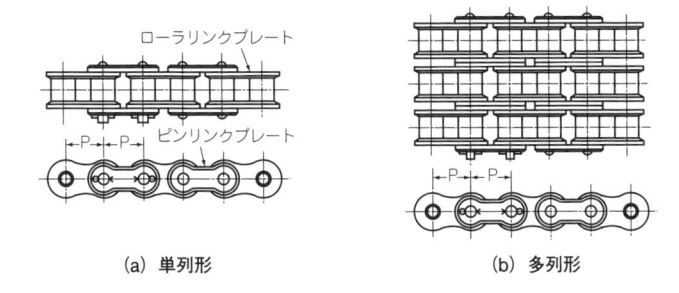

(a) 単列形　　(b) 多列形

図 1.134 ローラチェーン（JIS B 1801）

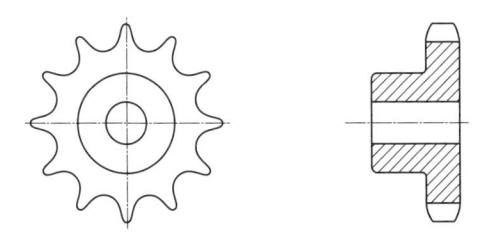

図 1.135 スプロケット（JIS B 1801）

75

7 リンク・カム・ばね

7.1 リンク機構

　細長い棒を組み合わせ、継ぎ目をピンで互いに回転できるようにした機構を**リンク機構**と呼ぶ。なお、回転部分をスライダとして、すべり合うようにすることもある。

　リンク機構は、リンクの1つを固定し、1つのリンクに運動（主として等速回転運動）を与えることにより、様々な運動を他のリンクに与えることができる。構造が簡単で工作が容易であること、摩擦損失が小さいことなどの特徴があり、様々な機械に応用されている。

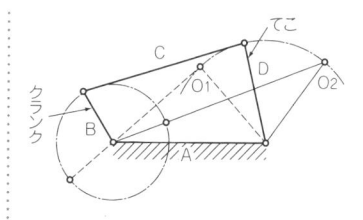

図 1.136　てこクランク機構

（1）てこクランク機構

　てこクランク機構は、**図1.136**におけるAのリンクを固定したときにできる機構である。Bを**クランク**、Dを**てこ**または**レバー**、これらを連結しているCを**連接棒（コネクティングロッド）** と呼ぶ。Bが回転運動を行うとき、Dは往復角運動を行う。

　てこクランク機構が成立するためには、リンクA、B、C、Dの長さに次のような関係が必要である。

　　(C + D) > (A + B)
　　(A + D) > (B + C)

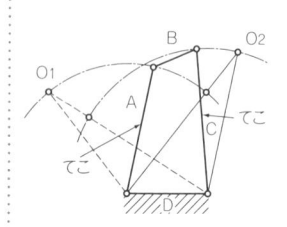

図 1.137　両てこ機構

（2）両てこ機構・両クランク機構

①両てこ機構

　図1.137に示す両てこ機構は、リンクDを固定したときにできる機構であり、リンクA、Cがそれぞれ往復角運動を行う。

②両クランク機構

　図1.138に示すように、最短のリンクBを固定したときにできる機構を両クラン

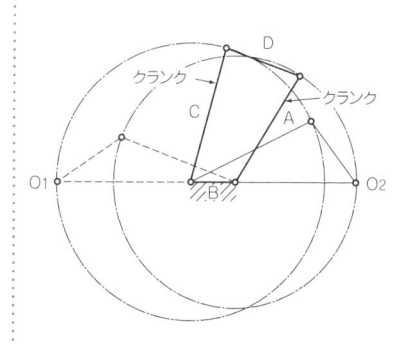

図 1.138　両クランク機構

【第1章】機械要素

7 リンク・カム・ばね

ク機構と呼ぶ。リンクAおよびCはそれぞれ回転可能となる。

③**平行リンク**

リンクAとリンクCの長さが等しく、リンクBがリンクDより短いという関係にあり、リンクBとリンクDが平行であった場合、**図1.139**においてリンクCが内側に角ϕ_1だけ回ると、リンクAは外側にθ_1だけ回る。この場合、角ϕ_1とθ_1は常に$\phi_1 > \theta_1$となる。同じように、リンクCが外側に角ϕ_2だけ回ると、リンクAは内側に角θ_2だけ動き、常に$\phi_2 < \theta_2$となる。この平行リンクは、自動車の前輪のかじ取装置などに応用されている。

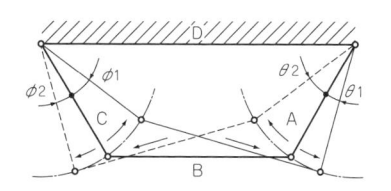

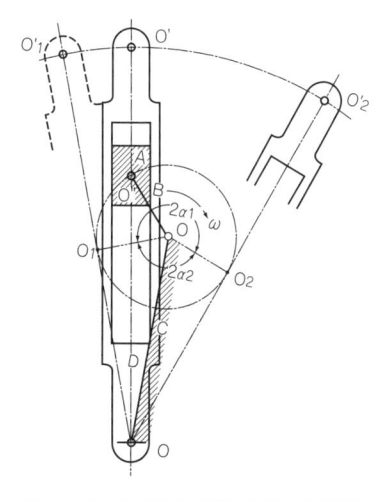

図1.139 平行リンク

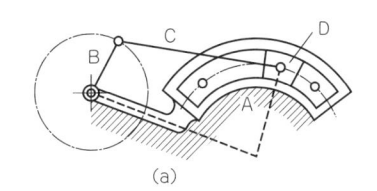

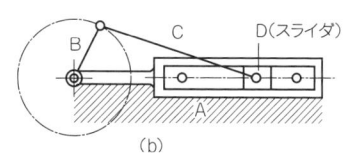

(3) スライダ・クランク機構

てこクランク機構におけるリンクDの往復運動に沿って溝をつくり、Dをその溝に沿ってすべりながら動くすべり子（スライダ）とすると、**図1.140**に示すようなスライダ・クランク機構ができる。さらに、**同図(b)**に示すように、Dを直線運動とすることもできる。

この機構において、固定するリンクを変えていくと、次のような4つの機構ができる。

①**リンクA固定**：往復スライダ・クランク機構。
②**リンクC固定**：揺りスライダ・クランク機構。
③**クランクB固定**：回りスライダ・クランク機構。
④**スライダD固定**：固定スライダ・クランク機構。

図1.140 スライダ・クランク機構

図1.141 揺りスライダ・クランク機構

図1.141に示す揺りスライダ・クランク機構は、形削り盤のラムの運動などに応用されている。

(4) エキセントリック機構

図1.142に示す**エキセントリック機構（偏心輪）**は、ディスクを軸に対して偏心して取り付けたものである。軸に回転を与えるとディスクは偏心量Eの2倍だけ左右に動く。原理的には、てこクランク機構の変形である。すなわち、ストロークSは2×Eとなり、回転運動を往復運動に変えることができる。のこぎり盤や偏心プレスなどに広く用いられている機構である。

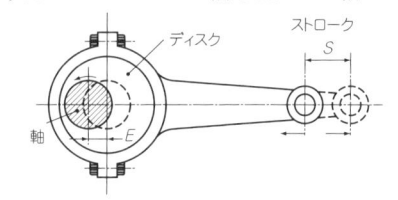

図1.142　エキセントリック機構

7.2 カム

カムは、直接接触によって従動部に周期的な運動をさせる機械部品である。その利用範囲は広く、内燃機関、印刷機械、紡績機械、工作機械、各種の製造機械など多岐にわたっている。カムは、接触部が平面運動をする**平面カム**と、立体的な運動をする**立体カム**とに大別される。

(1) 平面カム

①板カム

図1.143に示す板カムは、特殊な曲線を持った回転板の形のカムであり、最も一般的に用いられるカムである。板カムには、図1.143 (a)に示すように従動部が揺腕のもの、(b)に示すように従動子のものがある。また、運動を確実に伝達するために、(c)に示すように従動子を溝にはめ込んだ溝カムもある。

一般には、従動子の先端がすべり接触によって摩耗するのを防ぐために、図1.144に示すようにころを用いることが多い。なお、同図に示すカムは、カムCが等速回転をすると、従動子Fが等

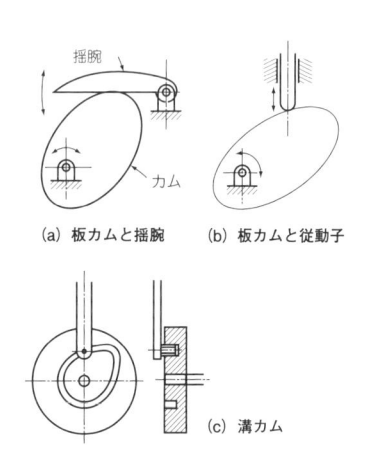

図1.143　板カム

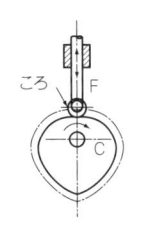

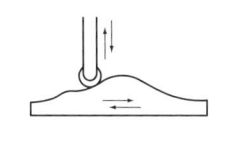

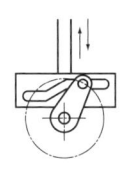

図 1.144　ハートカム　　　図 1.145　直動カム　　　図 1.146　逆カム

速往復運動をするものであり、カムの形状から**ハートカム**と呼ばれている。
②**直動カム**
　多くのカムは回転運動を利用しているが、**図1.145**に示す直動カムは往復直線運動をして従動子を上下させる。
③**逆カム**
　一般のカムは原動部が特殊な形状をしているが、**図1.146**に示すカムは、従動子が特殊な形状をしたカムになっている。このようなカムを**逆カム**と呼ぶ。

(2) 立体カム

立体カムには、**図1.147**に示すような種類がある。
①**円筒カム**
　円筒形のカムで、カムの表面に溝が切ってあり、カムが回転すると従動部が往復運動する。

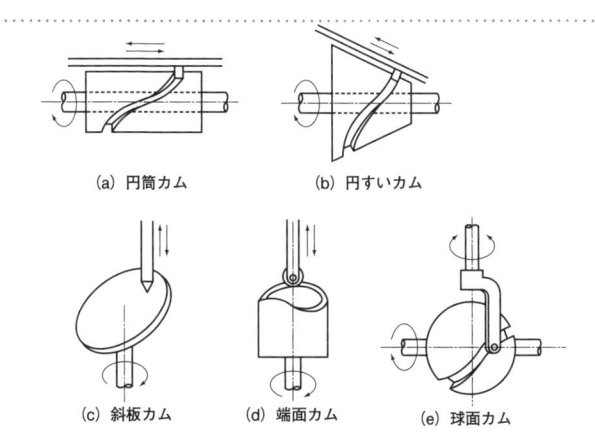

(a) 円筒カム　　　(b) 円すいカム

(c) 斜板カム　　　(d) 端面カム　　　(e) 球面カム

図 1.147　立体カム

②円すいカム
　円すい形のカムで、従動部は斜めに往復運動するようになっている。
③斜板カム
　平らな円板が軸に斜めに固定されているカムである。
④端面カム
　端面カムは、円筒の端面形状を利用したカムであり、エンドカムとも呼ばれる。
⑤球面カム
　球面に溝を切り、これに従動部をはめ込んだカムであり、溝が曲線であるためカムが回転するに従って従動部は左右に揺れるように動く。

(3) カムの変位線図

　カムの従動部（従節）の運動は、カムの輪郭によって決まる。したがって、カムの形状を決めるためにはカムの各位置における従動部の位置関係を知らなければならない。この関係を示すために図1.148に示すカムの変位線図が使われる。

　図1.148は等速運動をする板カムの例であり、カムが1回転（360°）する間に従動部は直線的に位置を換え、カムの180°の点で最高の変位となり、360°の点で最初の位置に戻る。そして、この位置に対応するカムの外形を求めていくとハート形をしたカムの輪郭が求められる。

　なお、等速運動を実現するためには、従動部がカムに接触する点は常に一定点であるという条件が必要である。従動部が図1.149に示すように平面になると、カムと従動部の接点が移動するので、従動部の運動は変わる。

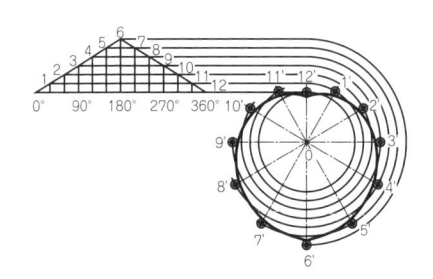

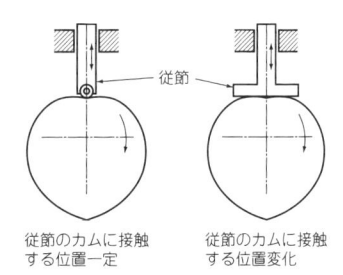

図 1.148　カムの変位線図　　図 1.149　カムの従動部の接触状態

7.3 ばね

(1) ばねの働き
金属の弾性を利用したばねは多くの機械で使われている機械要素部品の一つである。ばねは次のような働きをする。

①振動や衝撃をやわらげる
自動車、電車などの車両の台車、シャーシなどのばね、いす、ベッドなどのばね、その他、クッション用のばねは振動や衝撃をやわらげるために使われる。

②エネルギーを蓄えて動力を供給する
機械の可動部分のばねや時計、おもちゃなどのうず巻ばね（ぜんまい）では、エネルギーを蓄えて動力を供給するために使われることがある。

③伸びと力の関係を利用して計測などに用いる
ばねは力の大きさによって長さが変わる。ばねばかりなどの計測器、安全弁などのばねでは、その性質を利用している。

④機械部品の位置を決める
機械部品を一定方向に押し付けるばね、力を与えるばねなどは、機械部品の位置を決めるために使われている。

(2) ばねの材料
ばねの材料には、主としてばね鋼が使われる。JISではばね鋼として数種類のSUP材、ピアノ線材、硬鋼線材などが規定されている。

なお、耐食性を必要とするなど特殊な場合には、りん青銅、アームズブロンズ、CA合金などの銅合金が使われることがある。弾性は鋼に劣るが耐食性に富み、また非磁性なので、化学用、電気用計器などに用いられる。その他、高温の場所ではステンレス鋼や高速度鋼が使われることもある。

(3) ばねの種類と用途

①コイルばね
図1.150に示すコイルばねは、丸棒または四角の線材をら線状に巻いたばねであり、引張り、圧縮、あるいはねじり作用の衝撃緩和や機械部品の位置決めなどに広く利用されている。特に指示のない限り、右巻きになっている。

主として引張荷重を受ける引張コイルばねは両端にフックがあり、圧縮荷重を受ける圧

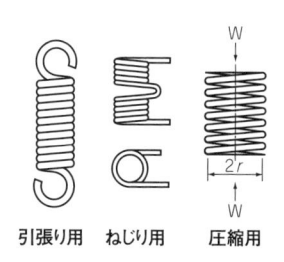

図 1.150　コイルばね

縮コイルばねは両端に座を作って、ばねのわん曲を防ぐ。

②重ね板ばね

図1.151に示す重ね板ばねは、数枚のばね用鋼板を重ねてそり（わん曲）を持たせたばねである。同じ板厚のものを使わずに、最も長い親板から順次厚さが薄くなっていることが多い。重荷重を支えるのに適しており、自動車、電車、貨車などの車両用に使われている。通常、重ね板ばねに標準荷重がかかった場合、そりはゼロとなる。

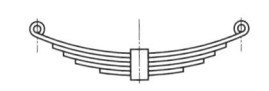

図1.151　重ね板ばね

③渦巻ばね

一般にぜんまいと呼ばれるばねであり、帯状の板あるいは針金をうず巻状に巻いたもので、エネルギーの蓄積用に使われる。時計やおもちゃ、計器類で使われる。

④竹の子ばね

図1.152に示す竹の子ばねは、幅の広い帯鋼あるいは平鋼をうず巻状にして軸方向に伸ばした形状をしたばねである。圧縮作用を受ける個所に用いられる。

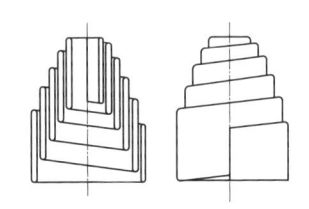

図1.152　竹の子ばね

⑤棒ばね

図1.153に示すトーションバーは、ねじり棒ばねとも呼ばれ、棒のねじり力を利用するものである。丸形または角形の断面をした棒鋼などをねじり、その戻る力を利用する。

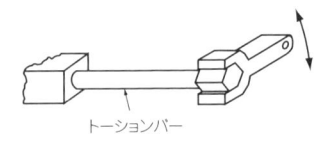

図1.153　棒ばね

⑥皿ばね

図1.154に示す皿ばねは、皿形をしたばね鋼を1枚または数枚重ねて、その戻る力を利用するばねである。主として圧縮用として用いられ、狭い取り付け場所でも強大な力を得ることができる。ただし、たわみは比較的少ない。

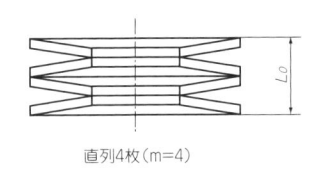

直列4枚（m=4）

図1.154　皿ばね（JIS B 2706）

8 密封装置

　密封装置（シール）には、軸と軸受の隙間からの潤滑油の漏れ防止から管継手や液体容器のふたのガスケットまで、様々なものがある。また、気体や液体の漏れを防ぐ他、異物の浸入を防ぐための働きもある。JISでは、回転や往復の運動用シールをパッキン、静止部分の密封に使われる固定用シールをガスケットと呼んでいる（JIS B 0116）。

8.1 Oリング

　JIS B 2401で規格化されているOリングは、天然ゴム、合成ゴム、または合成樹脂を原料として作られた、断面がO形の密封装置である。図1.155に示すように密封装置の溝にはめて使用し、ゴムの弾性変形によって隙間をふさぎ、密封の働きをする。さらに高い圧力になると、図1.156に示すように Oリングは反対側に押し付けられて密着し、密封する。

　表1.8はOリングの用途を示したものである。Oリングは固定用と運動用の両方に用いることができるが、ごみや摩耗粉など異物に弱いので高速回転には適していない。

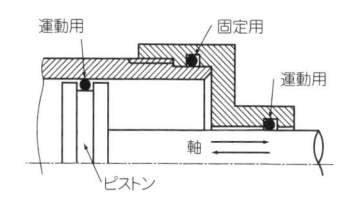

図 1.155　O リング装着例

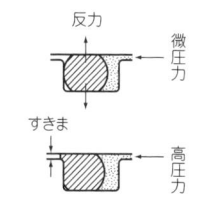

図 1.156　圧力との関係

表 1.8　O リングの種類（JIS B 2401-1:2012）

Oリングの種類	種類を表す記号
運動用Oリング	P
固定用Oリング	G
真空フランジ用Oリング	V
ISO一般工業用Oリング	F
ISO精密機器用Oリング	S

8.2 オイルシール

図1.157に示す**オイルシール**は、回転軸部分の密封に使用する密封装置であり、軸とは弾性的に接触する構造になっている。材質は合成ゴムや合成樹脂のものが多く、外周は金属製のケースに入っている。図1.158にオイルシールの種類をまとめている。

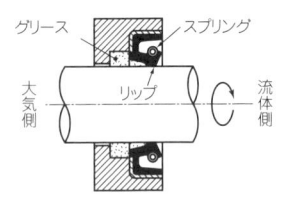

図 1.157　オイルシール

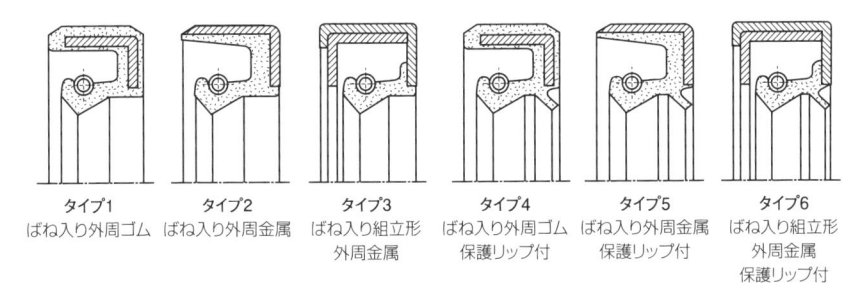

タイプ1	タイプ2	タイプ3	タイプ4	タイプ5	タイプ6
ばね入り外周ゴム	ばね入り外周金属	ばね入り組立形外周金属	ばね入り外周ゴム保護リップ付	ばね入り外周金属保護リップ付	ばね入り組立形外周金属保護リップ付

図 1.158　オイルシールの種類（JIS B 2402-1:2013）

8.3 メカニカルシール

図1.159に示す**メカニカルシール**は、シートリング端面と従動リングの端面が互いに密着して、軸からの流体の漏れを防止する構造になっている。従動リングは、ばねの力で密封端面に圧着しているので摩耗しても漏れが少ないことが特徴である。さらにメカニカルシールには次のような特徴がある。

①軸とのしゅう動面がないので摩耗がなく、動力損失が少ない。
②寿命が長く、運転中の調整が不要である。
③高温、高速、高圧などの条件でも使用することができる。
④他の密封装置と比べて高価である。
⑤高い組立精度が要求される。

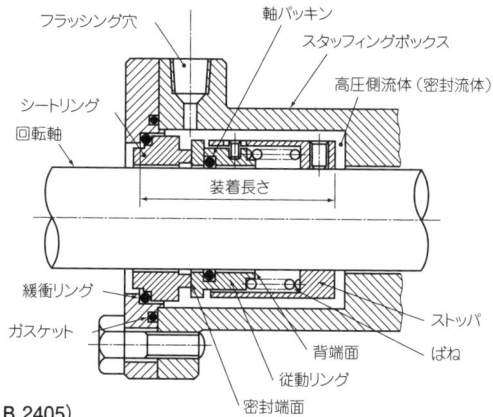

図 1.159
メカニカルシールの装着例（JIS B 2405）

8.4 その他の密封装置

(1) シートガスケット
　シートガスケットは、固定または静止した接合部にはさんで流体漏れを防ぐ板状の密封装置であり、多くの種類がある（JIS B 0116）。
　①**軟質ガスケット**：紙、ゴム、石綿、合成樹脂、コルク、プラスチックなどで作られている。主として水、蒸気、油、空気、化学薬品などの流体を密封する。
　②**硬質ガスケット**：ステンレス鋼、アルミニウム合金、鋼、銅合金、モネルメタルなどで作られている。主として高温、極低温など苛酷な条件下における使用に適している。

(2) リップパッキン
　接面部がリップ状（くちびる状）になった密封装置の総称であり、一般によく使われているオイルシールの他、断面形状がV形やU形、W形をしたものがある（**図1.160**）。材料には、合成ゴム、天然ゴム、金属などが使われる。主に往復運動部に用いられるが、回転軸や静止部に用いられることもある。

(3) グランドパッキン
　グランドパッキンは、一般産業機械において古くから広く使われている密封装置であり、断面が角形の編み込まれたパッキン材を軸周辺の空間に詰め込ん

で使用する。構造が簡単で、装着が容易であり、また切って使用できるため経済的であるといった利点がある。

(4) ラビリンスパッキン

図1.161に示すラビリンスパッキンは、密封部に狭い通路を設けて密封する非接触形のシールである。管路中に絞りと拡大部を交互に連続的に設け、流体の圧力差を利用して漏れを防いでいる。構造上、流体の漏れを完全に止めることはできない。

(a) Vパッキン

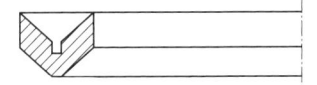

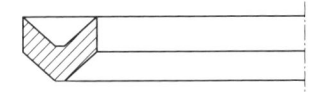

(b) Uパッキン

(c) Uカップパッキン

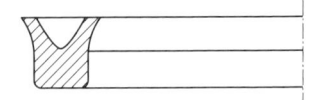

図1.160 リップパッキン

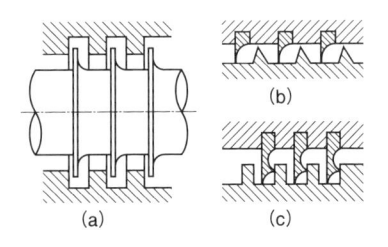

図1.161 ラビリンスパッキン

9 管・配管部品

9.1 管の種類と用途

管は主として流体の輸送や分配に使用されるが、その重さに比べて断面係数が大きく、曲げやねじりに対する強度が大きいことから、構造用として使用されることもある。

管はその中を通す流体の種類や条件によって様々な材料が使用される。表1.9は材料による管の分類を示している。

表1.9 材料による管の分類

管	
金属管	鋳鉄管
	鋼管
	銅管
	黄銅管
	鉛管
	アルミニウム管
非金属管	ゴム管
	コンクリート管
	ビニル管
	土管
	陶管
	木管

(1) 鋳鉄管

鋳鉄管は、鋼管に比べると重く、破壊強さは小さいが、防食性、耐久性に優れ、安価である。製造方法として、普通鋳造法、遠心力砂型鋳造法、遠心力金型鋳造法などがある。最大使用圧力は1 MPa（10kgf/cm²）以下であり、水道や化学プラント用などに広く用いられている。

(2) 鋼管

①配管用炭素鋼鋼管（記号：SGP）

一般にガス管と呼ばれ、蒸気、ガス、水、空気などの一般配管用に使用する。常用圧力は、1MPa以下である。

管に亜鉛めっきを施して耐食性を持たせた白管と製造したままの管でさび止め油が塗られた黒管がある。管の外径は10.5～50.8mmまであり、呼び方は**表1.10**に示すように、A呼び（mm）とB呼び（インチ）の2種類がある。

表1.10 ガス管の呼び

管の呼び方		外径
A	B	(mm)
6	1/8	10.5
8	1/4	13.8
10	3/8	17.3
15	1/2	21.7

②圧力配管用炭素鋼鋼管（記号 STPG）

良質の炭素鋼（C：0.2〜0.3％）を用いて、熱間仕上法（口径350mm以下）または冷間引抜き法（口径500mm以下）によって継ぎ目なく引抜いて伸ばした鋼管である。

使用温度は−15℃〜+350℃まで、使用圧力は約10MPa以下である。外径寸法は、ガス管（SGP）と同じであり、水圧管、冷凍用管、蒸気管、油圧管、高圧ボイラ管、高圧ガス管などに使われている。

(3) 銅管

銅管として一般に使われているのは、タフピッチ銅の継ぎ目なし銅管（記号：TCuT）である。電気や熱の伝導性がよく、展延性（加工性）もよい。また、耐食性にも優れている。給水管、熱交換器管、給油管、化学工業用などに使われている。

(4) ビニル管

硬質塩化ビニルでできた継ぎ目なし管であり、加工が容易で手軽に使えるため、広く用いられている。ただし、線膨張係数が大きく、使用温度が10〜40℃程度で特に寒さと衝撃に弱い。

(5) たわみ管（メタルホース）

鋼、銅、銅合金、またはアルミニウムの薄板をつる巻状に組み合わせ、たわみ性と気密性を持たせた管である。ガス、蒸気、水、油などの搬送用や電線の保護管として使用される。

9.2 管継手

(1) ガス管継手

可鍛鋳鉄や青銅などで作ったねじ込継手で、両端に管用ねじが切ってある。形状によりエルボ、ティー、十字（クロス）、45°Y、ソケット、ベンド、ユニオンなどがある（図1.162）。

(2) フランジ継手

図1.163に示す**フランジ継手**は、管にフランジを取り付け、フランジ部をボルト・ナットで締め付けるもので、管内圧力が高い場合、管径の大きい場合、しばしば取り外しをする場合などに用いる。フランジの継手面には、それぞれの使用圧力に応じたガスケットを入れて、流体の漏れを防止する。

(3) 伸縮継手

図1.164に示す伸縮継手は、長い管が温度の変化によって伸縮しても差し支えないように、伸縮を吸収するようにした継手である。図1.164(a)の曲り管は主に高温高圧の蒸気管路、(b)の波形管は低圧蒸気、水、空気、ガスなどの管路、(c)のすべり管は水、飽和水蒸気などの管路などに用いられる。

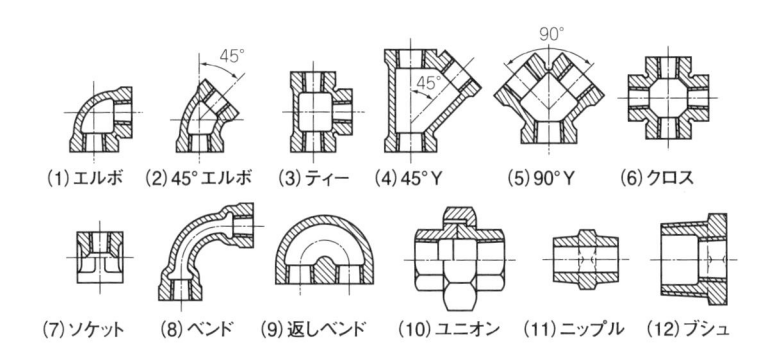

(1) エルボ　(2) 45°エルボ　(3) ティー　(4) 45°Y　(5) 90°Y　(6) クロス

(7) ソケット　(8) ベンド　(9) 返しベンド　(10) ユニオン　(11) ニップル　(12) ブシュ

図 1.162　ガス管継手

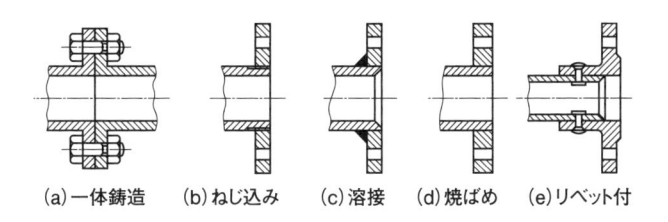

(a) 一体鋳造　(b) ねじ込み　(c) 溶接　(d) 焼ばめ　(e) リベット付

図 1.163　フランジ継手

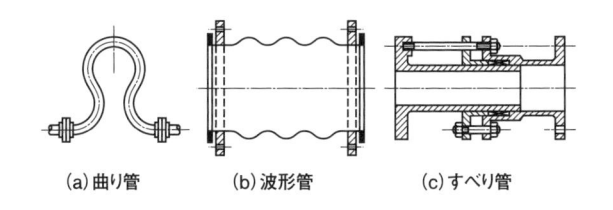

(a) 曲り管　(b) 波形管　(c) すべり管

図 1.164　伸縮継手

9.3 バルブ

バルブとは、流体を通したり、止めたり、あるいは制御したりするために流路を開閉する機構をもつ配管部品である（JIS B 0100）。バルブには次のような種類がある。

(1) 玉形弁およびアングル弁

図1.165に示す**玉形弁**および**アングル弁**は、低圧から中圧にかけて水道管や油圧管に広く使用されるバルブである。バルブ胴は鋳鉄または砲金で作られ、ハンドルを回すことでねじ棒により弁が上下に開閉する。

(2) 仕切弁

図1.166に示す**仕切弁**は、弁内での圧力降下が少ないため、主として高圧高速で流量の多い流体を扱うときに用いられる。ただし、半開きのときは弁内に渦流が生じ、弁が振動する。

(3) 逆止め弁

図1.167に示す**逆止め弁**、**チェッキ弁**は、流体を一方向だけに通し、逆流を防止するために用いられる。たとえば、ポンプが停止したとき流体が逆流しないために用いられる。

(4) バタフライ弁

バタフライ弁（ちょう形弁）は、円筒形の胴の中に、80〜85°程度回転する円板を入れて、この円板が弁となって管路の開閉を加減するようになっている（図

(a) 玉形弁　(b) アングル弁

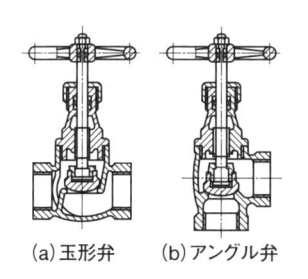

図 1.165　玉形弁とアングル弁

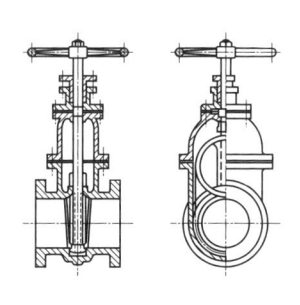

図 1.166　仕切弁

1.168）。また、半開きにすれば流量を絞ることも可能である。仕切弁に比べて構造が簡単であるが、全閉時の密封が完全にできないという欠点がある。

(5) コック

図1.169に示す**コック**は、一般に口径の小さい管に用いられる。栓は1/4回転で全開・全閉するので開閉の操作が素早くできる。栓の形状は、テーパ1/5程度の円すい状で、円形、だ円形、長方形、台形などの穴があけられている。管との連結は、小口径のものはねじ込み、大口径のものはフランジ継手が使われることが多い。なお、流れの切換えと開閉ができる三方コックもよく使われる。

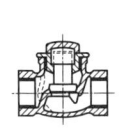

図 1.167　逆止め弁

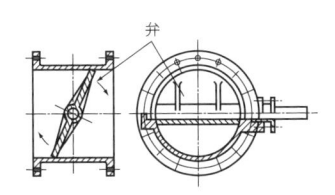

図 1.168　バタフライ弁

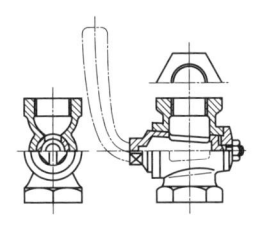

図 1.169　コック

10 テーパ

テーパは、工作機械などで工具を取り付けるのによく使用されるほか、テーパピンやテーパねじなどとしても利用される。

10.1 テーパの表示法

テーパの度合い（テーパ比）は、図1.170に示すように、(D−d)/Lで表示される。一般には分数の形で1/10とか1/100といったように表示されることが多いが、1:10、1:100という形で示されることもある。

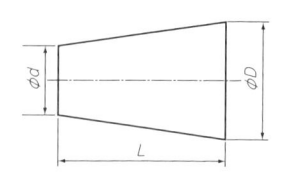

図 1.170　テーパ

10.2 テーパの規格

テーパは、工具や部品の正確な位置決めのために用いられることが多い。したがって、同一な規格のものを使用することが重要である。

(1) モールステーパ

モールステーパ（略号：MT）は、旋盤のセンタ、ボール盤の主軸のテーパ、ドリルやリーマのシャンクなどに使われているテーパの規格である。テーパ比は100mmについて約5mm、すなわち約1/20である。JIS B 4003では、径の大き

表 1.11　モールステーパ（M、T）の規格

[単位：mm]

番号	D	d_1	ℓ_1	ねじ径	テーパ値
0	9.045	6.115	56.3	−	1/19.212
1	12.065	8.972	62.0	6	1/20.047
2	17.780	14.059	74.5	10	1/20.020
3	23.825	19.132	93.5	12	1/19.922
4	31.267	25.154	117.7	16	1/19.254
5	44.399	36.547	149.5	20	1/19.002
6	63.348	52.419	209.6	24	1/19.180

さによりNo.0〜No.6まで7種類が規格化されており、番号が大きいほど径が大きくなる（**表1.11**）。

(2) 7/24テーパ

7/24テーパは、主にフライス盤の主軸などに使われているテーパ比が約7/24の規格である。JIS B 6101では、呼び番号30〜80までの10種類が規格化されている。番号が大きいほど径が大きくなる（**図1.171**、**表1.12**）。

図1.171 7/24テーパ

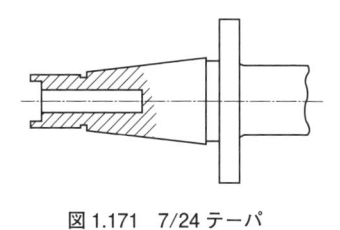

表 1.12　主な7/24テーパ

[単位：mm]

番号	D_1	D	L	L_1
30	31.75	17.4	70	20
40	44.45	25.3	95	25
50	69.85	39.6	130	25
60	107.95	60.2	210	45

(3) メトリックテーパ

JIS B 4003で規格化されているメトリックテーパ（略号：MET）は、番号4、6といった小さなテーパから番号80〜200といった大きなテーパがある。テーパ比は1/20であり、テーパ番号は円すい部の最大直径をミリメートルの単位で表している（**図1.172**、**表1.13**）。

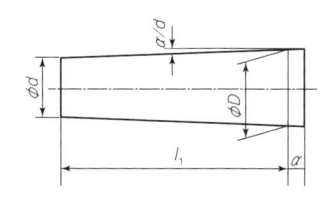

図1.172　メトリックテーパ

表 1.13　1/20メトリックテーパ（参考）

[単位：mm]

略号およびテーパ番号	テーパ比	D	d（計算値）	L
MET4	1/20	4	2.9	23
MET6		6	4.4	32
MET80		80	70.2	196
MET100		100	88.4	232
MET120		120	106.6	268
MET160		160	143	340
MET200		200	179.4	412

(4) その他のテーパ
　その他のテーパの規格として、旋盤のセンタなどに使われるブラウンシャープテーパ、主としてフライス盤や研削盤の主軸に用いられるジャーノテーパ、ドリルチャック用のジャコブステーパ、管用ねじの1/16テーパ、テーパピンの1/50テーパ、キーの1/100こう配などがある。

第1章● 機械要素

実力診断テスト

解答と解説は次ページ

次の設問において、記述が正しければ○、記述が間違っていれば×を解答しなさい。

【1】同一呼び径の細目ねじと並目ねじでは、同一のトルクで締め付けた場合、並目ねじの方が締付力が大きい。

【2】図1のように、接触子の先端形状が異なっても、同じカムであれば同じ運動をする。

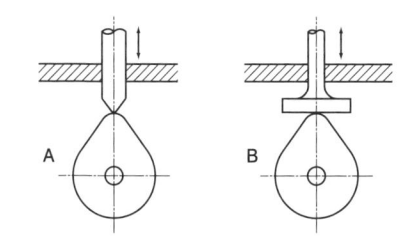

図1

【3】リベット継手は、せん断力には強いが、曲げや引張力には弱い。

【4】はすば歯車は、高速回転しても円滑な運動をし、振動や騒音が少なくて静かであるが、製作がやや面倒なことと軸方向にスラスト力が発生することが欠点である。

【5】たわみ軸継手で、継手の部品にゴムや皮を使用しているのは、振動を吸収したり、絶縁材料として利用するためである。

【6】ベルト車では、直径が小さいほどベルトがすべりにくく、ベルトの寿命を長くすることができる。

【7】コイルばねは、特に指示のない限り、左巻きが普通である。

【8】メカニカルシールは、漏れがほとんどなく、高温、高速、高圧などの条件でも使うことができる。

【9】パッキン構成素材には、非鉄金属は使われない。

第1章●実力診断テスト　解答と解説

【1】 ×　☞　ねじの締付け力は、図2において、$F = W \tan\alpha$ で表される（摩擦がない場合）。また、ねじを回すトルクの大きさは、

$$r = F\frac{d}{2} = \frac{d}{2} W \tan\alpha$$

である。細目ねじと並目ねじのリードでは、細目ねじの方が小さいので、同じFであれば、Wはαの小さい方が大きくなる。また、おねじの破断強さもねじ底径の大きい細目ねじの方が太いので強い。

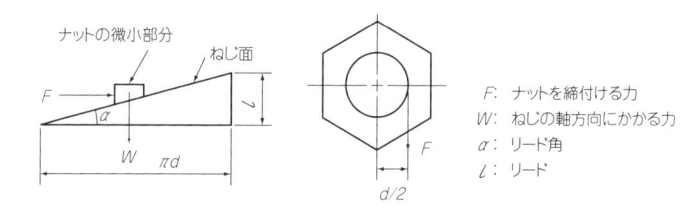

図2

- F: ナットを締付ける力
- W: ねじの軸方向にかかる力
- α: リード角
- ℓ: リード

【2】 ×　☞　Bのような形の従節では、カムの接触点が中心点を外れることがある。したがって、Aのように絶えず接点が中心線にある従節の動きと違いがでる。

【3】 ○

【4】 ○

【5】 ○　☞　衝撃や振動をやわらげ、吸収する働きをもつ。

【6】 ×

【7】 ×

【8】 ○　☞　メカニカルシールは、鏡面ラップ仕上を施されたシートリング端面と従動リング端面が互いに密着して、回転しゅう動しながら軸からの流体の漏れを防止するようになっている。従動リングは、ばねの力で密封端面に圧着しているので、摩耗しても漏れはほとんどない。

【9】 ×　☞　高温高圧用として、非鉄金属では銅、アルミニウムが用いられ、また低温用には鉛も使用されている。なお、軟鋼なども高圧部用として使われていることを忘れてはならない。

【第2章】機械材料

　鉄鋼材料は様々な機械によく使われる材料である。また、最近ではアルミニウム合金や銅合金などの非鉄金属や樹脂材料なども多くの機械に使われている。これらの機械材料を加工したり、あるいは熱処理をしたりする場合、その特性をしっかりと理解しておかなければならない。

1 金属の一般的性質

1.1 金属の性質

　金属の特徴としては、常温では固体で、特有の金属光沢を持ち、熱や電気に対して良導性を持っていることがあげられる。また、展延性に富み、塑性変形する能力が大きいことも特徴の一つである。

　表2.1～表2.3は、各種金属材料の性質をまとめたものである。金属材料を用いて様々な機械を作る場合、その性質が重要となる。金属の主な機械的性質は次のようなものである。

①引張強さ

　引張強さは、材料の引張荷重に対する抵抗力の大きさであり、単位断面積当りの引張荷重で表す。単位はN/mm^2またはMPa（メガパスカル、$1MPa = 10^6 N/m^2 = 1N/mm^2$）が使われる。

②伸び

　材料を引っ張り、材料が伸びて切断したときの長さから元の長さを引いた値と元の長さとの比が伸びである。材料が伸びる割合を示した物性値であり、次式で表される。

$$伸び = \frac{L - L_0}{L_0} \times 100 \ [\%]$$

　L_0：最初の長さ
　L　：伸びて切断したときの長さ

③降伏点

　金属材料の引張試験を行った際、材料は引張力に対して抵抗を続けるが、ある段階で急にその抵抗力を失うという現象を起こす。この現象を起こす点を**降伏点**と呼び、特に鋼の場合にはっきりと現れる。

④硬さ

　硬さとは、外力による金属表面の変形に対する抵抗力の大きさのことである。硬さの程度は、規定の物体を材料に押し当てたときの抵抗力の大きさで表示する。試験方法としては、ブリネル硬さ試験（JIS Z 2243）、ビッカース硬さ試験（JIS Z 2244）、ロックウェル硬さ試験（JIS Z 2245）、ショア硬さ試験（JIS Z 2246）などが規格化されている。それぞれ独自の硬度数を示すが、換算式を使って他の硬度数に変換することがある。

【第2章】機械材料

1 金属の一般的性質

表2.1 主な合金の物理的性質

合金名	主成分	固有抵抗（常温）Ωm×10⁻⁸	線膨張係数 1/K×10⁻⁶	密度 kg/m³	引張強さ N/mm²
鋳鉄	Fe-C	57～114	11	7100～7300	120～260
鋼	Fe-C	20.6	11	7850	590～980
けい素鋼	Fe-Si(4.5%)	62.5	11	7600	590
フェロニッケル	Fe-Ni(50%)	46	10	8200	—
アンバー	Fe-Ni(36%)	75	0.9	8120	960(Ni25%)
タングステン鋼	Fe-W(5.5%)	20	9.5	8050	—
ニクロム	Ni-Cr(Fe)	100～110	11.6～20	8150～8400	590
洋銀	Ni-Cu-Zn	17～41	18.4	8400～8780	440～550
マンガニン	Cu-Mu	34～100	18.1	8300～8890	440～540
黄銅	Cu-Zn	5～7	17～20	8380～8500	340～550
コンスタンタン	Cu-Ni	47～51	15.2	8900	480
アルドライ	Al-Si-Mg	3.17	23	2700	340
ジュラルミン	Al-Cu-Mg-Si	3.35	22.6	2800	340
りん青銅	Cu-Sn-Si	2～6	16.8	8600	240～690
けい青銅	Cu-Sn-Si	2～4	16.8	8800	440～750

※合金は成分および熱処理などによりその性質が著しく変化する。本表はその一例を示している。

表2.2 各種金属の密度

名称	密度 kg/m³	名称	密度 kg/m³
鋳鉄	7210	燐青銅	860
錬鉄	7710	アルミニウム青銅	7790
鋼 平均	7870	亜鉛 鋳造	6870
鋼 鋳造	7850	亜鉛 板金	7210
鋼 不銹鋼	7780	ニッケル 鋳造	8290
銅 鋳造	8620	ニッケル 板金	8690
銅 鍛錬	8930	アルミニウム 鋳造	2570
銅 板金	8820	アルミニウム 板金	2680
銅 線材	8900	マグネシウム	1740
黄銅 鋳造	8100	ホワイトメタル	7320
六四黄銅	8200	エレクトロン	1820
七三〃	8300	ジュラルミン	2800
板 Cu75 Zn25	8450	金	19320
線材	8560	白金	21520
砲金（青銅）	8740	銀	10520
鉛 鋳造	11370	水銀(32°F)	1360
鉛 板金	11430	錫	7420

99

表 2.3 各種金属元素の性質

元素名	記号	密度(20℃) kg/m³×10³	融点 ℃	沸点 ℃	線膨張係数(20〜40℃) 1/K×10⁻⁶	熱伝導率(20℃) W/(m·K)	固有抵抗(20℃) Ωm×10⁻⁸	縦弾性係数 GPa	引張り強さ N/mm²	結晶構造
アルミニウム	Al	2.699	660	2450	23.6	220	2.6548	72	68〜98	面心立方
亜鉛	Zn	7.133	419.5	906	39.7	113(25℃)	5.916	92	147	ちゅう密六方
アンチモン	Sb	6.62	630.5	1380	8.5〜10.8	19	39.0(0℃)	79	98	りょう面体
カドミウム	Cd	8.65	320.9	765	29.8	8	6.83(0℃)	56〜98	622	ちゅう密六方
金	Au	19.32	1063	2970	14.2	300(0℃)	2.35	82	127	面心立方
銀	Ag	10.49	960.8	2210	19.68	420(0℃)	1.59	72〜79	118〜147	面心立方
クロム	Cr	7.19	1875	2665	6.2	67	12.9(0℃)	250	78	体心立方
けい素	Si	2.33	1410	2680	2.8〜7.3	84	10.0(0℃)	110	—	ダイヤモンド立方
コバルト	Co	8.85	1495	2900	13.8	69	6.24	210	—	ちゅう密六方
ジルコニウム	Zr	6.489	1852	3580	5.85	21.1	40	96	343	ちゅう密六方
水銀	Hg	13.546	−38.36	357	—	8.23(0℃)	98.4(50℃)	—	—	りょう面体
すず	Sn	7.299	231.91	2270	23	63(0℃)	11.0(0℃)	42〜46	17〜34	正方
ビスマス	Bi	9.8	271.3	1560	13.3	54	106.8(0℃)	32	—	ちゅう密六方
タングステン	W	19.3	3410	5930	4.6	167(0℃)	5.65(27℃)	350	1078	体心立方
タンタル	Ta	16.6	2996±50	5425±100	6.5	55	12.45	190	—	体心立方
チタン	Ti	4.507	1668±10	3260	8.41	22	42	118	294〜412	ちゅう密六方
鉄	Fe	7.87	1536.5	3000±150	11.76	76(0℃)	9.71	200	245〜294	体心立方
銅	Cu	8.96	1083	2595	16.5	395	1.673	110	235	面心立方
鉛	Pb	11.36	327.426	1725	29.3	35	20.648	14	12〜23	面心立方
ニッケル	Ni	8.902	1453	2730	13.3	92(25℃)	6.84	210	392〜588	面心立方
ニオブ	Nb	8.57	2468±10	4927	7.31	52.5(0℃)	12.5	110	274	体心立方
白金	Pt	21.45	1769	4530	8.9	69.3(17℃)	10.6	150	186〜235	面心立方
バナジウム	V	6.1	1900±25	3430	8.3	31(100℃)	24.8〜26.0	130〜140	—	体心立方
ベリリウム	Be	1.848	1277	2700	11.6	147	4	28〜31	225〜353	ちゅう密六方
マグネシウム	Mg	1.74	650±2	1170±10	27.1	154.1	4.45	45	88〜118	ちゅう密六方
マンガン	Mn	7.43	1245	2150	22	—	185	160	46	複雑立方
モリブデン	Mo	10.22	2610	5560	4.9	143	5.2(0℃)	約420	686〜980	ちゅう密立方

表 2.4　金属の展性と延性

順位	1	2	3	4	5	6	7	8	9	10
延性	金	銀	白金	鉛	Ni	銅	Al	亜鉛	すず	鉄
展性	金	銀	銅	Al	すず	白金	鉛	亜鉛	鉄	Ni

⑤圧縮強さ

引張強さとは逆に、圧縮強さは、材料を押し縮めようとする力に対する抵抗力の大きさである。単位は引張強さと同じでN/mm^2またはMPaが使われる。

⑥曲げ強さ

曲げ強さとは、材料をどれだけの力で曲げれば折れるかという、曲げ荷重に抵抗する力の大きさである。抗折力で表す場合が多い。

⑦靱性（じんせい）

靱性とは、材料のねばり強さを表した性質である。材料に衝撃力のような急激な力を加えた場合、これに抵抗する力の大きさを示す。靱性が大きい材料は衝撃に強い材料である。

⑧脆性（ぜいせい）

靱性とは逆に、脆性は材料のもろさを表した性質である。硬くても衝撃荷重に弱い材料は、脆性が大きい（もろい）という。

⑨展延性

板や箔のように薄くできる性質を**展性**、棒や線のように細く延ばすことのできる性質を**延性**といい、両者を合わせて展延性という。通常、延性の大きい材料は展性も大きいことが多いが、常に同一の性質を示すとは限らない（**表2.4参照**）。

⑩可鍛性

可鍛性とは、加熱することによって塑性変形が容易になり、圧延や引抜き、鍛造などがしやすくなる性質である。

⑪可鋳性

可鋳性とは、加熱することにより流動性を増し、冷却凝固させることのできる性質をいう。可鋳性が高い材料は、鋳造や溶接、溶断などがしやすい材料である。

⑫**切削性**
　切削性とは、刃物を使う切削加工や砥石を使う研削加工がしやすい性質である。

⑬**熱伝導度**
　熱伝導度（**熱伝導率**）とは、材料中の熱の伝わりやすさを表す物性値であり、W/m·Kの単位で表される。主な金属材料を熱伝導度の大きいものからあげると、銀＞銅＞金＞アルミニウム＞亜鉛＞鉄（鋼）＞鋳鉄となる。

⑭**磁性**
　磁性とは磁気をおびる性質である。特に磁化の強さが著しく大きいFe、Co、Niなどを**強磁性体**と呼び、Sn、Al、Pt、Mnなどを**常磁性体**、磁気のないCu、Ag、Hg、Au、Sb、Biなどを**反磁性体**と呼ぶ。

1.2 合金

　合金とは、1つの金属に他の金属または非金属を加えて作られた材料で、金属としての特性を持つものをいう。2種の成分からできていれば2元合金、3種の成分からできていれば3元合金という。

(1) 合金の特徴
　よく使われる合金の一般的な特徴は以下の通りである。
　①**強さ**：ある金属に他の元素を加えると引張強さは増し、伸びが減少することが多い。
　②**硬さ**：一般に硬くなるものが多いが、熱処理、加工度で変化する
　③**伸びと絞り**：引張強さが増すに従って、伸び、絞りは減少する。
　④**可鋳性**：一般に良好となる。
　⑤**耐食性**：一般に耐食性はよくなる。
　⑥**可鍛性**：一般に悪くなる。
　⑦**熱および電気伝導率**：その成分となっている単一金属のものより小さくなり、合金によってはかなり低くなる。
　⑧**溶融点**：一般に溶融点は低くなり、流動性が増し、鋳造性がよくなる。

　また、金属を融解して合金を作る場合、金属の組み合わせによって、作りやすいものと、作りにくいもの、作れないものがある。例えば、Feは以下のような性質がある。

① Mn、Cr、W、Ni、Co、Au、Pt、Siとは、全ての割合で合金を作る。
② Zn、Cu、Sn、Cとは、ある限度の割合まで合金を作る。
③ Pb、Ag、Hgとは、全く合金をつくらない。

(2) 偏析

不純物や合金元素を含む溶融合金が凝固する際、先に凝固する組織よりも最後に凝固する組織の方が、不純物や合金元素が濃縮される。このように場所によって成分量の異なる組織になることを**偏析**という。なお、青銅の場合は、逆偏析といって、内部より外周部に不純物や共晶などの低温溶融物が集まることがある。

1.3 結晶構造と加工硬化

(1) 金属の結晶構造

一般に、金属は微細な結晶が集合したものである。**結晶**とは、物体を構成している原子や分子が規則正しく配列してできているものであり、これらの結晶構造が金属の強度や延展性などに大きく影響する。

図2.1に示すように、金属の主な結晶構造には、**面心立方格子**、**体心立方格子**、**稠密六方格子**の3つがある。同図に示す黒丸は原子を表しており、結晶格子を作る最低限の集まりである。これを単位胞と呼び、単位胞が無数に集まって結晶体が構成される。さらに、この結晶体が無秩序に集合して金属を形成する。

(2) 加工硬化

一般に金属は加工すると、硬く強くなるという特徴がある。これは加工によって、ある程度変形が進むと結晶内にひずみが起こるなどの原因のために、すべり変形が起こりにくくなるためである。これを加工硬化と呼ぶ。常温で再結晶する鉛のような金属

面心立方格子

体心立方格子

稠密六方格子

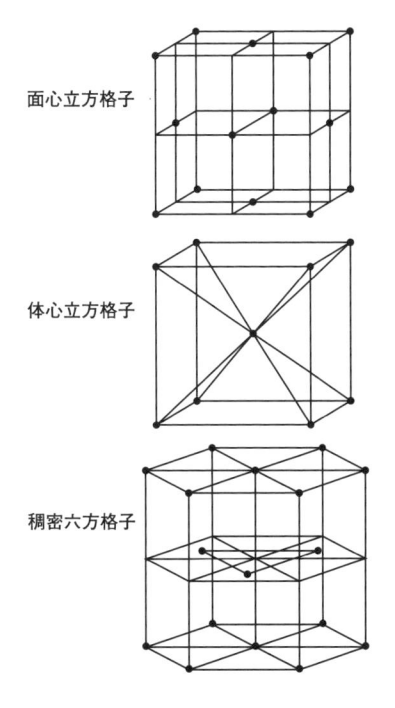

図2.1 金属の結晶構造

には加工硬化はない。

(3) 再結晶

加工された金属は、温度がある程度まで上がっても硬さが変わらない範囲があり、この範囲を**回復期**と呼ぶ。次に、急に硬さが下がる温度範囲があり、これを**再結晶範囲**と呼んでいる。これは、加工された金属の中に、新しく結晶の核ができて、その核から加工の影響のない新しい結晶が成長して、次第に全体が新しい結晶に生まれ変わるためである。すなわち、加工硬化した金属材料は再結晶によって軟化する。このような熱処理を**焼なまし**という。

(4) 冷間加工と熱間加工

再結晶温度以下で行う加工を**冷間加工**という。一方、加工温度を高くして、加工中に焼なまし作用を起こさせて硬化しないように加工すること、すなわち、再結晶温度以上で行う加工を**熱間加工**という。したがって、冷間加工か熱間加工かは、それぞれの金属材料の再結晶温度で決まる。

(5) 時効硬化

熱処理や加工によって、組織が不安定な状態にある金属や合金は、安定な状態に戻ろうとする傾向がある。このような金属や合金の諸性質が、時間の経過につれて徐々に変化する現象を**時効**と呼び、時効によって合金が硬くなることを**時効硬化**という。一般にアルミニウム合金やベリリウム銅などに認められる。

2 鉄鋼材料

2.1 鉄と鋼

(1) 鉄と鋼の分類

鉄と鋼は、含有する炭素Cやその他の不純物元素の量によって、**図2.2**に示すように**純鉄、鋼、鋳鉄**に分けられる。

不純物を全く含まない純粋な鉄は得られず、いわゆる純鉄と呼ばれるものでも多少の不純物が含まれている。純鉄は、非常に軟かく、強さに欠けるが展延性があるといった特徴があり、研究用材料、変圧器や発電機用の積板などの特殊な用途に用いられる。

> - **純鉄**：不純物元素の限界についての明確な区分はないが、炭素含有率0.02%程度までが純鉄と称されている。
> - **鋼**　：鉄を主成分として、一般に約2%以下の炭素とその他の成分を含むものをいう。
> - **鋳鉄**：鉄と炭素を主成分として、一般に約2%を超える炭素とその他の成分を含むものをいう。

(2) 鋼塊鋳造による鋼の分類

鋼はその鋼塊を作る方法、すなわち添加元素による酸素除去（脱酸）の程度によって、リムド鋼、セミキルド鋼、キルド鋼などに分類される。

> - **リムド鋼**：鋳型内で溶鋼中の酸素と炭素が作用して一酸化炭素を発生し、溶鋼が沸騰かくはん運動をしながら凝固した鋼。
> - **セミキルド鋼**：適量の脱酸剤を添加して、リムド鋼とキルド鋼の中間程度の脱酸をした鋼。
> - **キルド鋼**：純分に脱酸をした鋼であり、鋳型内での凝固進行中に一酸化炭素を発生せずに静かに凝固させる。

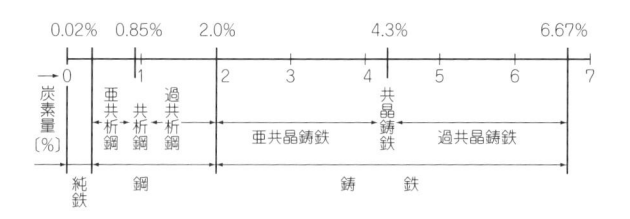

図2.2　含有炭素量による鉄と鋼の分類

(3) 鋼材

鋼材とは、圧延、鍛造、引抜き、鋳造などの方法で所要の形状に加工された鋼の総称である。鋼材には、一般に市販されている鋼板、棒鋼、形鋼、線材などの種類があり、それぞれの用途によって適宜選択されて使われている。

①鋼板

鋼板には、一般構造用圧延鋼材（JIS G 3101）、ボイラ及び圧力容器用炭素鋼（JIS G 3103）、溶接構造用圧延鋼材（JIS G 3106）、熱間圧延軟鋼板（JIS G 3131）、冷間圧延鋼板（JIS G 3141）など数多くの種類があり、規格化されている。また、厚さによって、薄鋼板（厚さ3mm未満）、中板（3～6mm）、厚板（6mm以上）に分けられることがある。

②棒鋼

棒鋼の断面形状には、丸鋼（円形）、角鋼（正方形）、平鋼（長方形）、六角鋼（六角形）、八角鋼（八角形）、異形棒鋼（特殊形状）などがあり、3.6～5m程度の定尺で市販されている。建築、橋、船舶、鉄道車両、その他一般機械の構造部材に広く用いられている。

③形鋼

形鋼は、土木・建築用の構造部分、または一般機械や船舶の構造材などに用いられ、その断面形状には**図2.3**に示すようなものがある。

図2.3　形鋼

2.2 炭素鋼

(1) 組成と分類

　炭素鋼は、炭素含有量が0.02～2%程度の鉄と炭素の合金である。その組成と分類は主として炭素含有量［%］によることが多い（**表2.5**、**表2.6**参照）。

　通常、炭素鋼には化学成分として炭素Cの他に、脱酸剤の残りとしてケイ素Siやマンガン Mn が含まれていて、その量がCよりも多い場合もある。また、リンP、硫黄Sも含まれているが、これらは不純物である。

　鋼は標準状態において α 鉄（フェライト）と炭化鉄（セメンタイトの混合）であり、その性質は成分の状態や温度によって異なる。一般に、炭素量が増すと密度、線膨張係数、熱伝導率は減少し、比熱および電気抵抗は増加する。以下に、炭素鋼に関する用語と炭素量による組成の変化を示す。

●**フェライト**
　α-固溶体、純鉄が極めてわずかの炭素を固溶したもの。固溶体とは、金属原子の結晶格子の隙間に、他の金属の原子が入り込んだものであり、完全に1つの相になっているが、化合物ではない。

●**セメンタイト**
　鉄Feと炭素Cの化合物。

●**パーライト**
　フェライトとセメンタイトの共析物。この関係は次のようになる。

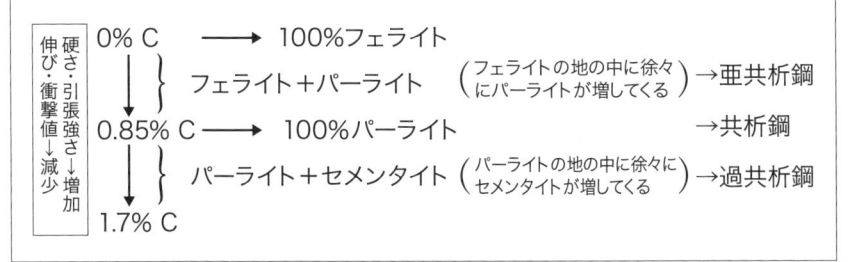

```
硬さ・引張強さ→増加   0% C ──→ 100%フェライト
伸び・衝撃値→減少       ↓ } フェライト＋パーライト （フェライトの地の中に徐々にパーライトが増してくる）→亜共析鋼
                     0.85% C ──→ 100%パーライト                                              →共析鋼
                       ↓ } パーライト＋セメンタイト （パーライトの地の中に徐々にセメンタイトが増してくる）→過共析鋼
                     1.7% C
```

表2.5 炭素鋼の分類

区　分	成　分
用途上から	0.6%Cを基準にして、それ以下（0.05〜0.6%C）を構造用鋼、それ以上（0.6〜1.8%C）を工具鋼ということがある。
炭素量から	0.85%Cを含むものを共析鋼　それ以下の炭素量を含むものを亜共析鋼　それ以上の炭素量を含むものを過共析鋼ということがある。
製鋼法から	<table><tr><th>区　分</th><th>脱酸程度</th><th>適用鋼種</th><th>用　途</th></tr><tr><td>リ ム ド 鋼</td><td>軽度脱酸</td><td>0.3%以下の一般炭素鋼</td><td>圧延のまま使用する。普通構造材、形鋼など</td></tr><tr><td>セミキルド鋼</td><td>やや完全脱酸</td><td>主として低炭素鋼</td><td>リムド鋼に準じ、キルド鋼の特長を加味する</td></tr><tr><td>キ ル ド 鋼</td><td>完全脱酸</td><td>すべての機械構造用炭素鋼および特殊鋼</td><td>旋削加工、熱処理などを必要とするもの。圧延、鍛造品</td></tr></table>

表2.6 炭素鋼の種類

名　称	JIS記号	C(%)	備　考
一般構造用圧延鋼材	SS–	<0.30	圧延のまま使用される。SS330やSS400などがある。
機械構造用炭素鋼	S–C	<0.61	熱処理して使用する。機械部品用
	S–CK	<0.35	S–CKははだ焼用炭素鋼
炭 素 工 具 鋼	SK–	0.70〜1.50	工具、治具、機械部品
ば　　ね　　鋼	SUP–	0.47〜0.64	丸鋼、線材、平鋼などがある。
溶接構造用圧延鋼材	SM–	<0.25	溶接を必要とする部分、船、橋など
ボイラ及び圧力容器用炭素鋼	SB–	<0.35	中温から高温で使用されるボイラ及び圧力容器に用いられる。
鋼　　　　　管	ST– SG–	<0.55	ガス配管(SGP)、圧力配管(STPG) 高圧配管(STS)、ボイラ用(STB) 機械構造用(STKM)他種類多し
熱間圧延薄鋼板 冷間圧延鋼板	SPH– SPC–	<0.12 <0.12	ブリキ板(SPTE、SPTH)、亜鉛鉄板(SPG)、軽量形鋼(SSC)などとしても使用される。SPCは自動車などプレス用に広く利用される。
鉄　　　　　線	SWM–	<0.25	釘、針金、亜鉛めっき鉄線としても用いられる。
軟　鋼　線　材	SWRM	<0.25	釘、針金としても用いられる。
硬　鋼　線　材	SWRH	0.24〜0.86	オイルテンパー線、ワイヤロープなどとして用いられる。
ピアノ線材	SWRS	0.60〜0.95	ピアノ線(SWP)などとして用いられる。
炭素鋼鋳鋼品	SC–	<0.40	SC360、SC410、SC450、SC480の4種類がある。

(2) 鋼の性質
①炭素含有量による鋼の性質の変化
　一般に、鋼の密度、線膨張係数、熱伝導率は、炭素含有量が増すと減少し、比熱と電気抵抗は増加する。**表2.7**および**図2.4**は炭素含有量と機械的性質の関係を示している。

> ●**亜共析鋼**（炭素含有量 0.85%以下）
> 　炭素含有量0.85%以下では、引張強さ、硬さ、降伏点などは、炭素含有量に比例して増加する。初析フェライトとパーライトから構成されている。
> ●**共析鋼**（炭素含有量 0.85%）
> 　炭素含有量0.85%を境に、引張強さ、硬さの増加、伸び、絞り、衝撃値の減少は、次第に緩やかになる。
> ●**過共析鋼**（炭素含有量 0.85%以上）
> 　引張強さは次第に増加し、炭素含有量1.2%で最大となる。

②鋼のもろさ
　鋼は一般に、常温のときよりも温度の上がったときの方が、軟らかく粘くなるが、200〜300℃に加熱されるとかえって硬く、もろくなる。この温度は、ちょうど鋼が青色に着色する温度に該当するため、**青熱もろさ**、あるいは**青熱脆性**と呼ばれる。したがって、温度を上げて鋼を曲げ加工したりするときには、

表2.7 鋼の炭素量と性質

性　質	炭素量小	炭素量大
破断面の粒子	粗	密
引張り強さ	小	大(1.2%C)
硬　さ	小	大
じ　ん　性	大	小
延　性	大	小
焼入れ性	無または不良	良
鍛接性	容易	困難
溶解温度	高	低

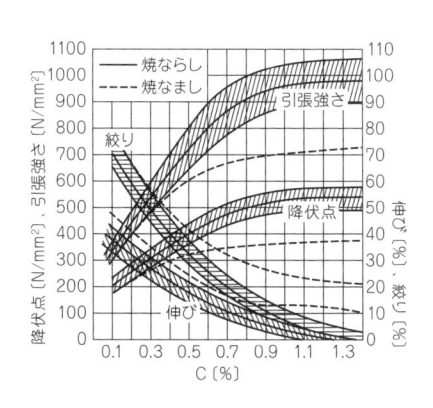

図2.4 炭素量と機械的性質

この青熱もろさに注意し、避けるようにしなければならない。

鋼は、900～1000℃の赤熱状態に加熱したときにもろくなるという性質があり、これを**赤熱もろさ**という。硫黄分の多い鋼に現れる。このような鋼は、火造りなどをすると割れてしまうので、鋼の硫黄分をなるべく少なくする。

(3) 鋼の種類と用途
①一般構造用圧延鋼材
材料記号SSで表される一般構造用圧延鋼材は、建築、橋、船、鉄道車両、その他一般構造材としてよく用いられる（**表2.8**）。JISではその含有炭素量は規定せず、引張強さとリンPおよび硫黄Sの含有の上限（約0.050%）を規定している。

②機械構造用炭素鋼
機械構造用炭素鋼は含有炭素量が定められた鋼であり、一般構造用圧延鋼材よりやや高級な材料である。JISでは、**表2.9**に示すように、記号S-Cで表し、S10C～S58Cまで、炭素量は、最も少ないS10C（0.08～0.13%）からS58C（0.55～0.61%）まで規格化されている。通常、キルド鋼から作られ、その用途および炭素量によって、焼ならし、焼もどしなどの熱処理をして用いられる。熱処理によって比較的自由に性質を変えられるため、軸、キー、コッタ、ピンなど、様々な機械部品に使われている。

表2.8 一般構造用圧延鋼材の使用実例（JIS G 3101）

記 号	引張り強さ N/mm^2	使　用　実　例
SS330	330～430	薄板は主として軽量形鋼、ホーロー容器用。中板はガスタンク用、丸棒は車両部品
SS400	400～510	平鋼としてほとんどすべての構造物および機械、タンクなどの補助部材に使用される。 鉄骨、橋梁…溶接構造、リベット構造の橋梁鉄骨など。 産業機械……起重機、運搬機械の主要構造部材、送風機圧縮機の低応力構造部材、各種機械のケーシング、台枠、通常の部品など。 タンク………フローテングルーフタンク、そのほか各種タンク類の主要部材など。 化学装置……各種低圧塔槽類など。 船　　舶……薄板の上部構造、補助部材など。 土木機械……主要構造部材など。
SS490	490～610	あまり溶接構造では用いられないが、リベットやボルト構造の鉄骨、鉄塔などに多く用いられている。溶接構造物としては、土木機械などで、SS400より耐摩耗性が必要なときなどに用いられる。
SS540	540以上	リベット、ボルト構造の鉄骨鉄塔などに用いられ、溶接構造に用いられることは少ない。

表 2.9 機械構造用炭素鋼材の記号と組成（JIS G 4051）

種類の記号	化学成分（%）					種類の記号	化学成分（%）				
	C	Si	Mn	P	S		C	Si	Mn	P	S
S10C	0.08~0.13	0.15~0.35	0.30~0.60	0.030以下	0.035以下	S35C	0.32~0.38	0.15~0.35	0.60~0.90	0.030以下	0.035以下
S12C	0.10~0.15	0.15~0.35	0.30~0.60	0.030以下	0.035以下	S38C	0.35~0.41	0.15~0.35	0.60~0.90	0.030以下	0.035以下
S15C	0.13~0.18	0.15~0.35	0.30~0.60	0.030以下	0.035以下	S40C	0.37~0.43	0.15~0.35	0.60~0.90	0.030以下	0.035以下
S17C	0.15~0.20	0.15~0.35	0.30~0.60	0.030以下	0.035以下	S43C	0.40~0.46	0.15~0.35	0.60~0.90	0.030以下	0.035以下
S20C	0.18~0.23	0.15~0.35	0.30~0.60	0.030以下	0.035以下	S45C	0.42~0.48	0.15~0.35	0.60~0.90	0.030以下	0.035以下
S22C	0.20~0.25	0.15~0.35	0.30~0.60	0.030以下	0.035以下	S48C	0.45~0.51	0.15~0.35	0.60~0.90	0.030以下	0.035以下
S25C	0.22~0.28	0.15~0.35	0.30~0.60	0.030以下	0.035以下	S50C	0.47~0.53	0.15~0.35	0.60~0.90	0.030以下	0.035以下
S28C	0.25~0.31	0.15~0.35	0.60~0.90	0.030以下	0.035以下	S53C	0.50~0.56	0.15~0.35	0.60~0.90	0.030以下	0.035以下
S30C	0.27~0.33	0.15~0.35	0.60~0.90	0.030以下	0.035以下	S55C	0.52~0.61	0.15~0.35	0.60~0.90	0.030以下	0.035以下
S33C	0.30~0.36	0.15~0.35	0.60~0.90	0.030以下	0.035以下	S58C	0.55~0.61	0.15~0.35	0.60~0.90	0.030以下	0.035以下

（4）鋼の性質に及ぼす元素の影響

鋼は、含まれる元素によって性質が変わる。以下、主な元素が鋼の性質に及ぼす影響をまとめる。

●マンガン（Mn）
　①鋼の粘性を増し、高温加工を容易にする。
　②高温度において結晶が粗大となることを少なくする。
　③強さ、硬さ、靱性を増加し、延性はわずかに減少する。
　④焼入れ性が特に良好となる。
　⑤製鋼の際には、必ずマンガンを加えて、硫黄や酸素、窒素などの不純物と化合させ、スラグとして取り除くようにしている。

●ケイ素（Si）
　①鋼の硬さ、弾性限度、強さを増大させる。
　②伸びや衝撃値は、減少する。

③粒の大きさを増大させて、可鍛性あるいは展性を減じる。
④含有量0.3%以下のときは、ほとんど影響がない。

●リン (P)
①硬さ、引張強さが増す。
②延性を減じる。
③鉄と化合してリン化鉄（Fe₃P）となり、鋼の結晶の粒を粗にし、常温における衝撃に対しては特に弱く、加工中に亀裂を生じる原因となる。いわゆる「常温もろさ」あるいは「冷間もろさ」を助長する。
④切削性がよくなる。

●硫黄 (S)
①引張強さ、伸び、衝撃値を非常に低下させる有害な不純物である。
②赤熱すればもろくなり、火造り圧延の際に亀裂を生じやすくなり、赤熱もろさの原因となる。
③切削性はよくなる。

(5) 鋳鋼 (SC)

鋳鋼は炭素含有量によって、低炭素鋼鋳鋼、中炭素鋼鋳鋼、高炭素鋼鋳鋼の3つに大きく分けることができる（**表2.10**）。また、**表2.11**に示すように、引張強さによって数種類の鋳鋼が規格化されている。

鋳造時の収縮率は2%程度であり、かなり大きい。このため、鋳造による熱ひずみが出やすく、亀裂が入りやすい。巣ができやすいのも欠点である。一般に、鋳造後、熱ひずみをとるため、完全焼なましなどの熱処理が行われる。

鋳鋼は、構造上、鍛造では製作困難な部品や鋳鉄では強さが不足する部品などに使われる。一方、低温における衝撃値が小さいので低温用材料としては適さない。

(6) 炭素鋼の特徴

以下、炭素鋼の特徴をまとめる。
①炭素含有量のわずかな違いでも、性質がかなり変化する。また熱処理によって機械的性質を広い範囲にわたって任意に変化させることができる。
②高温および常温で、圧延、鍛造、引抜きなどで、容易に工作ができる。
③安価で大量に生産でき、機械的性質に優れるため用途が広い。
④さびやすいのが欠点であり、防食や塗装、めっきなどが必要である。

表2.10 鋳鋼の種類

	炭素量（%）	特徴・用途
低炭素鋼鋳鋼	0.2以下	抗磁力小、導磁率大、モータフレームなどの電動機部品
中炭素鋼鋳鋼	0.2〜0.35	強く、じん性あり、安値、溶接も可。機械構造用材料
高炭素鋼鋳鋼	0.35以上	強さ大、かたさ大、じん性劣る　溶接性不良。鉱山、土木機械

表2.11 炭素鋼鋳鋼品の機械的性質（JIS G 5101）

種類の記号	化学成分(%)		
	C	P	S
SC360	0.20以下	0.040以下	0.040以下
SC410	0.30以下	0.040以下	0.040以下
SC450	0.35以下	0.040以下	0.040以下
SC480	0.40以下	0.040以下	0.040以下

種類の記号	降伏点又は耐力 N/mm^2	引張強さ N/mm^2	伸び %	絞り %
SC360	175以上	360以上	23以上	35以上
SC410	205以上	410以上	21以上	35以上
SC450	225以上	450以上	19以上	30以上
SC480	245以上	480以上	17以上	25以上

2.3 機械構造用合金鋼・特殊用途鋼

　JISで規格化されている機械構造用合金鋼や特殊用途鋼は、鉄-炭素合金に特殊な性質を持たせるために、他の元素を1種または2種以上入れた合金である。目的に合うように、Ni、Cr、Mn、Si、W、Mo、V、Co、Al、Tiなどの元素を配合している。**表2.12**に主な合金鋼をまとめている。

(1) マンガン鋼（SMn）

　機械的性質はあまり良好でなく、焼もどし脆性を起こしやすい。この鋼の特徴として、引張強さが高い割に伸びは落ちないという点があげられる。工業的に使用されるものは、低マンガン鋼（パーライト系）と高マンガン鋼（オース

テナイト系）の2種類がある。安価なので工業用、工芸用として広く用いられている。

①低マンガン鋼（デュコール鋼）

C0.18～0.46％、Mn0.8～1.7％で、熱処理なしで良好な機械的性質を示すので**高張力鋼**と呼ばれる。船舶、橋、建築、土木などに使用される。また、C0.15％～0.45％炭素鋼に0.4～1.2％のMnを添加すると、切削性がよくなる。

②高マンガン鋼（ハードフィールド鋼）

高炭素鋼に10～15％のMnを合金したものである。耐衝撃性、耐摩耗性がよく、主に耐摩耗性を要する鉄道のレールや削岩機の刃、建築・土木機械のショベルやキャタピラなどに使用される。

(2) クロム鋼（SCr）

一般に、クロム鋼は、焼入れ性に優れ、機械的性質のうち、硬さ、引張強さ、降伏点が増し、耐食性と耐熱性も高い。しかし、伸びと衝撃値は減少する。自動車、鉄道車輛、一般機械、転がり軸受などに広く使用される。

(3) クロムモリブデン鋼（SCM）

クロムモリブデン鋼は、高温加工が容易で仕上りが美しいこと、溶接性に優れ、薄板や管の加工ができること、耐熱性がよく、高温・高圧の個所でも使用できることなどの特徴があり、構造用ニッケルクロム鋼と同様に盛んに使用されている。高い強度が必要なボルト、歯車、クランク軸などにも用いられる。

表2.12 機械材料用合金鋼の分類

合金鋼	構造用鋼	構 造 用 鋼―低マンガン鋼
		強 じ ん 鋼―クロム鋼、クロム・モリブデン鋼、ニッケル鋼、ニッケルクロム鋼 etc
		表 面 硬 化 鋼―浸炭用鋼、窒化鋼
	工具用鋼	合 金 工 具 鋼―SKS、SKD、SKT材
		高 速 度 鋼―SKH
	耐食耐熱用鋼	ステンレス鋼―フエライト形、オーステイナイト形、マルテンサイト形
		耐 熱 鋼―SUH
	特殊用途鋼	快 削 鋼―硫黄快削鋼、鉛快削鋼、低炭素Ni―Cr（―Mo）系合金
		ば ね 鋼―SUP
		軸 受 鋼―高炭素―低クロム鋼 SUJ
		高マンガン鋼―耐摩耗用合金、ハードフィールド鋼
		け い 素 鋼―低炭素高けい素、合金鋼
		不 変 鋼―アンバー、超アンバー、Ni―Co系合金鋼

(4) ニッケルクロム鋼（SNC）

構造用鋼の中で最も広く用いられるものであり、ニッケル鋼とクロム鋼の両方の長所をともに備えた合金鋼である。特徴は以下の通りであり、伝動軸、クランク軸、歯車、ピストンロッド、タービン羽根などに用いられる。

① 極めて強じんである。
② 弾性限度が高い。
③ 焼入れ性がよく、厚肉のものでも中心部までよく焼きが入る。
④ 耐摩耗性、耐熱性が優れている。
⑤ 機械構造用炭素鋼に比べ、引張強さ、衝撃強さが大きい。
⑥ 焼もどしもろさの傾向が強いので、焼もどし後は急冷しなければならない。
⑦ 鋳造性は悪いが、鍛接、溶接は可能である。

(5) ニッケルクロムモリブデン鋼（SNCM）

ニッケルクロム鋼に1％以下のモリブデンMoを添加した**ニッケルクロムモリブデン鋼**は、ニッケルクロム鋼よりもさらに機械的性質に優れた鋼であり、構造用合金鋼としては最上位に属する。特徴は以下の通りであり、クランク軸、連接棒、歯車、航空機部品、機械部品などに用いられる。

① Moの添加により、機械的性質は増大する。焼入れ性も良好であり、耐熱性もよい。
② 強じんで、弾性限度が大きい。
③ **質量効果**（わずかな質量および断面寸法の変化によって焼入硬化層深さが大きく変化する性質）に優れる。

(6) ステンレス鋼（SUS）

鋼の耐食性はクロムCrを含有することによって著しく向上する。ステンレス鋼は、クロムCrの含有量を11〜30％程度として耐食性を高めた合金である。化学成分や組織によって、オーステナイト系、フェライト系、マルテンサイト系などに分類される（**表2.13**）。

● オーステナイト系

SUS303やSUS304に代表される**オーステナイト系ステンレス鋼**は、軟らかく加工性に優れ、耐食性も優秀で非磁性であるといった特徴があり、幅広い用途に用いられている。

● フェライト系

Crを16〜18％ほど含むSUS430などが代表的な**フェライト系ステンレス鋼**である。熱処理による材質の改善はできないが、溶接が可能であり、耐食性はよい。

●マルテンサイト系
　SUS403やSUS410などの**マルテンサイト系ステンレス鋼**は、11.5～18%のCrを含む合金である。高温から焼入れ処理を行うとマルテンサイトになるのでこの名がある。安価で、刃物、家庭用品、医療器具、一般機械部品など用途は非常に広い。

表2.13　ステンレス鋼の分類

種類	分類	化学成分（%）	焼入性	耐食性	加工性	溶接性
Cr系	マルテンサイト系	0.1<C<0.4、12<Cr<18	有	可	可	不可
	フェライト系	C<0.15、16<Cr<26	無	良	やや良	やや可
Cr—Ni系	オーステナイト系	C<0.15、16<Cr<26　6<Ni<25	無	優	優	優

(7) 耐熱鋼（SUH、SCH）

　耐熱鋼は、500℃以上の苛酷な条件にも耐え、耐酸化性、耐食性、高温強度に優れた材料である。JIS G 4311、JIS G 4312、JIS G 5122では、SUH材（棒、板）、SCH材（鋳造品）およびステンレス鋼（SUS）の一部を耐熱鋼として規格化している。

(8) ばね鋼（SUP）

　表2.14にばね鋼の種類を示す。ばね鋼（SUP）に強度を要求する場合、車両用としてはSi-Mn鋼、Si-Cr鋼が使われている。Siを含有すると降伏点や疲労限度を高められるが、脱炭しやすいので低温の熱処理でこれを防止している。また、高炭素鋼にCr1.0%、V0.1～0.2%を含有したCr-V鋼は、高性能なばね鋼として用いられる。
　一般に、SUPなどのばね鋼は熱間加工によるが、**ピアノ線**（SWP）などの線ばねは冷間加工によって、ばね材としての特性を得る。

(9) 硫黄及び硫黄複合快削鋼鋼材（SUM）

　JIS G 4804で規格化されている快削鋼鋼材は、鋼に硫黄などの元素を加えて、切削性をよくし、切粉が細かくなるようにした鋼である。切削が容易で仕上りは美しいが、不純物が多く高級な鋼ではないので、強さなどをあまり問題にしないような部品などに用いられる。
　SUM材では、0.10～0.35%ほどの鉛を添加した材料も規格化されている。鉛を極めて細かい粒として均一に分布させた鋼であり、鋼中に鉛の粒子が分布することにより、切削性が向上し、しかも機械的性質に影響を及ぼさない。熱処理も普通の鋼と同じように行うことができる。

(10) その他の特殊合金

以上の鉄鋼材料以外にも目的に合わせた様々な合金が使われている。

●非磁性鋼

SUS304などのステンレス鋼や高マンガン鋼などは非磁性鋼の一種であるが、特に、電気計器の部品や羅針盤のケースなどでは、渦電流の発生を防止するために、25%程度のニッケルNiを含む鋼材などが使われることがある。

●不変鋼

鉄Feに36%程度のニッケルNiを加えると、線膨張係数が極めて小さくなる。そのような鋼を**不変鋼**、あるいは**インバー**と呼ぶ。標準尺、各種計器、精密機器の部品などに用いられる特殊材料である。

表2.14 ばね鋼鋼材の種類（JIS G 4801）

種類の記号	摘要
SUP6 SUP7	シリコンマンガン鋼鋼材 マンガンクロム鋼鋼材 主として重ね板ばね、コイルばね及びトーションバーに使用する。
SUP9 SUP9A	マンガンクロム鋼鋼材
SUP10	クロムバナジウム鋼鋼材 主としてコイルばね及びトーションバーに使用する。
SUP11A	マンガンクロムボロン鋼鋼材 主として大形の重ね板ばね、コイルばね及びトーションバーに使用する。
SUP12	シリコンクロム鋼鋼材 主としてコイルばねに使用する。
SUP13	クロムモリブデン鋼鋼材 主として大形の重ね板ばね、コイルばねに使用する。

2.4 鋳鉄

(1) 鋳鉄の種類

鋳鉄はもろいので鍛練はできないが、融点が低くて鋳造しやすく、価格も低い。したがって、激しい衝撃が作用しない部品や構造物の材料に適している。一般に、銑鉄（炭素含有量1.7%以上）のうち、炭素含有量2.0～4.5%、ケイ素Si1.0～2.5%程度のものを鋳鉄と呼んでいる。

鋳鉄では、冷却の速度によって、含まれる炭素がセメンタイトになることもあれば、一部または全部が黒鉛になることもある。組織は冷却速度によって変わるが、鋳鉄の機械的性質は、その組成や冷却速度だけに影響されるものでは

ないことに注意する。
　鋳鉄の強さは、その素地の組織によって異なる。また、鋳鉄の組織には黒鉛（炭素の同素体）が存在し、同じ素地の場合でも、黒鉛の形・大きさ・分布状態などによって鋳鉄の強さが違ってくる。一般に片状黒鉛の発達した鋳物は機械的強度に劣り、黒鉛が一様に細かく分布した組織や球状黒鉛では強い組織になる。
　表2.15は鋳鉄の種類、**表2.16**は各種元素の鋳鉄の性質に及ぼす影響をまとめたものである。

(2) ねずみ鋳鉄 (FC)

　材料記号FCで示されるねずみ鋳鉄は、FC100～FC350までの6種類が規格化されている (JIS G 5501)。材料記号の数値は引張強さ［MPa］を表しており、比較的強度が低いFC100やFC150は、鋳造性に優れ、薄肉部品も製作可能であることから、強度を必要としない部品に用いられる。FC300やFC350などの強度が高いねずみ鋳鉄は、内燃機関のシリンダライナやピストンなどの部品に用いられる。
　ねずみ鋳鉄の一般的な性質は以下の通りである。
①圧縮強さが大きく、引張強さの3～4倍ある。
②耐摩耗性に富み、組織中にある片状黒鉛の作用で振動を吸収する減衰作用がある。
③可鍛性、展延性を欠き、もろい。
④低温で注意深く行えば、溶接も可能である。
⑤鋳造ひずみ（内部応力）を除くため、**天然枯らし（シーズニング）**を行う必要がある。

(3) 球状黒鉛鋳鉄 (FCD)

　球状黒鉛鋳鉄は、鋳鉄にマグネシウムMgを添加して黒鉛の形を球状化したものである (JIS G 5502)。ねずみ鋳鉄の黒鉛は、組織中で片状黒鉛として存在し、その片状の尖端部に応力が集中するため、強度が低いという欠点がある。球状黒鉛鋳鉄は、この片状黒鉛を球形化することによって鋳物の機械的性質を向上させ、鋳鋼の性質に類似した材料としたものである。
　球状黒鉛鋳鉄は、900℃で約1時間焼なましすると粘り強さが増大し、高温で圧延することもできる。また耐熱性もあり、溶接性についてもガス溶接で同種材料を使って行えば、よい結果が得られる。強じんで耐摩耗性に富む非常に優れた鋳鉄であり、水道鉄管、圧延用ロール、クランクシャフト、シリンダライナ、インゴットケース、車両用部品、電気部品、土木機械などに使用される。

表 2.15 鋳鉄の種類

鋳 鉄	普通鋳鉄	ねずみ鋳鉄品1種〜4種（FC100、150、200、250）
	高級鋳鉄	パーライト鋳鉄（FC300、FC350）
		球状黒鉛鋳鉄（Mgを添加、別名ダクタイル鋳鉄）
		ミーハナイト鋳鉄、セミスチール
	特殊鋳鉄	合金鋳鉄（高クロム、高けい素、ニレジストなど）
		チルド鋳物（表面を白鋳鉄、内部をねずみ鋳鉄）
		可鍛鋳鉄（黒心と白心があり、普通黒心を使う）

表 2.16 各種元素の鋳鉄の性質に及ぼす影響

元　素	鋳　鉄　の　性　質　へ　の　影　響
C 炭素	① 炭素の含有量が一番大きな影響を与える。 ② Cが多く含まれるほど、黒鉛が多くなり、結晶組織は粗大になる。 ③ したがってCの量により、鋳物の冷却方法などを変えなければならない。
Si けい素	① Siの量より、黒鉛化反応を促進する。 ② 適量のSiは鋳造性をよくする。 ③ 鋳物の凝固の際の収縮率を改善する。 ④ Si量を増すことは、鋳込後、徐々に冷却したのと同様の効果があるが、Si2.7%以上になると鋳物がもろくなり、折れやすい。
Mn マンガン	① Mnは鋳物に有害ないおうSを除去する作用をする。 ② 一部分は鋳物に溶けこみ結晶粒を微細化し、硬さを増す。 ③ 強じん性と耐熱性を増す。 ④ Mn量が多すぎると硬くなりすぎ、切削性が悪くなる。 また、ひけ巣や鋳造応力による欠陥が発生する。
S イオウ	① Sは、鋳物には害になる不純物である。 ② 炭素の黒鉛化を妨げる。 ③ 湯の流動性を悪くする。 ④ 材質を硬くもろくする。 ⑤ 収縮や亀裂を起こす。
P リン	① 湯の流動性を増し、収縮率を小さくする。 ② 0.2〜0.3%までは強度を増すが、これ以上では引張強さ、抗折力、たわみ力を減らし、弱くもろくする。
Ni ニッケル	① Niは結晶粒を微細化、均一化し、鋳物の組織を均一化するため、急冷や薄肉によるチルを防止する。 ② 引張り強さが増す。

(4) 可鍛鋳鉄

　可鍛鋳鉄は、白銑鉄を加熱脱炭してセメンタイトを黒鉛化させ、引張強さと伸びを高めた材料である。なお、可鍛といっても鍛造するのではなく、一般の鋳鉄と比べると、たたいて曲がってもすぐには壊れないような可鍛性があるという意味である。

　熱処理の方法によって、折った破面が黒色を呈する黒心可鍛鋳鉄と、破面が白くみえる白心可鍛鋳鉄とがあるが、一般に前者が主として使用される。

　用途としては、形状が比較的小さく、複雑で薄く、強靱性を要求されるもの、弁コッタ、ブラケット、鉄道車両の連結器、ブレーキなどに用いられる。

●黒心可鍛鋳鉄（FCMB）

　黒心可鍛鋳鉄は、白銑鉄の加熱時間を短くして遊離セメンタイトが単に分解するだけに止めたものであり、表皮部分は脱炭して地鉄となるが、内部は全部粒状黒鉛として残り、破断面は黒色にみえる。特徴として、切削性がよい、溶接・鍛接が可能、振動を吸収する能力が高い（鋳鋼の3倍、球状黒鉛鋳鉄の2倍程度）といった点があげられる。

●白心可鍛鋳鉄（FCMW）

　白銑鉄を酸化鉄の脱酸剤とともに焼なまし箱に詰め、高温で長時間加熱した後、徐冷して脱炭すると破面が白色になるのでこの名がついた。厚さ4～12mm程度の薄肉鋳物に適している。

(5) 特殊鋳鉄

　耐酸、耐熱性が要求される機械部品、バルブ、パイプなどに用いる鋳鉄では、普通鋳鉄に含まれないNi、Cr、Mo、Al、Tiなどを添加して、機械的性質、耐摩耗性、耐酸性、耐食性、耐熱性を向上させることがある。

　例えば、耐熱性を高めるためにCrを添加した鋳鉄（Cr15～30%）、耐酸性を高めるためにSiを添加した鋳鉄（Si13～16%）などがある。これらは硬くてもろく、切削加工が難しいため、研削加工によらなければならないという欠点がある。

3 工具鋼および工具用材料

3.1 炭素工具鋼

　刃物や各種の工具に用いられる鋼は、硬さと耐摩耗性を要求されるため、高炭素鋼を用いる。**炭素工具鋼（SK）** はキルド鋼から製造し、JIS G 4401では SK60～SK140（C0.6～1.4％）までの11種が定められている。この鋼は焼入れ性が悪いので、水焼入れを行うと焼割れや焼ひずみなどが出やすく、高温において硬さや衝撃力が低くなり、切削力も悪くなる。この点を改良したのが合金工具鋼である。

3.2 合金工具鋼

　JIS G 4404に規格化されている**合金工具鋼（SKS、SKD）**は、主としてマルテンサイト組織により工具としての硬さを保ち、合金元素で作られる炭化物によって耐摩耗性を増している合金である。C0.4～1.5％程度の鋼に、焼入れ性や耐摩耗性を向上させる目的でクロムCrやタングステンWを加えてある。
　主として各種工具、抜型、刃物などに用いられるが、帯のこや丸のこのように靱性が要求される材質には、Niを2.0％以下添加した材料が使われる。
　これらの合金工具鋼は、熱処理によってその性能を十分に発揮するので、工具の使用目的に適した焼入れ、焼もどしを行わなければならない。

3.3 高速度工具鋼

　JIS G 4403に規格化されている**高速度工具鋼（SKH）**は、バイト、フライス、リーマなどの切削工具によく用いられている。一般切削用には、C0.6～1.0％、Cr4％、V1.0％を標準成分とした鋼が使われ、さらに、靱性や切削時の耐久性を向上させるためにWやMo、Coが添加される。
　いずれも熱処理を施してから使用するが、600℃くらいまでは軟化せず、逆に硬化するので（赤熱硬化性）、切削速度を上げることができ、加工能率を上げることができる（**図2.5**参照）。

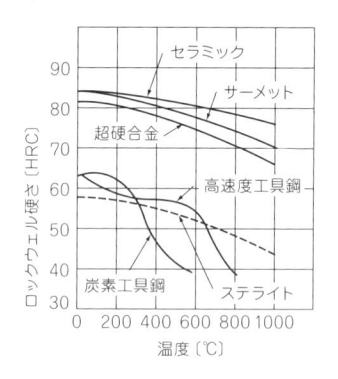

図2.5　工具材種の高温硬さ推移

3.4 超硬合金

　超硬合金の主成分はタングステンW（85〜95％）であり、これに炭素C（5〜6％）、チタンTiの他、コバルトCo（4〜6％）を結合剤として加え、これらの粉末（粒の大きさ約1〜5ミクロン）をプレス成形後、高温で焼結している。図2.5および図2.6からもわかるように、超硬合金は、高温下においても硬さはわずかしか低下しないため、非常に高速で切削することができる。また、耐摩耗性が非常に大きいので、鋼、鋳物、非鉄金属などの切削工具のほか、耐摩耗機械部品にも用いられている。ただし、焼結合金であるので、もろく、圧縮力には強いが曲げや引張力には弱い。

3.5 サーメット

　高融点の炭化チタニウム（TiC）を主体として、これに酸化物、窒化物など種類の粉末を用い、適当な結合剤（バインダ）を入れて焼結したものを**サーメット**と呼ぶ。最高使用温度が1000℃以上の優秀な耐熱材料であり、切削工具の他、ジェットエンジンの燃焼器などに用いられている。

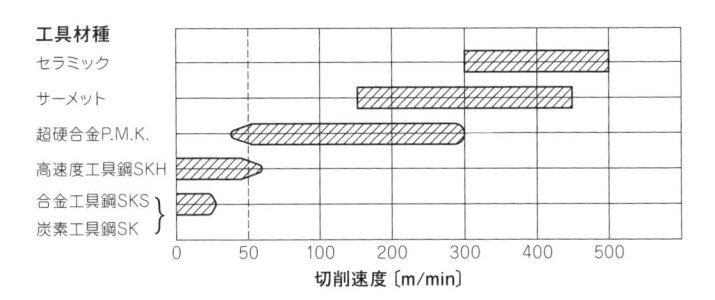

図 2.6　工具材種とその使用切削速度範囲

4 金属の性質と熱処理

4.1 金属の相の固溶体

　物質の状態には気体、液体、固体があり、それぞれ気相、液相、固相と呼んでいる。金属の場合、主として温度の変化によってこれらの状態が変化する。

　金属に熱を加えて温度を上げていくと、固体の一部が溶け始め、液相に変わる。これを**融解**といい、融解が始まる温度を**融点**という。純金属では固体から液体への変化が終わるまで、熱を加えても温度は上がらない。これは、加えられた熱が相の変化によって使われるためであり、このような熱を**潜熱**と呼ぶ。

　融解している純金属の温度を徐々に下げていくと、固体化が始まる。このときの温度を**凝固点**といい、純金属では全部が固体となるまでの間、熱の放出はあっても温度は下がらない。なお、純金属における凝固点と融点は同じである。

　融液の一部が凝固して結晶を作る際、結晶格子を作る中心となる原子の小さな集まりを**結晶核**という。冷却速度が低い場合（徐冷）、結晶核の生成個数は少なく、結晶が十分成長した粗い結晶となる。冷却速度が高い場合（急冷）、結晶が十分成長しないうちに多くの結晶核を作るため、組織は微細な結晶組織となる。

(1) 金属の変態

　固相、液相の変化も、状態を変えるという点で一種の変態であるが、一般には固体内における結晶格子の変化を**変態**と呼んでいる。変態は、結晶格子の変化であるから、これにつれて金属の性質が変わる。

　例えば、鉄は910℃以下では体心立方格子の結晶組織（α鉄）であるが、この温度を越え1400℃までは面心立方格子の結晶組織（γ鉄）となり、さらに温度が上がると再び体心立方格子（δ鉄）というように、相が変わる。これは、鉄の結晶の状態が変わる現象であり、ある温度で１つの相から他の相に変化することを変態、その温度を**変態点**という。また、このように同一元素で性質の異なるものを**同素体**と呼ぶ。

(2) 合金の相

　合金の融解・凝固は、一般にある温度範囲内で行われる。すなわち、凝固点と融点は等しくなく、この点は純金属の場合と非常に異なっている。

　合金の任意の部分をとって他の部分と比較したとき、両方の部分が全く同じ組成や物理的性質を持っている場合、その合金は１つの相からできているという。しかし、合金では複数の相からできていることが多い。

　合金に現れる固相としては、純金属、固溶体、金属間化合物などがあるが、

融液の状態における相はほとんど1つである。

(3) 固溶体

融液のときに混和している2種類の金属が、溶け合ったままの状態で凝固した場合、両方の金属の識別はできない。これは、一方の金属の結晶格子の中に他種の金属原子が入り込んだ状態となっているためであり、このような固体を**固溶体**と呼ぶ（図2.7）。通常、入り込む物質が非金属原子であっても固溶体と呼ぶ。固溶体は、合金においてたびたび現れる相である。

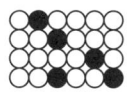

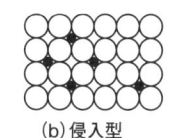

(a) 置換型　　(b) 侵入型

○ 溶媒原子　● 溶質原子

置換型になるか侵入型になるかは両金属原子の大きさの違いに影響される。

図2.7　固溶体の種類

(4) 金属間化合物

融液が凝固する際、金属が他の金属または非金属と反応して、簡単な整数比の成分と定まった結晶格子を持っているものを**金属間化合物**と呼ぶ。

金属間化合物は、次のような特徴を持っている。
① 成分の原子の結晶格子に占める位置が定まっている。
② 1つの単位胞を形成する原子数が多く、その構造が複雑で、塑性変形能力が極めて小さい。
③ 単位胞の構造が複雑なので硬さが大きい。
④ 多くの点で金属の性質を失っているものが多い。
⑤ 金属間化合物は、鋼におけるFe_3C（セメンタイト）のように、合金の性質に大きな影響を与えるものが多い。

(5) 相の平衡と状態図

合金の融液を徐冷すると、ある温度で凝固が始まる。しかし、純金属のように一定温度で凝固が完了するというものではなく、ある温度区間において融液と固体が共存し、温度の低下に伴って固体部分が増し、凝固が完了する。

また、凝固が終わっても、常温になるまでの間に相の変化が行われる合金が多い。この変化は結晶格子内での原子の移動によるものである。

したがって、温度の変化が速いと、相の変化が温度の変化に伴わず結晶格子にずれを生じる。例えば、ある合金を1000℃から急冷すれば、900～800℃の高温で現れるような相が、常温で得られる場合もある。

しかし、温度変化を極めて緩やかにすれば、結晶格子の原子の移動も十分に行われ、温度変化と相の変化が正しく対応した状態となる。このような状態を**平衡状態**と呼ぶ。平衡状態にある合金は、その温度を長時間保持しても外部か

らの影響がない限り、その状態に変化のない安定した状態を保つ。安定した状態にない場合は、同一温度に保っていても常に安定した状態になろうとする相の変化が行われる。

　ある合金において、縦軸に温度、横軸に組成をとり、温度・組成の変化に伴う相の変化を線図で表したものを**平衡状態図**、または**状態図**と呼ぶ（**図2.8**）。

4.2 鉄と鋼の組織

(1) 鋼の変態

　純鉄の室温における状態を**α鉄**（アルファ鉄）と呼ぶ。このα鉄を熱していくと910℃で変態を起こし、**γ鉄**（ガンマ鉄）となる。一般に、変態には記号としてAを使用し、これに番号を付けて識別する。

　α鉄 ⟷ γ鉄の変態は、A_3変態と呼ぶ。また、γ鉄は1400℃でδ鉄（デルタ鉄）に変態する。γ鉄⟷δ鉄の変態はA_4変態という。鉄に炭素が合金されると、純鉄とは全く異なる性質を示す。すなわち、鋼（C0.02〜2%程度）になると、変態温度も性質も変わってくる。また、鋼の変態温度は、同一変態で

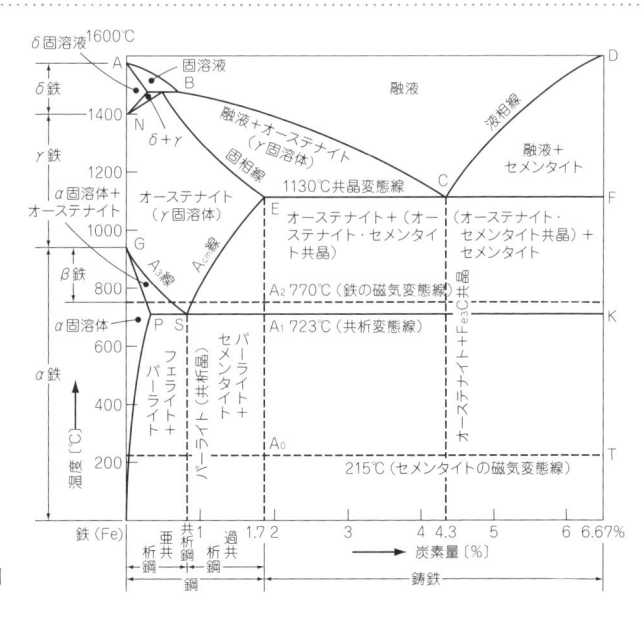

図 2.8
鉄－炭素平衡状態図

も加熱と冷却では若干ずれる。一般に加熱の方が冷却より高い。

図2.8は、鉄‐炭素平衡状態図である。以下、同図に表れる用語について説明しておく。

● **フェライト（α固溶体）**

炭素を固溶したα鉄のことで、完全に1つの相になっているので顕微鏡では区別できない。約726℃において最大0.2%のCを固溶する（**図2.8**のP点）。軟らかく延性があり、強磁性であるが768℃で磁気変態を起こし、非磁性フェライトになる（**図2.8**のA_2）。

● **オーステナイト（γ固溶体）**

炭素を固溶したγ鉄のことであり、約1130℃で最大1.7%の炭素を固溶する（**図2.8**のE点）。軟らかくて粘り強く、延伸性がある。また非磁性である。

● **セメンタイト**

鉄の固溶限度以上に炭素が含まれると、その炭素は鉄との化合物となる。このFe_3Cをセメンタイトと呼び、白色の非常に硬くて脆い結晶である。セメンタイトは、およそ215℃で磁気変態を起こし、非磁性となる。

● **パーライト**

フェライトとセメンタイトが非常に薄い板のようになって、層状に細かく混ざり合った共析物である。硬さ、強さともに低く、磁性があり、展延性に富む。

(2) 鋼の熱処理と標準組織

鋼の熱処理という場合、**図2.8**において、炭素量では1.7%以下、温度ではAとEを結ぶ固相線以下で扱う処理と考えてよい。ここで、鋼をオーステナイト状態から徐冷したときに得られる標準組織は、その鋼の炭素量により変化する。

図2.8の状態図のA_1点でオーステナイトがフェライトに変態すると、オーステナイトに固溶されていた炭素が排出される。これは、オーステナイトよりフェライトの方が炭素を固溶できる量が少ないためである。

なお、排出された炭素は、鉄と化合してセメンタイトを作る。

```
            ←加熱─
オーステナイト         フェライト＋セメンタイト
            ─徐冷→
```

炭素含有量による鋼の変化をまとめると、次のようになる。

● **亜共析鋼**

鋼中の炭素量が0.85%以下のとき、セメンタイトは全部パーライト（フェライトとセメンタイトの共析物）となって析出し、残りはフェライトとなる。すなわち、フェライト＋パーライトの組織となり、これを**亜共析鋼**と呼ぶ。

● **共析鋼**

鋼中の炭素量が0.85%のとき、セメンタイトの量とフェライトの量がマッチして、全てパーライト組織となる。これを**共析鋼**と呼ぶ。

● **過共析鋼**

鋼中の炭素量が0.85%以上のとき、フェライトは全てパーライトになるが、セメンタイトの量が多くなり過ぎてくるため、セメンタイトが残る。すなわち、パーライト＋セメンタイトの組織となり、これを**過共析鋼**と呼ぶ。

(3) 組織の変化

鋼の熱処理において、徐冷でなく、急冷した場合（焼入れという）、鉄の結晶格子に溶け込んでいる炭素原子はFe_3C（セメンタイト）を形成する時間がないために、無理に格子の中に押し込められた状態になる。その結果、結晶格子をひずませて、刃物のように硬くなる。このような組織を**マルテンサイト**と呼ぶ。このマルテンサイトは、炭素を過飽和に溶かし込んだ針状組織であり、格子がいびつになったa鉄ということができる。炭素量の多い鋼ほど焼入れ性がよくなるのは、このためである。

マルテンサイトは、硬度と引張強さが極めて大きいが、極めてもろく、延伸性を欠くという特徴を持つ。そのため、一般の熱処理では、もろさを防ぐため、200～300℃前後に焼もどしをすることが多い。

徐冷してパーライト組織になるよりは早く、またマルテンサイトになるよりは遅く、中間の早さで冷やすと、両者の混合した中間の組織ができる（**図2.9**）。

また、オーステナイトから途中の温度まで急冷し、その温度をしばらく保ってから再び冷やすと、**ベイナイト**と呼ばれる強くて粘い、マルテンサイトとパーライトの中間のような組織ができる。

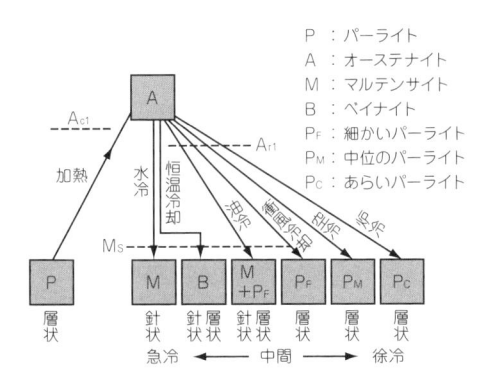

図 2.9 鋼の冷却による組織の変化

4.3 鋼の熱処理

　金属材料に対し、必要とする機械的性質、物理的性質、あるいは化学的性質を得る目的で、それぞれ適当な条件の下に加熱・冷却を行うことを**熱処理**と呼んでいる。

　熱処理の主な作業としては、以下に述べる焼なまし（焼鈍）、焼ならし（焼準）、焼入れ、焼もどしの4つがある。

(1) 焼なまし

　鋼はその製造過程において、組織のひずみや結晶の粗大化、あるいは加工硬化など、材料として不都合な状態になっている。このような欠陥を除去するために、適当な温度まで加熱し、その温度を適当な時間保持した後に徐冷するような処理を**焼なまし**と呼ぶ。通常、A_3またはA_1変態点より30〜50℃高い温度まで加熱し、組織をオーステナイトに変えて、炉中で徐冷する（完全焼なまし）。

　焼なましの目的は、①内部応力の除去、②組織および化学成分の均一化、③結晶の微細化、④軟化などである。

(2) 焼ならし

　鋼を一様なオーステナイト組織になるまで加熱し、その温度をしばらく保ってから空中放冷する操作を**焼ならし**という。同じ鋼の標準組織と比較すると、一般にパーライト組織が細かく緻密になり、フェライトやセメンタイトの初析相が少なくなる。

　焼ならしは、鋳鋼（組織が粗大で機械的性質が低い）や鍛練した鋼などの、結晶の微細化および材質の改善を図り、材料のばらつきをなくすことを目的とした処理である。

(3) 焼入れ

　鋼をオーステナイトの状態（A_3点またはA_1点よりも30〜50℃高い温度で加熱する）にした後、冷却剤（水や油）中で急冷してマルテンサイト組織を得るための操作を**焼入れ**と呼ぶ。

　焼入れは、硬さを増大させることを目的とした処理である。普通、焼入れ効果は、炭素量が多く（ただし0.6％以上になるとほとんど硬さは変わらなくなる）、材料の加熱温度が高く、冷却剤の温度が低くて熱伝導率が大きいほど高まる（図2.10参照）。炭素量0.3％以下の鋼ではほとんど焼入れ効果は期待できない。ただし、焼入れによって、靱性がなくなり、焼割れや焼ひずみを起こしやすいので、素材の種類・材質によって焼入れ温度や冷却剤、冷却法などを選ぶ必要

がある。

● 焼入れ冷却剤

　焼入れ冷却剤には、清水（40℃以下でないと焼きが入らない）、食塩水、噴水、油（菜種油、ごま油、白絞油、動物油、鉱油など）、溶塩（塩化物系、硝酸系など）、溶融金属（鉛、水銀など）などがある。

　主な冷却剤を冷却速度の高い順に並べると次のようになる。
①10%ソーダ石灰塩液＞②食塩水＞③水（0℃）＞④水銀＞⑤水（25℃）＞⑥菜種油＞⑦グリセリン＞⑧機械油＞⑨石けん水＞⑩空気

● 質量効果

　鋼を焼入れする際、冷却剤に接する表面は冷却速度が大きいが、その内部は中心に近づくほど冷却速度が小さくなる。すなわち、同じ鋼材でも断面寸法が大きくなるほど、内部の冷却速度が小さくなるため硬さが減少し、さらには表面さえもマルテンサイトを生成する冷却速度を得られず、十分な焼きが入らなくなることがある（図2.11参照）。このように、鋼材の大きさ、すなわち質量の大小が焼入れの効果に影響を及ぼすことを**質量効果**と呼び、内部まで十分に焼きが入らないことを質量効果が大きいという。一般に炭素鋼は質量効果が大きいのでその用途は小型部品に限られ、大型部品には質量効果の小さい合金鋼や特殊鋼が用いられる。

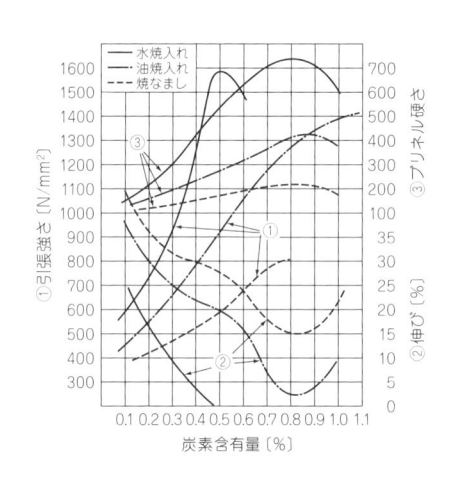

図2.10　焼入れによる機械的性質

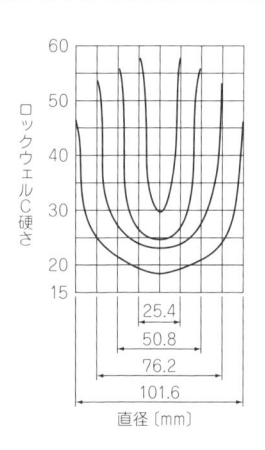

図2.11
0.4%炭素鋼丸棒を
水焼入れしたときの硬さ分布

●焼割れ

炭素量の多い鋼に対して急激な焼入れを行うと、内外の組織の膨張不均一のために亀裂を生じることがある。これを**焼割れ**と呼ぶ。この焼割れを防ぐには、急激な冷却を避け、水中冷却よりも油中冷却を行うとよい。また、厚さや形の不均一な鋼片を焼入れするときは、冷却速度が不均一になりやすく、その厚薄の境界に亀裂を生じやすい。

(4) 焼もどし

焼入れをした鋼のマルテンサイト組織は、硬さは大きいが不安定な組織であり、展延性がなくもろい。したがって、刃物や工具などのように硬さと同時に粘り強さを必要とする材料としては必ずしも適切ではない。そこで、粘り強さを与えるために、再度100℃～A_1点以下の温度に加熱して、冷やす操作を**焼もどし**と呼ぶ。この焼もどしを行うことにより、硬さはやや低くなるが、靭性は回復する。

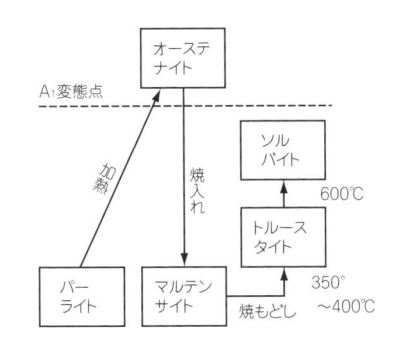

図2.12 焼もどしによる組織の変化

刃物、工具、ゲージなどのように、硬さを必要とする場合は、炭素量の高い焼入れ鋼を、比較的低温（100℃～200℃）で焼もどしを行う。この処理を**低温焼もどし**といい、焼入れ鋼の残留内部応力を除いたり、強さや靭性を増し、寸法などの経年変化を防ぐために行う処理である。

構造用鋼などのように、ある程度の強さ、硬さに加え、靭性を必要とする場合には、炭素量の比較的低い焼入れ鋼を高温（550℃～650℃）で焼もどしを行う。この処理を**高温焼もどし**といい、これにより、靭性があり、伸び・絞り・衝撃値の大きい材料となる。

図2.12は焼もどしによる組織変化を示している。焼入れした鋼のマルテンサイトは、焼もどしによって再加熱すると350℃～400℃で溶込んでいた炭素がFe_3Cの粒子となって飛び出し、トルースタイトとなる。さらに温度を上げ、600℃ほどになるとFe_3Cの粒子はさらに大きくなってソルバイトになる。

●トルースタイト

α鉄と炭化鉄（Fe_3C）の粒状混合物であり、次のような性質を持つ。
① マルテンサイトに次ぐ硬度を持つ。
② 弾性限度が高く、粘り強い。
③ 延伸性が小さく、衝撃に弱い。
④ 刃物の組織として適当である。

●ソルバイト

a鉄と炭化鉄（Fe_3C）の粒状混合物であり、次のような性質を持つ。
①トルースタイトに次ぐ硬度を持っている。
②弾性限度が高く、鋼の組織中、最も強じんである。
③延伸性が大きく、衝撃に強い。
④ばね、ワイヤやロープ構造用鋼などに適している。
⑤低速焼入れ中にも得られる組織である。

(5) 熱処理時の一般的注意事項

実際の熱処理における注意事項を以下にまとめる。
①加熱は徐々に、かつ均等に行うようにする。
②各種鋼材の所定の焼入れおよび焼なまし温度などに注意し、温度を上げすぎないように注意する。
③焼過ぎた鋼は、十分に焼なました上で、さらに所定の焼入れ温度に加熱する。焼なましを行わないで再焼入れをしてはいけない。
④冷却液中では、発生する蒸気が伝熱を妨げ、焼むらなどが起こりやすいので、それを防ぐために工作物が冷却剤に接するように絶えず動かすようにする。
⑤軸類、棒状、円筒状のものは垂直に、板状のものは縦に浸す。
⑥複雑な形のものや厚さの異なるものは、その最大断面が先に浸されるようにする。
⑦焼もどしは、焼入れ直後になるべく早く行う。
⑧焼もどし部分には、直接火炎を当てないようにする。
⑨一般に、焼もどしは、油中または微粉中で行う。
⑩精密ゲージ類は、焼もどし後、熱湯中に浸しておくとよい。
⑪焼入れに際して生じた曲がりは、完全冷却しない前に余熱（200℃以下）を利用して修正する。
⑫炭素工具鋼は、冷却時100～250℃の温度で焼割れができやすいので注意する。
⑬水による冷却は、焼割れ、焼むら、曲がりなどが生じやすい。
⑭焼入れ油としては、菜種油の方が機械油より冷却速度が高い。

4.4 鋼の表面硬化処理

機械部品には、その使用目的によって衝撃に対する強さ（粘り強さ）と表面の硬さとを同時に必要とするものがある。鋼をこのような部品に用いる場合、材料の表面だけを硬くして耐摩耗性を増し、内部は適当な粘りのある状態にし

て衝撃に対する抵抗を大きくするという熱処理法が用いられる。これを**表面硬化法**と呼ぶ（JIS G 0201）。

(1) 浸炭焼入れ

オーステナイト中に固溶している状態の炭素を表面に富化させる処理を**浸炭**と呼ぶ。浸炭を行うには、まず炭素量の低い鋼（低炭素鋼＝C0.23％以下）で目的とする形状をつくり、浸炭させる部分だけを残して他の部分は銅めっきを施したり浸炭防止剤を塗る。これを浸炭剤中で加熱すると、銅めっきした部分は浸炭されず、必要部分だけが浸炭され、硬さを増す。

浸炭を行った材料は、そのまま製品として使用することは少なく、一般に浸炭後、さらに焼入れ・焼もどしを行ってはじめて製品として使用する。その際に行う熱処理を**肌焼き**という。肌焼きを行う場合、高温に加熱しても組織が粗大にならない材料が扱いやすい。

浸炭は、固体浸炭、液体浸炭およびガス浸炭に分けられる。

●**固体浸炭法**

固体浸炭法では、浸炭箱に、素材と、木炭に炭酸バリウムなどを加えた浸炭剤を入れ、粘土などで箱を密閉して炉中で900〜950℃で5〜8時間加熱する。浸炭深さは時間とともに増加し、表面から0.8〜1.5mm程度まで炭素が浸み込んで硬くなる。深炭深さは温度と加熱時間、浸炭剤などによって決まるが、通常は、材料、浸炭剤、温度は一定にし、加熱時間で調整する。

●**ガス浸炭**

ガス浸炭は、メタンガスやプロパンガスなど炭化水素系のガスを用いて浸炭する方法であり、かごに入れた部品や素材を浸炭ガスで満たした炉に入れて加熱する。浸炭ガスの組成や温度を調整することによって、一定の炭素量を持った浸炭層や浸炭深さを得られるので、連続的な処理や大量生産に適し、広く用いられている方法である。

(2) 窒化

窒化処理に該当する鋼種（窒化鋼と呼ばれる）を、ソルバイト組織にするために焼入れ、焼もどしを施し、次に材料の窒化する必要のない部分に防窒めっきを施す。これを窒化箱に入れ、炉中でアンモニアガスを通しながら約520℃前後の温度に保ち、50〜100時間加熱する。この処理によって、表面に窒素が吸収され、浸炭よりもさらに硬い窒化第一鉄（Fe_2N）や窒化第二鉄（Fe_4N）ができる。その後、炉に入れたままガスを通しながら、炉の温度を室温まで下げれば窒化は終了する。

窒化に適した鋼は、Al、Mo、Crなどを含有している。特にAlは窒化層に硬さを与え、Moは焼もどし時のもろさを防ぐので重要である。

窒化の特徴は以下の通りである。
①浸炭法に比べて硬化層は浅いが、非常に硬く、耐摩耗性、耐食性に優れる。
②窒化後、焼入れの必要がなく、熱処理によるひずみや寸法狂いがほとんどない。したがって、窒化後は、そのまま製品として使用できる。
③窒化処理された鋼は、500℃程度の高温にも硬さが低下せず酸化もしない。
④衝撃に対する強度が低下するといった欠点がある。

(3) 塩浴浸炭窒化

シアン化カリウム（KCN）またはシアン化ナトリウム（NaCN）などのシアン化物（青化物）を含有する溶融塩浴中で行われる浸炭窒化を**塩浴浸炭窒化**と呼ぶ。ガス炉などで一定温度に加熱して溶融したものの中に鋼材を所定の時間浸した後、水中または油中で急冷すると、鋼材の表面層に焼きが入って硬さが増す。これはシアン化物が分解してできたC、Nなどが鋼中に浸み込み、浸炭と窒化が行われるためである。

浸炭窒化は、薄い硬化層（0.5mm以下）を得るのに適し、小型歯車、ラチェットの爪、スパナ類などに用いられる。

(4) 高周波焼入れ

高周波焼入れは、材料への加熱が誘導によって行われる表面硬化処理であり、主に鋼材の任意の表面または部分に焼入れをする場合に用いられる。素材の表面を加熱する場合は、その品物の形に適したコイルを作って、その中に工作物を置き、高周波電流を流す（**図2.13**）。そして、加熱後、水か冷却剤などを噴射して急冷すれば焼入れができる。この方法は作業時間が短く、表面に焼きむらが入りにくいという特徴がある。炭素量0.4～0.6%の鋼に使用される。

内面コイル　　　外面コイル　　　平面コイル

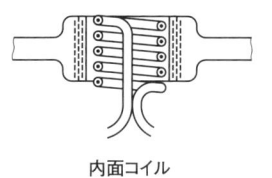

図2.13　高周波焼入れ

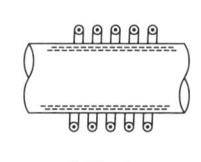

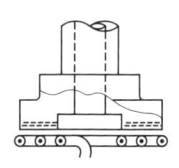

(5) 炎焼入れ

　炎焼入れは、鋼材の表面を酸素‐アセチレンガスの炎などによって加熱し、これに水流または噴射水などを急激にかけて焼入れする方法である。この方法は、必要な部分だけを加熱・急冷してマルテンサイト組織にするため、浸炭や窒化などのように材料の化学成分の変化は起こらない。

　なお、炎焼入れに最も適した鋼材は炭素量0.4〜0.7％のものである。これ以上の炭素量の鋼では焼割れが起こりやすく、焼入れに相当の熟練を要する。通常、硬化層の深さは、1.5〜5 mm程度である。

　炎焼入れは局部的な焼入れが可能であり、歯車の歯先部分とかスプロケットホイールのように、部分的な硬化が必要な場合に有効である（**図2.14**）。

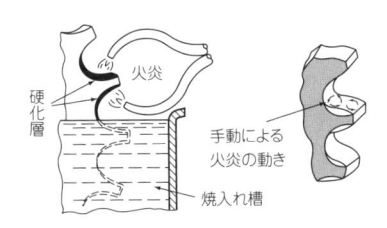

図2.14　スプロケットの火炎焼入れ

5 非鉄金属

5.1 単金属の性質

以下に非鉄金属のうち単金属をあげ、それぞれの性質と用途をまとめる。

(1) 銅 (Cu)

銅は電気および熱を伝えやすいという特徴があり、銅線、銅板、銅管、電気器具、家庭用品、小型ボイラなどの材料として広く使われている。

―性質―
① 電気および熱の伝導率が高く、非磁性である。
② 展延性があるが、加工硬化する。
③ 耐食性は鉄より高い。ただし、空気中に湿気や炭酸ガスがあると表面に緑青（ろくしょう）が生じる。
④ 清水には侵されないが、海水には弱い。
⑤ 収縮率が大きく、鋳造しにくい。また、切削性は悪い。

(2) 亜鉛 (Zn)

亜鉛は、軸受合金およびダイカスト合金の主成分である。その他、亜鉛めっき、亜鉛鉄板、亜鉛酸化物（ペイント、顔料などの原料）など用途は広い。

―性質―
① 非常にもろくてやわらかい。
② 100～150℃に熱すると、展延性が大きくなり針金や薄板に引き伸ばせる。
③ 常温で湿気および炭酸ガスに触れると、表面に保護被膜ができて酸化が内部におよばないので、防錆用のめっき材として用いられる。
④ 海水に対して強い。
⑤ 人体に有害である。

(3) すず (Sn)

すずは、軸受用合金材料、活字用合金材料、青銅、めっき、箔などに用いられる。

―性質―
① 展延性に富むため、薄い箔にすることが可能である。
② 耐食性に優れる。
③ 鋳造性、鍛練性に優れ、他の金属と混合し、合金になりやすい。

【第2章】機械材料
5 非鉄金属

(4) 鉛（Pb）

鉛は、軟ろう、軸受合金、可溶合金などの合金材料、化学工業用容器、蓄電池などに用いられる。ただし、人体に有害であり、体内に蓄積されると中毒症状を起こす。そのため、多くの機械部品や電気部品では、鉛を使わない材料に置き換わっている。これを**無鉛化**、または**鉛フリー化**という。

―性質―
① 密度が大きい（11400kg/m^3）。
② 金属中で金に次ぎ、柔らかい。
③ 展性に富み、常温で容易に薄板にできる。ただし、延性および引張強さに弱いので細線などにはできない。
④ 耐酸性が強く、空気中でもほとんど腐食されない。

(5) ニッケル（Ni）

ニッケルは、ステンレス鋼などの合金材料、めっき材料などに用いられる。

―性質―
① 展延性、耐食性に富み、色も美しい。
② 耐熱性に優れ、電気抵抗が大きい。
③ 熱間加工性に富む。

(6) アルミニウム（Al）

アルミニウムは、家庭用器具、食器類、建築材、化学用機器、一般機械用部品、アルミニウム箔など、非常に広い用途で使われる。

―性質―
① 密度が約 2800kg/m^3 と軽く、金属中では Mg に次いで軽い。
② 電気や熱を非常によく伝導する。
③ 海水、酸、アルカリに侵されやすい。
④ 空気中や水中では、表面に薄い酸化被膜ができて、腐食を防止する。
⑤ 鋳造性に富み、加工性についても常温あるいは高温で圧延、線引き、プレスなどが可能である。

●補足● アルマイト

アルミニウムの表面を電気的方法で酸化させ、表面に緻密な硬い酸化膜を生じさせることにより内部を保護し、耐食性を大きくさせたものをアルマイトという。家庭用器具や食器、機械部品の防錆などに用いられる表面処理方法である。

5.2 銅合金

銅合金の記号は、銅および銅合金を表すCの後に、合金系統を表す4桁の数値で表される。1000番台はCu・高Cu系合金、2000番台はCu-Zn系合金、3000番台はCu-Zn-Pb系合金、4000番台はCu-Zn-Sn系合金、5000番台はCu-Sn系合金・Cu-Sn-Pb系合金、6000番台はCu-Al系合金等、7000番台はCu-Ni系合金等を表している。

(1) 高純度な銅合金

99.9%以上の純度を持つ無酸素銅（C1020）や**タフピッチ銅（C1100）**は、電気伝導性および熱伝導性に優れ、しかも展延性、耐食性にも優れる。そのため、電気用、化学工業用、ガスケット材料などに用いられている。

(2) 黄銅（C2600、C2700、C2800）

黄銅は、銅Cuと亜鉛Znの合金であり、**真ちゅう**とも呼ばれ、様々な機械部品に広く使われている。JIS H 3250では、Cu70%、Zn30%のC2600、Cu65%、Zn35%のC2700、Cu60%、Zn40%のC2800の3種類が規格化されている。C2600およびC2700は冷間鍛造性・転造性がよく、C2800は熱間加工性がよい。いずれも機械部品や電気部品に広く用いられている。

> **性質**
> ①鋳造、圧延ともに容易であり、**機械的性質**が優れている。
> ②大気中では耐食性に優れるが、海水には侵されやすい。
> ③冷間加工した後、焼なましを行わないと置割れが発生しやすい。

●補足●置割れ

主として一方向に冷間加工を行った黄銅の管、棒などは、貯蔵中に軸方向に割れが起こることがある。これを**置割れ**と呼び、加工による内部応力ひずみと表面の粒界腐食が原因である。これを防ぐには、表面をめっきで保護するか、または250〜300℃で低温焼なましを行い、加工による残留応力を除去する。

(3) 快削黄銅（C3601、C3602、C3603、C3604、C3605）

切削性を向上させるため、Cu60%、Zn約40%の黄銅に2〜4%程度の鉛Pbを加えた合金であり、ボルト・ナット、歯車やバルブなどに用いられている。C3601およびC3602は展延性もよい。

(4) ネーバル黄銅（C4622、C4641）

ネーバル黄銅はCu60％、Zn約40％の黄銅に1％程度のすずSnを加えた合金であり、特に海水に対して高い耐食性を持ち、熱間鍛造性、冷間加工性ともに優れている。主に船舶用部品、シャフトなどに使用される。

(5) 高力黄銅（C6782、C6783）

高力黄銅は、マンガン青銅とも呼ばれ、Cu60％、Zn約40％の黄銅に2～3％のMnと微量のAl、Feなどを加えた合金である。機械的強度が高く、耐食性にも優れている。展伸用、鋳造用ともに用いられ、船舶用プロペラ、ポンプ軸、歯車、蒸気タービン軸などに用いられる。

(6) アルミニウム青銅（C6161、C6191、C6241）

アルミニウム青銅は、銅を主成分とし、7～12％程度のアルミニウムを加えた合金であり、アームズブロンズ、ハイヤルブロンズなどがある。AlO_3の薄い膜によって耐食性に優れ、海水や酸にも強く、耐熱性や耐摩耗性にも優れている。船舶用小形プロペラ、羽根車、歯車、軸受、耐酸部品などに用いられる。

(7) りん青銅（C5111、C5191）

りん青銅は、青銅をりんで脱酸し、0.03～0.35％程度のりんをわずかに残した合金である。耐食性、耐摩耗性、靱性、耐疲労性に優れ、ばね材に適する材料もある。電気機器用のばね、ブッシュなどに用いられる。

(8) 洋白（C7351、C7451）

洋白は、Cu54.0～75.0％、Ni5％以上、残りがZnで構成される合金である。機械的性質、耐食性、耐熱性に優れ、加工性にも優れる。色が銀に似て美しく、装飾品、洋食器、工芸品などに用いられる。

5.3 アルミニウム合金

アルミニウム合金の記号は、アルミニウムを表すAの後に、合金系統を表す数値（合金番号）で表される。合金番号が1000番台は純アルミニウム、2000番台はAl-Cu系、3000番台はAl-Mn系、4000番台はAl-Si系、5000番台はAl-Mg系、6000番台はAl-Mg-Si系、7000番台はAl-Zn-Mg系、8000番台は上記以外の合金を表している。

(1) 純アルミニウム

99%以上の純度を持つ純アルミニウム（A1050、A1060など）は、成形性、溶接性、耐食性に優れるが、引張強さは70～80 N/mm^{2}程度であり、比較的強度は低い。

(2) 耐食アルミニウム合金

A3003などの1～1.5%程度のMnを含むアルミニウム合金は、純アルミニウムの持つ耐食性を低下させずに強度を高くした合金である。飲料水の容器や住宅外装など、幅広い用途で利用されている。

(3) 高力アルミニウム合金

アルミニウムは軽量であるが、純アルミニウムの強度は大きくない。これに銅やマグネシウムなどを添加し、熱処理を施すことで、軽量かつ高強度な材料とすることができる。主な高力アルミニウム合金としては、ジュラルミンがあり、航空機用の部品、骨組、軽量で高強度が必要な機械部品などに使用されている。

① A2017（ジュラルミン）

A2017は、Cu4%、Mg0.5～1%、Mn0.5～1%を含むアルミニウム合金である。強力鍛練用で軽くて強いが、耐食性はあまりよくない。500～520℃で焼入れすると時効硬化するという特徴を持つ。鋳物には適しておらず、溶接も好ましくない。接合には、リベット締めなどの方法を用いる。

② A2024（超ジュラルミン）

A2024は、ジュラルミンのMgやMnを多くして、靱性を高めたアルミニウム合金である。

③ A7075（超々ジュラルミン）

A7075は、Al＋Zn 8%、Mg1.5%、Cu1.2%、Mn0.6%、Cr0.25%を含むアルミニウム合金である。靱性が高く、機械的性質は極めて高い。

(4) 鋳造用アルミニウム合金

鋳造用アルミニウム合金はJIS H 5202で規格化されている。代表的な鋳造用アルミニウム合金として、Al87%、Si12%、Fe0.3%を含む**シルミン**と呼ばれる合金がある（AC3A）。被削性には劣るが、鋳造性、耐食性、機械的性質とも非常に優れている。また、高温下においても熱伝導度が優れ、強度は大きく耐摩耗性がある。主として自動車、航空機、船舶などの内燃機関の部品、ダイカスト部品などに用いられる。

また、耐熱性を高めた鋳造用アルミニウム合金として、Si12%、Ni1.5%、Mg1%、Cu1%を含む合金がある（AC8A）。軽くて耐熱性があり、線膨張係数

が小さく、鋳造、鍛造ともに可能であるという特徴があり、自動車用内燃機関のピストンなどに使用される。

5.4 その他の合金

(1) マグネシウム合金

代表的なマグネシウム合金として、Al-Zn系、Mg-Zn-Zr系、Mg-Mn系、Mg-Ce系などがある。成分により鋳物用、加工用に分けられ、砂型鋳物、金型鋳物、押出型材、航空機部品、精密機械部品などに用いられる。

マグネシウム合金の一般的特徴は以下の通りである。
①極めて酸化しやすく、微細粉末は着火の恐れがあるので切削、鋳造などの作業においては注意しなければならない。
②海水や酸におかされやすい。
③極めて軽く、時効硬化するものが多い。

(2) チタン合金

チタン合金の一般的な特徴として、耐食性が高く、しかも鉄鋼材料と比べて軽量であることがあげられる。JIS H 4650などでは、含有物によって多くのチタン合金が規格化されている。

①純チタン

純チタンは銀白色で硬く、鍛造や熱間圧延はできるが、常温での加工が難しい材料である。ステンレス鋼に匹敵する耐食性を持ち、密度は約4500kg/m^3で鋼や銅に比べると軽いことから、一般産業用の耐食材料、航空機用板材、化学工業用材料として用いられる。引張強さは300～600N/mm^2程度であり、伸びは15～35％程度である。線膨張係数が小さく、電気抵抗値が大きいという特徴を持つ。

②チタン合金

チタン合金には、耐食性に優れるTi-Mn系、耐酸性に優れるTi-Mn-Al系、耐熱性に優れるTi-Cr-Fe系、耐食性・高温強度に優れるTi-Al-V系などがある。

チタン合金は、引張強さが900N/mm^2前後もある材料が規格化されていることや、その成分により軽くて耐熱性、耐食性が極めて優れていることから、航空機用材料、化学工業用材料として広く使われるようになってきた。

(3) ニッケル合金

ニッケル合金の一般的な特徴として、耐食性・耐熱性が高いことがあげられ

る。ニッケル合金には以下のような種類がある。
①ニッケル - 銅合金
　ニッケルと銅を主成分とし、少量の鉄、あるいはマンガンなどが加えられた合金であり、代表的な材料に**モネルメタル**（Ni67%、Cu28%、Fe + Mn + Si5%）と呼ばれるものがある。鋳造、鍛造ともに可能であり、溶接性だけではなく、強度、靭性、耐食性、耐酸性にも優れており、プロペラ、タービン羽根、弁、化学用機械などに用いられる。
②ニッケル - クロム合金
　15〜20%程度のクロムを含有した**ニクロム**と呼ばれるニッケル合金は、電気抵抗が大きく、耐熱性に優れるため、工業用・家庭電化器具用のヒータエレメント（電熱線）によく使われている。
③耐熱合金
　ニッケルを主成分とし、鉄、クロム、モリブデンなどを含有することで、**インコネル**と呼ばれる合金や**ハステロイ**と呼ばれる合金が開発されている。これらは、耐熱性、耐食性、耐酸化性などの高温特性に優れており、宇宙機器、原子力関連機器、産業用タービンや航空機の部品などに使われている。インコネルおよびハステロイはいずれも商品名であり、含有成分の違いによっていくつかの合金が作られている。

5.5 軸受合金

　軸受合金として要求される一般的な性質は以下の通りである。
①軸受荷重に耐え得る硬さと強さを有すること。
②摩擦係数が小さく、摩耗に十分耐え得る性能があること。
③発生した熱が伝導・拡散されて逃げやすいこと。
④油の酸化に対する耐食性があること。
⑤安価で鋳造性に優れること。

(1) ホワイトメタル

　ホワイトメタルは、すずや鉛を主として、アンチモン（Sb）、銅、亜鉛などを加えた合金である。白色で溶融点は低く、やわらかいため、この合金だけで軸受金とするには強さが不十分である。したがって、鋳鉄、軟鋼、または青銅の裏金に薄く貼り合せて使用することが多い。
　表2.17は、JISにより規格化されているホワイトメタルを示したものである。第1種、第2種（WJ1、WJ2、WJ2B）はバビットメタルとも呼ばれ、高速重荷

【第2章】機械材料
5 非鉄金属

重用のメタルに用いられる。

(2) ケルメット

　ケルメットは、鉛青銅系の鋳造用銅合金であり、銅を主成分として、Pb28～42％、NiまたはAg（2％以内）、Fe（0.8％以内）を加えたものである。強靱で、高温・高圧に耐え、摩擦係数が小さく、耐久性に優れ、しかも熱伝導率が高い材料である。発電機、電動機、圧延機、鉄道車両用などの軸受材料に用いられている。

5.6 可溶合金

(1) 易溶合金

　易溶合金は、ビスマスBiを主成分とし、鉛、すず、カドミウムなどを加えた溶融点の極めて低い合金である。電気工業用ヒューズ、安全用ヒューズ、自動噴水、消火栓、模型用合金などに広く用いられている。

　溶融点が100℃のローズ合金（Bi50 + Pb28 + Sn22％）、溶融点が94℃のニュートン合金（Bi50 + Pb31 + Sn20％）、溶融点が68℃のリポヴィッツ合金（Bi50 + Pb27 + Sn13 + Cd10％）、溶融点が60.5℃のウッドメタル（Bi50 + Pb25 + Sn12.5 + Cd12.5％）などがある。

表2.17 軸受用ホワイトメタル（JIS H 5401）

種類	記号	\multicolumn{5}{c|}{化学成分}						\multicolumn{6}{c|}{不純物}						適用
		Sn	Sb	Cu	Pb	Zn	As	Fe	Zn	Al	Bi	As	Cu	
ホワイトメタル1種	WJ 1	残部	5.0～7.0	3.0～5.0	—	—	—	0.08 以下	0.01 以下	0.01 以下	0.08 以下	0.10 以下	0.50 以下	高速高荷重軸受用
ホワイトメタル2種	WJ 2	残部	8.0～10.0	5.0～6.0	—	—	—	0.08 以下	0.01 以下	0.01 以下	0.08 以下	0.10 以下	0.50 以下	高速高荷重軸受用
ホワイトメタル2種B	WJ 2B	残部	7.5～9.5	7.5～8.5	—	—	—	0.08 以下	0.01 以下	0.01 以下	0.08 以下	0.10 以下	0.50 以下	高速高荷重軸受用
ホワイトメタル3種	WJ 3	残部	11.0～12.0	4.0～5.0	3.0以下	—	—	0.10 以下	0.01 以下	0.01 以下	0.08 以下	0.10 以下	—	高速中荷重軸受用
ホワイトメタル4種	WJ 4	残部	11.0～13.0	3.0～5.0	13.0～15.0	—	—	0.10 以下	0.01 以下	0.01 以下	0.08 以下	0.10 以下	—	中速中荷重軸受用
ホワイトメタル5種	WJ 5	残部	—	2.0～3.0	残部	—	—	0.10 以下	0.01 以下	0.05 以下	—	0.10 以下	—	中速中荷重軸受用
ホワイトメタル6種	WJ 6	44.0～46.0	11.0～13.0	1.0～3.0	残部	—	—	0.10 以下	0.05 以下	0.01 以下	—	0.20 以下	—	高速小荷重軸受用
ホワイトメタル7種	WJ 7	11.0～13.0	13.0～15.0	1.0以下	残部	—	—	0.10 以下	0.05 以下	0.01 以下	—	0.20 以下	—	中速中荷重軸受用
ホワイトメタル8種	WJ 8	6.0～8.0	16.0～18.0	1.0以下	残部	—	—	0.10 以下	0.05 以下	0.01 以下	—	0.20 以下	—	中速中荷重軸受用
ホワイトメタル9種	WJ 9	5.0～7.0	9.0～11.0	0.1～0.5	残部	28.0～29.0	0.75～1.25	0.10 以下	0.05 以下	0.01 以下	—	0.20 以下	—	中速中荷重軸受用
ホワイトメタル10種	WJ 10	0.8～1.2	14.0～15.5	—	残部	—	—	0.10 以下	0.05 以下	0.01 以下	—	0.10 以下	—	中速小荷重軸受用

(2) 軟ろう

ろう付用合金の一つとして、軟ろうがある。一般に"はんだ"と呼ばれるすずと鉛の合金であり、軟ろう（はんだ）は、溶融温度が190～270℃と低いため、作業がしやすく手軽に使える。しかし、機械的強度が低く、大きな力や衝撃のかかる部分の接合はできない。電気部品、水道引込管、工芸品、小径管、ブリキ板などの接合に用いられる。また、すずと鉛の含有量の割合によって、凝固開始の温度が変わってくるという性質がある。

なお、鉛は人体に有害であるため、最近では鉛を含まない軟ろうが使われることもある。

(3) 硬ろう

硬ろうは、溶解温度の高いろうであり、強度も比較的あるため、大きな力や衝撃などにも強い。硬ろうには以下のような種類がある。

①黄銅ろう
溶融温度は820～950℃であり、主として黄銅などの銅合金や鉄鋼などの接合に用いられる。

②銀ろう
黄銅と銀の合金であり、溶融温度は620～870℃である。精巧なろう付けや、銅合金、金、銀、鉄、ニッケル合金、超硬合金などの接合に用いられる。

③アルミニウムろう
AlにSi、Cu、Fe、Znを加えた合金であり、溶融温度は560～640℃である。主としてアルミニウム合金の接合に用いられる。

6 非金属材料

6.1 耐火物および保温材

　耐火物は、金属の溶解、精練、加熱などを行うための炉用材料として使用される耐熱材であり、通常、JISで指定された十分な耐火度を持つ材料のことをいう。耐火物には、**表2.18**に示す耐火レンガのような成形物と耐火モルタルのような粉末状のものとがある。

　保温材とは熱絶縁材料（**断熱材**）のことであるが、温度を室温以上に保つものを保温材、室温以下に保つものを保冷材という。主として無機質、有機質のものが多いが、金属質のものも使用されている（**表2.19**）。いずれも多孔質の材料であり、組織中の静止空気層が保温性能に大きな役割を果たしている。

　従来から、耐熱材・断熱材として**アスベスト**（**石綿**）がよく使われていた。アスベストは、耐熱性、断熱性、耐摩耗性に優れ、各種保温材や耐熱材、パッキン、ブレーキライニングなどに使用されていた。しかし、飛散したアスベスト繊維を人間が吸入すると健康被害を引き起こすことから、現在では大部分のアスベストは全面的に使用禁止となっている。

　アスベストの代替品としては、岩綿（**ロックウール**）と呼ばれる安山岩や玄武岩を溶解し、圧縮空気で吹きとばして細かい繊維状のものや繊維状にしたガラス綿（**グラスウール**）などが使われている。これらは、アスベストと比べて性能面で劣るものも多く、使用時には注意しなければならない。

表2.18　耐火レンガの種類と用途

名　　称	化学的性質	耐火度	用　　途
けい石レンガ	酸　　性	1710℃以上	平炉の天床、製鋼用電気炉、コークス炉
粘土質耐火レンガ	弱　酸　性	1730℃～1750℃	一般用耐火物
高アルミナ質レンガ	中　　性	1825℃以上	製鉄用炉、製鋼用炉、非鉄合金用炉
クロムレンガ	〃	1790℃以上	製鉄用炉、製鋼用炉
マグネシアレンガ	塩　基　性	1790℃以上	混銑炉、塩基性製鋼炉

表2.19　保温材の種類

無機質保温材	鉱さい綿（スラグウール）ガラス繊細、断熱レンガ（けいそう土レンガ）
有機質保温材	フェルト類、コルク板、気泡性樹脂（発泡スチロール）
金属質保温材	アルミ箔、薄鋼板

6.2 セメント

(1) ポルトランドセメント
　セメントには様々な種類があるが、通常、セメントといわれる場合、**ポルトランドセメント**を指すことが多い。ポルトランドセメントは、主成分として粘土質原料（けい酸、酸化アルミニウム、酸化鉄などで構成）と石灰を粉末にして混合し、1400～1500℃で焼成した後に少量の石こうを加えて微粉末にしたものである。水を加えて練ると、水和と呼ばれる化学変化を起こし、凝固、硬化して強度を増す。

(2) モルタル
　モルタルとは、セメントに砂を加えて練ったものである。セメントと砂の配合割合は、使用個所や目的によって異なるが、通常はセメント：砂＝1：3（容積比）程度の割合である。

(3) コンクリート
　コンクリートは、セメントに砂、砂利を加えて水で練り合せたものである。圧縮強さが大きく、その使用目的によってセメント、砂、砂利の配合比を決める。標準的には、水：セメント＝2：1（重量比）、セメント：砂：砂利＝1：2：4（容積比）程度である。

6.3 木材・皮革・ゴム

(1) 木材
　木材は、木型材料、家具や建築材料その他構造物の補助材料として広く用いられている（表2.20）。加工しやすく、軽くて保温性もあり、重量当たりの強度も大きい材料である。一方、木材には方向性があり、繊維の方向によって強度が大きく異なる、吸湿性があり寸法の誤差を生じやすいといった欠点もある（図2.15）。
　一般的には、構造材料として針葉樹が、家具や装飾材として広葉樹が用いられている。

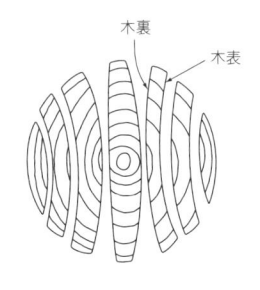

図 2.15　木材の変形

表 2.20　木型用木材の種類と特徴

種類	特徴	用途
杉	質が軟らかく加工容易、安価であるが狂いが大きい	大きい木型、骨組用
姫木松	加工容易、狂いが割合に少ない、安価	普通の木型甲
ひのき、さわら	加工しやすい、狂いが少ない。比較的高価	精密木型、丈夫な木型
さくら	質が緻密で堅牢である。高価	複雑な木型、強固な木型
朴	均質、加工が容易、材質軟らかい	精密な小型の木型用
チーク、マホガニ	質が均一で緻密、加工が難しい、高価	摩耗しやすい小型の木型

(2) 皮　革

皮は単に乾燥しただけでは収縮し、硬くなって、ベルトやガスケットなどの製作には適さない。したがって、生皮に柔軟性、強靱性、耐熱性、通気性および防水性を与えるために、化学的な処理を施すことを"なめす"または"なめし"という。

①タンニンなめし

脱水乾燥した生皮をタンニン液中に浸すことにより、緻密で硬く、伸びにくい茶褐色の強い皮が得られる。大きなベルトなどに使用される。

皮には穴や汗線があいているので、ガスケットなどのシール材料に使用するときは、適当な充てん剤を浸み込ませて使用する。

②クロムなめし

生皮を塩基性硫酸クロム液に浸すことで、青緑色のやわらかく、伸びやすい皮が得られる。耐熱性に優れている。

(3) 天然ゴム

天然のゴム樹液に酸を加えると生ゴムができる。さらに、この生ゴムに硫黄や添加剤を加えて練り、型の中に入れて100～150℃で加熱成形したものが、よく使われる天然ゴムである。生ゴムに加える硫黄分によって、軟質ゴムおよび硬質ゴムが作られる。

生ゴムに15%以下の硫黄を加え、100～150℃で加熱成形することで、軟質ゴムが作られる。弾性、柔軟性に富むが、耐油性、耐熱性に劣り、老化現象が起こりやすい。弾性材、ベルト、ホース、タイヤチューブ、シール材料などその用途は広いが、最近では合成ゴムに置き換えられつつある。

生ゴムに30%以上の硫黄を加え、長時間加熱することで硬質ゴムが作られる。硬くてもろいが、軟質ゴムと比較すると耐酸性、耐アルカリ性に富み、加工性に優れている。特に電気絶縁性に優れ、電気絶縁材料としてよく使われる。

(4) 合成ゴム

一般に、天然ゴムは耐油性、耐熱性に劣り、時間がたつにつれて弾力性を失い、ひび割れなどの劣化を起こす。そのため、現在では天然ゴムの代用として、生ゴムとよく似たブタジエン、クロロプレン、イソプレンなどを化学的に合成し、それらを重合させた各種合成ゴムが生産されている。一般に合成ゴムは、耐油性、耐熱性、耐摩耗性、耐老化性に優れているため、非常に用途が広い。

主な合成ゴムの特徴および用途は、次の通りである。

①スチレン・ブタジエンゴム（SBR）

電気絶縁用、タイヤ、シール材料などに広く用いられている合成ゴムであり、耐熱性、電気絶縁性ともに優れている。しかし、鉱物油に弱く、膨潤しやすいという欠点がある。

②ニトリルゴム（NBR）

耐油性、耐摩耗性ともに優れ、Oリングなどのシール材料、一般工業用材料部品、自動車用タイヤなどに用いられる。ただし、エステルなどの芳香族溶剤には使えない。

③クロロプレンゴム（CR）

耐油性、耐摩耗性、耐老化性、耐酸性に優れた合成ゴムであり、自動車用タイヤ、電線、シール材料などに用いられる。商品名「ネオプレン」として知られている。

④ウレタンゴム

ウレタンゴムには多くの種類があるが、一般的な特徴として、耐摩耗性および機械的強度に優れることがあげられる。自動車用部品やシール材料などに用いられている。

⑤シリコンゴム

耐熱・耐寒性（－70～＋260℃）に優れ、耐薬品性にも優れているため、自動車部品、医療関連機器、食品関連機器部品などに使われている。しかし、機械的強度が低く、動的なシール材料には適していない。

6.4 合成樹脂材料

化学的に合成された高分子有機化合物を**合成樹脂（プラスチック）**と呼ぶ。**表2.21**に合成樹脂の一般的な特徴をまとめる。

(1) 熱硬化性樹脂

合成樹脂のうち、加圧・加熱して硬化を完了させると、再び加熱しても軟化

表 2.21 合成樹脂の一般的性質

長　　　所	短　　　所
① 軽くて丈夫（比重1.1～1.5）。	① 高温で変形しやすい。
② 硬さや柔軟性が適度に得られる。	② 使用可能温度に限界がある。
③ 酸、アルカリ、油、薬品に対して強いものが多く安定性がある。	③ 熱による膨張が大きい。
④ 耐水、耐候性がある。	④ 成形時の収縮が大きい。
⑤ 電気絶縁性が優れている。	⑤ 衝撃強さが一般的に弱い。
⑥ 可塑性が大きく、成形性も優れている。	⑥ 燃えると有毒な煙を発生するものが多い。
⑦ 着色が自由で美しく、透明のものが得られる。	
⑧ 耐熱性は比較的よい。	

表 2.22 熱硬化性樹脂の種類と用途

樹脂名	性　　質	用　途　例
石炭酸樹脂 （フェノール樹脂）	電気絶縁性・耐酸性・耐水性・耐熱性ともに良好である。 耐アルカリ性は弱い。	電気絶縁材料・機械部品・食器・耐酸器具・鋳物用シェル鋳型
尿素樹脂 （ユリア樹脂）	無色透明・着色自由。フェノール樹脂の性質とよく似ている。耐水性はやや弱い。	ボタン・キャップ・食器・接着剤・キャビネット
メラミン樹脂	ユリア樹脂に似ている。硬度・強さ大で耐水性・耐薬品性・電気絶縁性良好。	化粧板・食器・織物、紙の樹脂加工、電気部品
不飽和樹脂 （ポリエステル樹脂）	電気絶縁性・耐熱性・耐薬品性良好。低圧成形が可能。 ガラス繊維を補強材としたものはじん性が大きい。	強化プラスチックとして建材・車両・自動車・耐熱塗料、構造材・窓枠・椅子に用いられる。注型品
けい素樹脂 （シリコン）	高温・低温によく耐える。 電気絶縁性・耐湿性・耐油性・耐熱性が大きい。撥水性（水をはじく）良好。	電気絶縁物・耐熱・耐寒グリース・撥水剤・離型剤・消泡剤
エポキシ樹脂	金属への接着性大、耐薬品性が良好。	金属塗料・金属接着剤
フラン樹脂	耐薬品性、とくに耐アルカリ性に優れている。ゴム・木材・ガラス・陶器・レンガなどの接着性がよい。	接着剤・金属塗料
アルキッド樹脂	塗料としての接着性・耐候性がよく、光沢がよい。	外装塗料・柔軟剤
ポリウレタン樹脂	成形性・絶縁抵抗大、耐アーク性も優れている。きわめて弾力に富み、強じんで耐摩耗性がある。	ラッカ接着剤・スポンジ・防寒材料・ベルト・成形材料・絶縁チューブ

せず、いかなる溶媒にも溶解しないという性質を持つものを、熱硬化性樹脂と呼んでいる。**表2.22**は、熱硬化性樹脂の種類と用途をまとめたものである。

熱硬化性樹脂の成形法には以下のような方法がある。

①**圧縮成形法**

材料を粉末またはタブレットにして、150℃程度に加熱した金型中で圧力を加え、成形を行う方法である。金型中で化学反応を起こして硬化する。

②**トランスファ成形法**

100℃程度に予熱した粒状の材料を、圧力を加えて120℃程度の注入室から150℃程度の金型中に注入し、硬化させる方法である。

③**積層成形法**

紙や布に合成樹脂を浸み込ませて乾燥したものを重ね、プレスで加熱しながら加圧成形する方法である。

(2) 熱可塑性樹脂

高温で軟化し、自由に変形することができ、冷却すると硬化する合成樹脂材料を**熱可塑性樹脂**と呼ぶ。**表2.23**は、熱可塑性樹脂の種類と用途をまとめたものである。

熱可塑性樹脂の成形法には以下のような方法がある。

①**射出成形法**

粒状の材料を、予熱室から連続的に金型の中に押し込み、金型を急冷して硬化させ、次々と成形品を作り出す方法である。

②**押し出し成形法**

粒状の材料を連続的に供給し、加熱軟化させて絞り穴を通して押し出し、その穴の形状に成形する方法である。各種断面形状の棒、管、板などの加工に用いられる。

③**その他の成形法**

以上の他に、冷圧成形法、スラッシュ成形法、真空成形法などがある。

(3) 機械材料としての合成樹脂材料

合成樹脂材料には、質量当たりの強度が大きく、耐摩耗性や潤滑性に優れたものがある。また、耐水・耐油性に富み、多量生産が容易であるという一般的性質を持つため、機械部品の材料として広く使われている。また、電気、熱の不良導体であることから、絶縁物としての用途も多い。しかし、すべての合成樹脂がこれらの特徴を持っているわけではないので、それぞれ用途に応じた使い分けが必要である。

①**摩擦面に用いる材料**

フェノール樹脂やポリアミド樹脂は、摩擦面に用いる材料に適した樹脂材料

表 2.23　熱可塑性樹脂の種類と用途

樹脂の種類	性　質	用　途　例
塩化ビニル	強度大、電気絶縁性・耐酸性・耐アルカリ性・耐水性が非常によい。加工性・着色性もよい。耐熱性に乏しい。	フィルム・シート・建材・レインコート・風呂敷・水道配管・玩具・電気絶縁物
塩化ビニリデン	塩化ビニルより耐薬品性大、難燃性。	テント・防虫網・漁網・織物・耐薬品用成形品
酢酸ビニル	無色透明、接着性大、各種溶剤に可溶。	塗料・接着剤・ビニロン原料
スチロール樹脂	無色透明、電気絶縁性・耐水性・耐薬品性が大。	食器・玩具・台所用日用品・雑貨
ポリアミド樹脂（ナイロン）	強じんで耐摩耗性が大。	合成繊維・電線被膜・医療器具・歯車等の耐摩耗用品
ポリエチレン樹脂	水より軽い。柔軟で電気絶縁性・耐水性・耐薬品性が良好。	包装フィルム・電線被膜・ビン・容器
アクリル樹脂	透明度大、化学的に安定、加工性・接着性が良好。	航空機・車両の有機ガラス、建材・照明器具材料
ふっ素樹脂	低温・高温における電気絶縁性・耐薬品性が良好。強度が非常に大。	高度の電気絶縁材料、パッキング・ライニング・耐薬品物
繊維素プラスチックス	透明性・可とう（撓）性・加工性が良好。	難燃性セルロイド
ポリプロピレン	ポリエチレンとよく似ている。透明度大、耐薬品性・加工性が優秀。	フィルムその他包装材料など

である。また、耐摩擦性に優れた**ポリ四ふっ化エチレン樹脂**は、**PTFE**またはテフロン（商品名）と呼ばれ、動的なシール部品などによく使われている。

②**構造材料**

フェノール樹脂積層材、ポリエステル樹脂積層材、ポリアセタール樹脂などは、構造材料に適した樹脂材料である。また、ポリカーボネート積層材は、耐衝撃用材料として使用されることが多い。**PEEK樹脂**（ポリエーテルエーテルケトン）は、耐熱性、機械的強度、靭性に極めて優れた樹脂材料であり、自動車や電気機器の部品に使われはじめている。

③**複合材料**

複合材料とは2つ以上の異なる素材を組み合わせた材料である。樹脂材料を用いた代表的な複合材料として、**繊維強化プラスチック（FRP）**がある。高い弾性率を持つガラス繊維や炭素繊維と樹脂材料を合わせることで、高強度な部品を作ることができる。

④**耐食材料**

ポリ四ふっ化エチレン樹脂、ポリエチレン樹脂、塩化ビニル樹脂などは、耐食材料に適した樹脂材料である。飲料水の容器に使われているPET（ポリエチ

レンテレフタラート、ポリエチレン樹脂の一種）はリサイクルしやすい材料として広く使われている。

(4) 接着剤

合成樹脂は、合板（ベニヤ板）や強化木の接着剤、あるいは金属の接着剤としても用いられる。接着剤による接合は、機械的接合と比べて、応力集中が発生しづらく、水密性、気密性が高い接合ができ、全体を軽量化できるという利点がある。

合成樹脂接着剤には、熱硬化性のものと熱可塑性のものとがある。一般に、接着強度は熱硬化性樹脂の方が強い。熱可塑性のものは、加熱による軟化溶融を繰り返すことができる。

接着剤に用いられる樹脂としては、フェノール樹脂、エポキシ樹脂、シリコン樹脂、アクリル樹脂、酢酸ビニル樹脂、硝酸セルロースなどがある。

接着剤による接合例としては、木型の接着、砥石車の砥粒の結合、鋳物の巣（空隙）の補修、ブレーキライニングなどの部品同士の接着があげられる。

6.5 塗料

塗装の目的は、耐食、耐湿、耐熱、電気絶縁、発光、装飾、汚れの防止などにある。塗装に使われる塗料は、ペイント、ワニス、さび止め塗料、耐酸塗料などに分けられる。

(1) ペイント

ペイントは、顔料を加えてあるため、その塗膜は不透明である。

①水性ペイント

顔料に展着剤（ニカワ、ゼラチン、アラビヤゴムなどの水溶液）を加えたものである。水溶性で、固着力が弱く、さび止め効果はない。

②油性ペイント

俗にいうペンキであり、顔料にボイル油を加えてある。使用時には希釈溶剤、乾燥剤などで調合する。変質せず、気候の変化に強いといった特徴がある。

③エナメルペイント

顔料に油性ワニスを加えたペイントであり、速乾性で、塗膜は硬く滑らかである。

④合成樹脂塗料

顔料に合成樹脂ワニスを加えたペイントである。アクリル樹脂エナメル、メ

ラミン樹脂エナメルが代表的である。耐熱、耐薬品、耐候性など非常に優れている。

(2) ワニス
材料の表面を保護するために用いられるワニスは、天然樹脂または合成樹脂に乾性油、揮発性溶剤を加えたものである。

①油性ワニス
天然樹脂または合成樹脂とボイル油を200℃で加熱融合し、乾燥剤と揮発溶剤を加えたワニスである。塗膜には光沢があり、耐火性に富む。

②合成樹脂ワニス
合成樹脂を加熱して、テレピン油などの溶剤に溶かしたワニスである。アルキド樹脂、フェノール樹脂、フタル酸樹脂、尿素樹脂、メラミン樹脂など多くのものがあり、耐久性などに優れている。

③セルロース系塗料
ニトロセルロースに、合成樹脂と、エステルまたはアセトンなどの揮発溶剤、アルコールまたはトルエンなどの希釈剤を加えたものである。速乾性で塗膜が硬く、光沢もあり、耐熱性、耐薬品性に富む。ニトロセルロース以外に、酢酸セルロース系、ベンジンセルロース系のものもある。一般に、ニトロセルロース系のものを**クリヤラッカー**と呼び、顔料を加えて着色したものをラッカーエナメルと呼んでいる。

(3) さび止め塗料

①鉛丹塗料
鉛丹（Pb_3O_4）に煮沸したアマニ油を加えたものである。**光明丹**とも呼ばれ、薄赤色をしていて密着力が強く、風化に強い被膜を作る。大型鉄鋼構造物や建築物の防錆、防食用として下塗りに用いられる。

②酸化鉄塗料
酸化鉄に煮沸したアマニ油を加えたさび止め塗料であり、赤茶色をしている。さび止め効果は高くないが、安価なので下塗りに用いられる。

③亜鉛化鉛塗料
亜鉛化鉛に鉛粉とアマニ油を加えたさび止め塗料であり、緻密でさび止め効果は高い。

④アルミニウム塗料
アルミニウム粉末に油性ワニスを加えたさび止め塗料である。下塗りに油性ペイントを使い、これを上塗りするとさび止め効果は高まる。

以上の他、クロム酸塗料、黒鉛塗料、合成樹脂塗料などがさび止め塗料として用いられている。

7 金属材料試験法

　金属材料の強さ（外力に対する抵抗力の大きさ）を表す指標は様々である。例えば、引張力に対してどの程度まで耐えられるかを表す引張強さ、しゅう動面の摩耗量に関連する硬度、衝撃に対して折れやすさを表す靱性などがある。以下、これらの材料強度を調べるために行う材料試験法について解説する。

7.1 硬さ試験

　材料の硬さは、材料の摩耗に大きな関係がある。硬さ試験は、材料の表面付近の硬さを測る試験である。JISにおいては、硬さ試験法として、ブリネル（HBW）、ロックウェル（HR）、ビッカース（HV）、ショア（HS）などの方法が規定されている。材料の硬さは、試験方法により異なった数値を示すので、試験法を表す記号を併記しなければならない。

(1) ブリネル硬さ試験 (HBW)

　ブリネル硬さ試験では、試料の表面に、超硬合金球を一定の圧力で一定の時間だけ押し付ける。そのときにできるくぼみの直径を、試験機に付属する測定拡大鏡によって測り、**図2.16**に示す式で計算して求める（JIS Z 2243）。

　また、ブリネル硬さ試験においては、試料の硬軟によって、鋼球の径と試験力を適当に組み合わせて決定する（**表2.24**参照）。

　このブリネル硬さ試験法は、原則としてHBW450を超えるような硬質材料にはあまり用いられないが、焼なまし材や焼ならし材には用いられる。

　硬さの表し方は、ブリネル硬さ試験を表す記号HBWの前に硬さ値、その後に球の直径と試験力を表す数値を表示する。例えば、514 HBW 10/3000などと表し、これは鋼球直径10mm、荷重が29.42 kN（= 3000kgf）の条件で硬度が514（くぼみ径dは2.70mm）ということになる。

　なお、以前のJIS規格では鋼球圧子を用いた試験が規格化されており、そのと

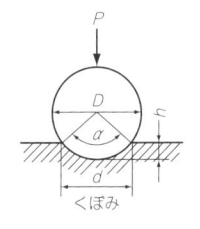

$$\text{ブリネル硬さ} = 定数 \times \frac{試験力[N]}{くぼみの表面積[m^2]}$$

$$= 0.102 \times \frac{2F}{\pi D(D - \sqrt{D^2 - d^2})}$$

図 2.16　HBW試験法

表 2.24　ブリネル硬さの試験荷重と鋼球組合せの例

圧子の直径（D）	試験力F	記　号	適　用　例
10mm	29.42 kN	HBW 10／3000	鉄鋼
10〃	9.807 kN	HBW 10／1000	銅合金、アルミ合金
10〃	4.903 kN	HBW 10／500	軽合金、軟質合金
5〃	7.355 kN	HBW 5／750	硬質材料の薄板

表 2.25　ロックウェル硬さのスケール例

スケール	初試験力	全試験力	圧　子	適　用　例
B	98.07N	980.7N	直径1.588mm鋼球または超硬合金球	焼なまし鋼、銅合金、Al合金などの軟質材料
C	98.07N	1471N	先端の曲率半径0.2mm、円すい角120°のダイヤモンド	焼入れ鋼などの硬質材料

きの記号はHBであった。混同を避けるために、現在の記号はHBWとなっている。

（2）ロックウェル硬さ試験（HR）

　JIS Z 2245で規定されている**ロックウェル硬さ試験**に用いる計測器は、ブリネル硬さ試験機を改良したものである。銅、アルミニウムなどの軟質材料には直径1.588mm（1／16インチ）の鋼球、鉄鋼材料などの硬質材料には頂角120°、先端半径0.2mmのダイヤモンド円すいを使い、試験片に初試験力と追加試験力の2回の力を加えてできるくぼみの永久変形量h[mm]を深度計で測定して硬さを表す（**図2.17**）。

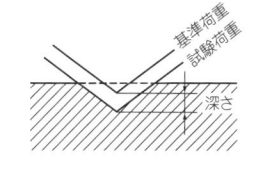

図 2.17　HR試験法

　実際の測定には、試験片の硬さや形状によって、Bスケール（軟質金属用）やCスケール（鋼材、焼入れ鋼などの硬質金属用）などと区別し、圧子、試験力、算出方法などを分けている（**表2.25参照**）。

　この試験法の特徴は、硬さが指示計に直接表れるので計測が簡単なこと、圧子や試験力を適当に選べば、薄い試験片の測定も可能なことなどがあげられる。なお、表示法は、40 HRC（Cスケールで硬さ値が40）、60 HRBW（Bスケールで超硬合金球を使用し、硬さ値が60）というように、記号HRの次に使用スケール記号を併記する。

(3) ビッカース硬さ試験 (HV)

ビッカース硬さ試験では、圧子として対面角136°のダイヤモンド製四角すいを用い、この圧子を試験片に押し付けてピラミッド形のくぼみを付ける。その対角線の長さを試験機に付属する計測顕微鏡で測定し、次式によって硬さ値を求める (JIS Z 2244)。

$$ビッカース硬さ (HV) = 0.1891 \frac{F}{d^2}$$

F：試験力 [N]、d：くぼみの対角線の長さ [mm]

表 2.26
各種部品の硬さ実測例

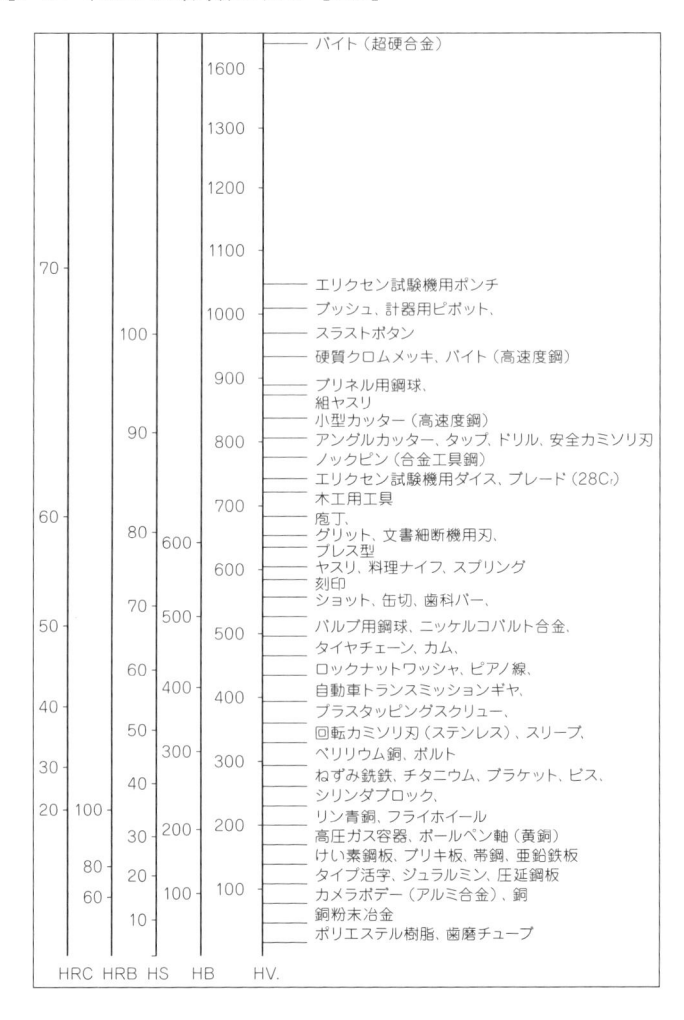

HRC	HRB	HS	HB	HV	
				1600	バイト (超硬合金)
				1300	
				1200	
				1100	
70				1000	エリクセン試験機用ポンチ
		100			ブッシュ, 計器用ピボット,
					スラストボタン
				900	硬質クロムメッキ, バイト (高速度鋼)
					ブリネル用鋼球, 組ヤスリ
		90		800	小型カッター (高速度鋼)
					アングルカッター, タップ, ドリル, 安全カミソリ刃
					ノックピン (合金工具鋼)
				700	エリクセン試験機用ダイス, ブレード (28Cr)
60		80			木工用工具
			600		庖丁,
					グリット, 文書細断機用刃, プレス型
				600	ヤスリ, 料理ナイフ, スプリング
					刻印
		70	500		ショット, 缶切, 歯科バー,
50				500	バルブ用鋼球, ニッケルコバルト合金,
		60			タイヤチェーン, カム,
			400		ロックナットワッシャ, ピアノ線,
40				400	自動車トランスミッションギヤ,
		50			プラスタッピングスクリュー,
			300		回転カミソリ刃 (ステンレス), スリーブ,
30				300	ベリリウム鋼, ボルト
		40			ねずみ鋳鉄, チタニウム, ブラケット, ビス,
20	100				シリンダブロック,
		30	200		リン青銅, フライホイール
				200	高圧ガス容器, ボールペン軸 (黄銅)
	80	20			けい素鋼板, ブリキ板, 帯鋼, 亜鉛鉄板
	60		100		タイプ活字, ジュラルミン, 圧延鋼板
		10		100	カメラボデー (アルミ合金), 銅
					銅粉末冶金
					ポリエステル樹脂, 歯磨チューブ

試験力は、**表2.26**に示す規格のうちから選び、硬い材料ほど試験力を大きくする。また、表示法は、410HV30（試験力294.2N（＝30kgf）で硬さ値が410）というように表す。
　ビッカース硬度計は、非常に硬い鋼や精密加工部品に適し、圧力痕が小さいので、薄板などにも用いられる。

(4) ショア硬さ試験（HS）

　ショア硬さ試験は、ダイヤモンドハンマと呼ばれる部材を試験片に落下させ、そのはね上がりの高さと落下高さの比によって硬さを測る方法である（JIS Z 2246）。
　この試験は非常に簡単で、材料に圧力痕などの傷を残さないという特徴がある。しかし、材料の弾性係数の影響を大きく受けるため、弾性係数の異なる材料でこの硬さを比較してもあまり意味はない。

7.2 引張試験

　材料に引張力を加え、その材料が破壊したときの単位面積当たりの力の大きさを引張強さという。この値は、材料の強さを最も端的に表す数値である。単位には、N/mm^{2}やMPa（1 N/mm^2 = 1MPa）などが用いられる。

(1) 試験方法

　引張試験では、**図2.18**に示すようなJIS Z 2241で定められた形状の試験片を作り、試験機に取り付けて、両端を徐々に引張り、破断するまで力を加えていく。この試験方法では、引張強さの他に粘り強さを表す伸びや絞りを求めることができる。なお、引張強さは強さを示す値であり、伸び、絞りはその材料の変形し得る能力を示す値である。

①引張強さ

　試験片に加えた最大引張力をF$_m$〔N〕とし、平行部の試験前の断面積（原断面積）をS$_0$〔mm^2〕とすれば、引張強さR$_m$は、次式で求められる。

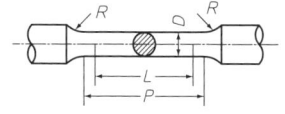

図 2.18
引張試験用試験片の一例（JIS4 号試験片）

標点距離　　　$L = 50$mm
平行部の長さ　$P = $約60mm
径　　　　　　$D = 14$mm
肩部の半径　　$R = 15$mm以上

重要公式

$$R_m = \frac{F_m}{S_0} [\text{N/mm}^2]$$

② **破断伸び**

試験片が切断した後、切れ口をていねいに突き合わせて、標点間の距離L [mm] を測ることで次式により破断伸びδを求めることができる。

重要公式

$$\delta = \frac{L - L_0}{L_0} \times 100 [\%]$$

ここで、L_0 [mm] は試験前の標点距離（原標点距離）である。

③ **絞り**

試験片の切断部の断面積A [mm²] を測ることにより、次式によって絞りφを求めることができる。

重要公式

$$\phi = \frac{A_0 - A}{A_0} \times 100 [\%]$$

ここで、A_0 [mm²] は試験前の断面積（原断面積）である。

(2) 引張試験機の種類

引張試験機には、油圧でラムを押し上げて試験片を引っ張る機械、ねじ機に取り付けたナットを回して試験片を引っ張る機械などがある。また、引張試験のほか、圧縮・抗折試験や曲げ試験にも用いることができるアムスラー万能試験機などもある。

7.3 衝撃試験

衝撃試験とは、材料の粘り強さ（靭性）を調べるために、材料に急激に加わる力に対してどの程度の抵抗力があるかを測る試験である。JIS Z 2242においては、衝撃試験法として、以下の**シャルピー衝撃試験**が規格化されている。

図2.19に示すようなノッチ（切欠き）のある試験片を水平に置き、振子型のハンマを引き上げてはなすと、ハンマは試験片を破断する。衝撃に対する強度は、試験片を破断するのに要したエネルギー（吸収エネルギー）から評価される。吸収エネルギーは、ハンマの回転軸周りのモーメント、ハンマの持ち上げ角、破断後のハンマの振り上がり角から求められる。

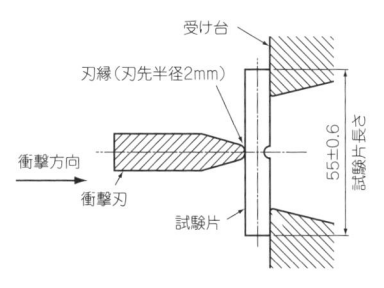

図 2.19　シャルピー衝撃試験の例

7.4 その他の試験方法

(1) 疲れ試験

エンジンのピストンやクランクシャフトなどは、常に引張と圧縮の荷重を繰り返し受けている。このような場合、その繰返し応力が材料の引張強さや降伏点から計算した値より小さくても、長時間繰り返して作用するうちに破壊することがある。これを材料の**疲れによる破壊**という。繰返し応力を測定する場合、対象となる材料が100万〜1000万回の繰り返し荷重に耐える応力の限界を測る。試験方法は様々であるが、基本的には次のような考え方による。

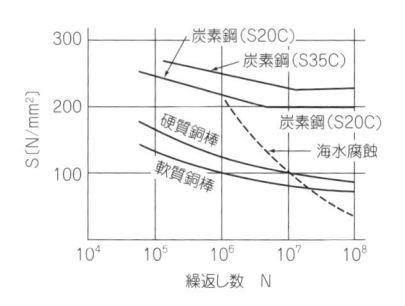

図 2.20　S-N 曲線

疲れ試験では、多数の試験片を大きさの異なる応力で試験し、それぞれの試験片が破壊するまでの繰返し数Nを求める。そして、横軸にNの対数目盛、縦軸に応力$S[N/mm^2]$をとってグラフを作る。このようにして求めた応力と繰返し数の関係を示したグラフを**S-N曲線**と呼ぶ（**図2.20**）。

一般に、鋼のS-N曲線では、繰り返し数の水平部は10^6〜10^7のところから始まるが、これはある応力以下（例えば**図2.20**のS20Cでは$200N/mm^2$以下）では、繰り返し数をいくら増しても破壊が起こらないということを示している。この無限回数の繰り返しに耐える応力の上限値を、その材料の**疲れ限度**と呼び、材料を選ぶ上での重要な条件とされている。なお、普通の構造用鋼の疲れ限度は引

張強さの1/2程度である。
　また、非鉄金属あるいはその合金では、明確な疲れ限度は表れない。そのため、例えば10^5回で160N/mm²の応力に耐えられるとすれば、160N/mm² (10^5) と表し、これを繰り返し数に対する**時間強さ**と呼んでいる。

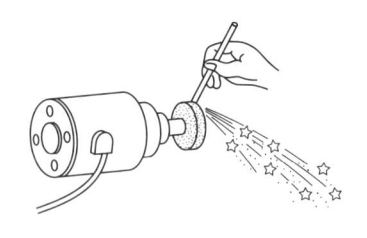

図2.21　グラインダによる火花試験

(2) 曲げ試験
　JIS Z 2248などで規格化されている曲げ試験は、試験片を規定の内側半径で規定の角度になるまで曲げて、わん曲部の外側に、裂け傷、その他の欠陥ができるかどうかを調べる方法である。

(3) 抗折試験
　抗折試験では、試験片を2つの支えにのせ、中央部に押し金具を当てて、徐々に試験力を加えて静的に破断させる。そして、試験片が折れるまでの最大荷重、最大たわみ、破断エネルギーなどを求める。

(4) 火花試験
　火花試験（グラインダ火花検査）は、鋼材料の鑑別法の一つであり、回転しているグラインダに試験片を押し付け、発生する火花の色、形、長さおよび破裂の形状、数などを観察し、材料の概略成分を推定する方法である（**図2.21**）。火花試験では、炭素鋼の炭素量が多くなるにしたがって、破裂が生じ、しかも複雑になり、二段、三段の花が生じる（**表2.27**）。
　火花の状態を見て、その材料の成分を推定することは、初心者には難しいが、火花試験標準片を使い、その標準片の発生する火花を比較すると便利である。
　鋳鉄の火花などは一見してわかりやすいが、特殊元素の加わった合金鋼の場合、含まれる元素により独特の火花が発生するので、鑑別の際に注意する。
　なお、火花試験に用いるグラインダは、比較的高速回転（20m/s以上）とし、粒度は36または46、結合度はPまたはQ程度の砥石を用いるように指定されている（JIS G 0566）。

7.5 非破壊検査

　非破壊検査は、金属材料の割れ傷や内部欠陥を、その材料を破壊することな

く検査する方法であり、肉眼による外観検査の他、次のような各種の検査法がある。

表2.27 鋼材の火花試験による鑑別法（JIS G 0566）

種 別	火 花	備 考
純 鉄 0.05%C		火花は長い橙色、花はほとんどない。
極軟鋼 0.1%C		純鉄に比べて、花の数が少しある。
軟 鋼 0.2%C		花の数が少し多くなり、その形も複雑となる。
硬 鋼 0.4%C		花の数が非常に多く、火花が小枝のついた流線となり、2段・3段と重なりその先に花粉がつく。
最硬鋼 0.6～0.8%C		炭素量を増すにつれて流線が短くなり、花がさらに複雑となる。
高炭素鋼 0.9～1.2%C		前者よりも流線が短くなり、花の数を増やし、複雑となる。
ニッケル クロム鋼 C 0.25～0.32% Ni 2.50～3.50% Cr 0.60～1.00%		花弁が多くて星状をしている。弁先にさらに小花が少しある。花の量は約1/2。
クロム モリブデン鋼 C 0.25～0.35% Ni 0.80～1.20% Cr 0.15～0.35%		花が星状を基にして、弁が多い。葉は2段となっているのが特色で、火花の束は力なく、太くて明るい。花の量は約1/2。
18-8ステンレス鋼 C > 0.20% Ni 7 ～ 9% Cr 17 ～ 9%		花は星状で、弁が少ない葉は長く伸びて茎のようになり、根本は暗く細い。火花の束は根本で赤味がかっていて、断続しているが、花の色は全体に黄色に見える。
高速度鋼 C 0.68～0.72% Cr 4.0～ 4.5% W 16～ 1.0% V 0.8～ 1.0%		花が大輪で少ない。葉は先端から急に大きくなって下へ曲がる。火花の束は細くて暗い。

(1) 打診法

打診法はハンマなどで材料をたたき、その打音によって材料の欠陥を判断する試験法である。材料にクラックや巣があると、打音がにぶることを利用した方法であるが、正常なものでも組成や性質によって様々な音がするので、適確な判断をするには、熟練を要する。

(2) 浸透探傷試験

浸透探傷試験は、材料の表面欠陥を調べるための試験である。狭い割れなどの中にもよく入り得るような染色浸透液や紫外線ランプの下で光を発する蛍光浸透液を、検査材料に塗り付けて、浸み込ませる。傷やクラックに浸み込んだ浸透液は、十分に洗浄しても洗浄しきれないで残る。これを現像液で発色させたり、紫外線で発光させたりして、欠陥を見出すという方法である。

(3) 磁粉探傷法

鋼や鋳鉄、ニッケルなどの強磁性体材料の表面近くに欠陥がある場合、その材料を磁化すると、欠陥の近くでは磁束がゆがんで表面から外部に漏れる（図2.22参照）。磁束が漏れた部分は、強磁性体が吸い付けられるので、磁化した材料に鉄粉などの強磁性体粉末を振りかけると、欠陥部分に磁粉が集まり、欠陥を見つけることができる。このような検査法を、**磁粉探傷法**と呼ぶ。

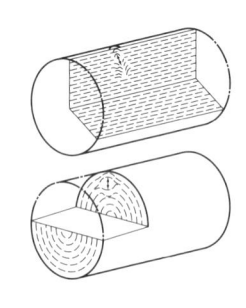

図 2.22　磁束の漏れ

この方法は、非磁性体には適用できない。また、試験の後は、磁気が残らないように脱磁を行っておかなければならない。

(4) 放射線透過試験法

放射線透過試験法は、溶接個所などの検査によく用いられる方法であり、X線またはγ線を金属材料中に透過させ、写真を撮り、割れや巣、気泡などの欠陥を検査する方法である。100mm程度までの厚さの材料に有効である。簡易化のために、写真を撮らず透視による方法も用いられる。

(5) 超音波探傷法

超音波探傷法は、超音波を試験物の一面から入射させ、他の端や内部の欠陥部からの反射波をとらえて増幅し、それを観察する方法である。

この方法は、試験材料の大きさや形状によらずに材料の深部の欠陥を検査できるという利点がある。一方、欠陥の大きさや形状を知ることができないのが難点である。

第2章 ●機械材料

実力診断テスト

解答と解説は次ページ

次の設問において、記述が正しければ○、記述が間違っていれば×を解答しなさい。

【1】 加工硬化とは、冷間加工によって引張り強さや硬さを増し、伸びが減少することをいう。

【2】 金属の比重を比較した場合に、重いものから並べると次のようになる。
　　　白金、タングステン、鉛、銅、ニッケル、鉄、マンガン

【3】 鋳鋼は、鋳造後必ず焼なまし、または焼ならしを行って、残留応力を除去してから使用する。

【4】 JISの材料記号FCは、鋳鋼のことである。

【5】 焼もどしは、加工硬化した材料の硬さを下げたり、内部残留応力を除去するために行う。

【6】 鋼を熱処理することによって変化する組織のなかで、硬さの硬い順に並べると次のようになる。
　　　①パーライト、②ソルバイト、③トルースタイト、④マルテンサイト

【7】 黄銅には7-3黄銅と6-4黄銅とがあるが、この7とか6とかの数字は銅の含有量がそれぞれ70%、60%であることを表す。

【8】 バビットメタルは、すずを主成分とした合金で、主に高速重荷重の軸受用材料として用いられている。

【9】 石綿には、白石綿、青石綿の別があるが、耐酸性は青石綿の方が優れている。

【10】 皮革は耐油性に乏しいので、油を使用する部分のパッキン材料には適していない。

【11】 軟鋼棒の試験片で直径10mm、標点距離150mmのものを引張試験した結果、標点距離が159mmになった。この軟鋼棒の伸び率は9%である。

【12】 ロックウェル、ブリネル、ビッカースの各硬さ試験法は、それぞれ規定された形の圧子を材料に押し付けて、そのへこみの大きさを測定する方法である。

第2章●実力診断テスト　解答と解説

【1】○
【2】○　☞　白金の比重は21.4（20℃）である。以下、タングステン19.1、鉛11.34、銅8.9、ニッケル8.8、鉄7.9、マンガン7.3である。
【3】○　☞　鋳鋼は、鋳造時の収縮率が21/1000くらいでかなり大きいために、ひずみが出やすく、き裂や巣が入りやすい。そのために、鋳造後は鋳造によって生じた残留応力を除去するために焼なましを行う。また、鋳込んだままの鋳鋼は組織が粗いので、これを正常な組織、すなわち粗くないフェライトとパーライトの組織に変えるために焼ならしを行う。この焼ならしによって鋳鋼は強くなり、粘りも出てくる。
【4】×　☞　鋳鉄である。鋳鋼はSCである。
【5】×　☞　加工硬化した材料の硬さを下げるのは焼なましである。
【6】×　☞　まったく逆である。
【7】○
【8】○　☞　すずを主成分とし、アンチモンと銅を含む軟らかいホワイトメタルであり、高速重荷重の軸受材料に用い、軟鋼または青銅の裏金に薄く溶かし込んで用いる。
【9】○　☞　一般的に白石綿の方が多く使われるが、耐薬品性、耐酸性の面では青石綿がまさっているので、過酷な条件下では青石綿を使う。
【10】×　☞　油に強いので、よく用いられる。
【11】×　☞　試験前の標点距離をL、試験後の標点距離をL′とすると、伸び率は次のように求められる。

$$伸び率 \delta = \frac{L'-L}{L} \times 100 \, (\%)$$

これに$L = 150$、$L' = 159$を代入すると、次のようになる。

$$\delta = \frac{159-150}{150} \times 100 = 6 \, (\%)$$

答. 6%

【12】○　☞　ロックウェル硬さ試験の圧子は、軟質材には直径1.588mmの鋼球を、硬質材には頂角120°、先端半径0.2mmのダイヤモンド円すいを使う。ブリネル硬さ試験では、直径5mmあるいは10mmの焼入れした鋼球を圧子に用い、ビッカース硬さ試験では対面角136°のダイヤモンド四角すいを用いる。

【第3章】材料力学

　材料力学は、材料の強さを計算する学問の分野であり、機械や部品の強度を考えるために重要である。材料の性質を知る上で、応力とひずみの関係線図やヤング率、安全率、降伏点、引張強さ、切欠きみぞの応力集中などの理解が重要である。さらに、単純応力の計算やはりの断面形状と曲げモーメント力図などの計算力も必要である。

1 応力

1.1 荷重と応力

材料に外力が加わると、材料の内部にこれと等しい抵抗力を生じ、外力とつり合う。外力が大きくなれば材料は変形し、ある限度を超えると破壊する。この外部から加わる力を**荷重**と呼び、材料内部に生じる力を**応力**という。

(1) 荷重の分類
荷重は、その作用やかけ方によって、**図3.1**に示すように分類される。
- ①**引張荷重**：材料を引き伸ばすように働く荷重。
- ②**圧縮荷重**：材料を押し縮めるように働く荷重。
- ③**曲げ荷重**：材料を曲げるように働く荷重。
- ④**せん断荷重**：材料を横からはさみ切るように働く荷重。
- ⑤**ねじり荷重**：材料をねじるように働く荷重。

これらの荷重は、そのかかり方によって**表3.1**に示すように静荷重と動荷重の2つに分けることができる。同じ大きさの力でも、そのかかり方によって材料への影響は異なってくる。

表 3.1 荷重のかかり方による分類

静荷重		荷重が静止して変わらない場合
動荷重	くり返し荷重	一方向の荷重が連続的にくり返しかかる場合
	交番荷重	荷重が引張りになったり圧縮になったりするような場合
	衝撃荷重	瞬間的に急激にかかる荷重でハンマで叩くような場合

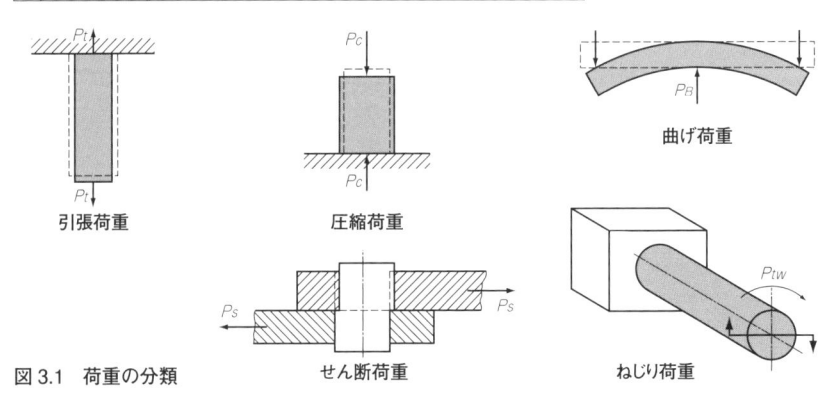

図 3.1 荷重の分類

【第3章】材料力学

(2) 応力

機械部品に引張荷重や圧縮荷重などが作用すると、それに応じて部品はわずかに変形を起こすと同時に、その荷重に抵抗するため部品の内部に力が発生する。この部品の内部に生じる抵抗力を**応力**と呼ぶ。

機械部品にどの程度の応力が働いているかを表すには、単位面積当たりの抵抗力の値をとり、N/mm^2 または MPa （$1MPa = 1N/mm^2$）の単位を用いる。なお、従来の重力単位系では、力の単位を kgf （$1kgf = 9.8N$）として、kgf/cm^2 または kgf/mm^2 で表されていた。

重要公式

$$f = \frac{P}{A} \ [N/mm^2]$$

f ：応力 $[N/mm^2]$
P ：外力（荷重）$[N]$
A ：断面積 $[mm^2]$

図3.2は、荷重に応じた応力の方向を示したものである。これらの応力を単純応力と呼び、単純応力が複合した応力を、複合応力、または**組み合わせ応力**という。応力には、**引張応力**、**圧縮応力**といった単純応力の他に、2つ以上の応力が組み合わされて生じる場合がある。これらの応力を分類すると、**表3.2**のようになる。また、引張応力と圧縮応力は、軸方向に作用するので、垂直応力とも呼ばれる。

応力計算は、材料の強度計算において最も基本となる。応力の計算をするとき、引張応力と圧縮応力については、荷重の向きが違うだけなので、どちらも

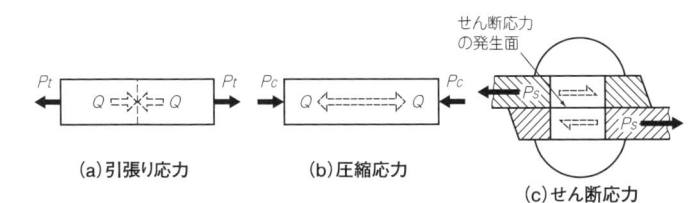

(a) 引張り応力 (b) 圧縮応力 (c) せん断応力

図3.2 荷重と応力のつりあい

表3.2 応力の分類

応力	単純応力	引張応力
		圧縮応力
		せん断応力
	複合応力	曲げ応力：引張応力と圧縮応力の組合わせ
		その他一般の機械部品・構造物の部分に働く応力：たとえばねじの締付けでは、せん断応力と引張応力が作用する

上記の公式によって求めることができる。ただし、せん断応力は、公式中の断面積Aの代わりに、せん断応力が起きている面の全面積をAとして計算する。

(3) 応力の計算例
①引張応力

図3.3に示すように、直径50mmの鉄棒に50トン重の引張荷重を加えるとき、この鉄棒に生じる引張応力の大きさを求める。

外力は、$P = 50000[\text{kgf}] \times 9.8 = 490000[\text{N}]$、鉄棒の断面積は、$A = d^2\pi/4 = 1963[\text{mm}^2]$（直径$d = 50\text{mm}$）、したがって、応力は $f = P/A = 490000/1963 = 249.6[\text{N/mm}^2]$となる。

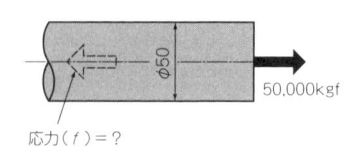

図 3.3　引張応力

②ボルトのせん断応力

図3.4に示すような直径20mmのボルトにおいて、直角方向に20kNのせん断荷重がかかる場合、ボルトにかかるせん断応力を求める。

ボルトの断面積（せん断応力が起きている面の全面積）は、$A = d^2\pi/4 = 314[\text{mm}^2]$（直径$d = 20\text{mm}$）、したがって、せん断応力は、$f = 20\times10^3/314 = 63.7[\text{N/mm}^2]$となる。

③継手のせん断応力

図3.5に示すような継手に引張荷重がかかる場合、これをつないでいるピンには、2個所でせん断応力が発生する。引張荷重20kNとし、ピンの直径を20mmとした場合、ピンにかかるせん断応力を求める。

ピンの断面積は、$A = d^2\pi/4 = 314[\text{mm}^2]$（直径$d = 20\text{mm}$）、せん断面が2個所であり、せん断応力が起きている面の全面積は$2\times A$となる。したがって、せ

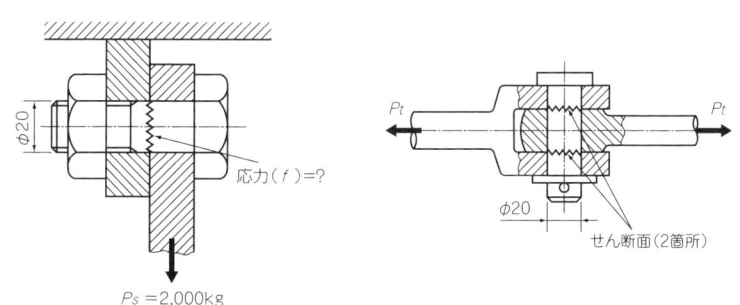

図 3.4　せん断応力

図 3.5　継手のせん断応力

ん断応力は、$f = 20×10^3 ／ (2×314) = 31.8 [N/mm^2]$ となる。

(4) 各種応力の実例
図3.6に応力の実例を示している。
①キーにかかる応力
図3.6 (a) に示すキーは、その内部にせん断応力がかかっている。

②丸穴を打ち抜く力
図3.6 (b) のように、厚さ2mmの板に直径20mmの丸穴を打ち抜く場合、板のせん断強さを500N/mm^{2}とすれば、打抜力は次のように計算できる。

せん断を受ける面積は、ポンチとの接触面積ではなく、穴の側面積（穴の円周長さと板厚の積）であり、$A = 20π×2 = 125.7 [mm^2]$となる。せん断強さが500N/mm^{2}であるから、打抜力は500×125.7 = 62850Nとなる。

③コイルばねの応力
図3.6 (c) に示すコイルばねにおいて、断面の応力はねじり応力、ばね全体ではせん断応力がかかる。

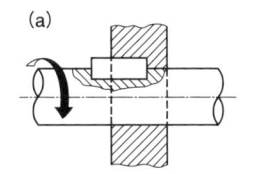

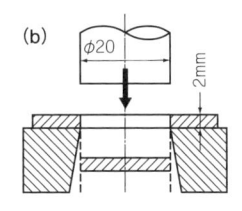

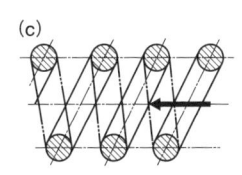

図 3.6 応力の実例

1.2 ひずみと弾性限度

(1) ひずみ
機械部品に外力を加えて応力が発生すると、その部品は、極めてわずかに変形する。このわずかな変形を**ひずみ**と呼ぶ。

図3.7にひずみの種類を示している。引張荷重によって起こるひずみを**引張ひずみ**、圧縮荷重によって起こるひずみを**圧縮ひずみ**、せん断荷重によって起こるひずみを**せん断ひずみ**という。

なお、ひずみは一般に「％」の単位で表す。

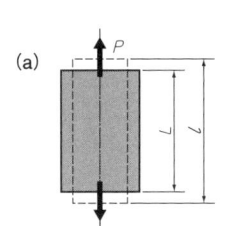

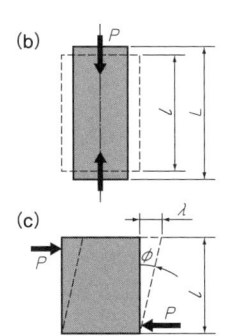

図 3.7 ひずみ

169

①ひずみの算出法

引張ひずみ：$\varepsilon_t = \dfrac{l - L}{L} \times 100 \, [\%]$

（L：元の長さ、l：ひずんだ後の長さ）

圧縮ひずみ：$\varepsilon_c = \dfrac{L - l}{L} \times 100 \, [\%]$

せん断ひずみ：$\gamma = \dfrac{\lambda}{l} = \tan\phi \fallingdotseq \phi$

②ポアソン比とポアソン数

図3.8に示すように、棒状の材料に引張荷重を与えた場合、材料は荷重方向に伸び、荷重と直角の方向に縮む。この際、荷重方向のひずみを**縦ひずみ**、荷重と直角方向のひずみを**横ひずみ**という。

横ひずみと縦ひずみの比を**ポアソン比**と呼び、その逆数を**ポアソン数**という。ポアソン比は弾性限度内であれば、材料によって一定の値を示す。

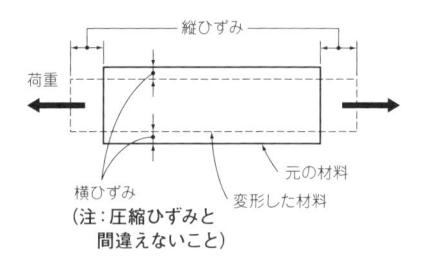

図3.8 横ひずみと縦ひずみ
（注：圧縮ひずみと間違えないこと）

$$\text{ポアソン比} = \dfrac{\text{横ひずみ}}{\text{縦ひずみ}} = \dfrac{1}{m} \qquad \text{ポアソン数} = m$$

(2) 弾性限度

物体は、荷重を受けるとその内部に荷重に抵抗する応力が生じ、同時にわずかにひずみも生じる。ある範囲内の大きさの荷重であれば、荷重を取り去ると物体は再び元の形に戻る。このような性質を**弾性**と呼び、弾性を持つ物体を**弾性体**という。

荷重がある限度以上に大きくなると、荷重を取り去っても元の形には戻らず、永久ひずみが生じる。この永久ひずみが生じない応力の限度を**弾性限度**と呼ぶ。

①フックの法則と弾性係数

弾性限度の範囲内では、ひずみの量は応力の大きさに比例する。これを**フックの法則**と呼ぶ。また、ひずみの量と応力の大きさの比例定数を弾性係数と呼び、次式で求められる。

【第3章】材料力学

$$\text{弾性係数 [N/mm}^2\text{]} = \frac{応力}{ひずみ} = (定数) \quad \text{…各材料で常に一定}$$

したがって、弾性係数が大きいほどひずみにくく、弾性係数が小さいほどひずみやすい材料といえる。なお、弾性係数には縦弾性係数と横弾性係数があり、応力と同じN/mm²の単位が用いられる。

② **縦弾性係数**

棒を弾性限度内で引張り、または圧縮したときの応力とひずみの比を縦弾性係数またはヤング率と呼ぶ。縦弾性係数Eは次式によって求められる。

$$E \text{ [N/mm}^2\text{]} = \frac{材料に生じる応力}{材料の荷重方向のひずみ}$$

③ **横弾性係数**

材料をせん断するときに生じるせん断応力とせん断ひずみとの比を横弾性係数または剛性係数と呼ぶ。横弾性係数Gは次式によって求められる。

$$G \text{ [N/mm}^2\text{]} = \frac{せん断応力}{せん断ひずみ}$$

(3) 鉄鋼の機械的性質

表3.3は、代表的な各種鉄鋼材料の機械的性質を示したものである。この表から次のようなことがわかる。

① 硬鋼、軟鋼、鋳鋼の引張強さは大きく、鋳鉄の引張強さは小さい。ただし、鋳鉄の圧縮強さは大きい。

表3.3　鉄鋼材料の機械的性質（N/mm²）

材料	引張強さ N/mm²	縦弾性係数E N/mm²	横弾性係数G N/mm²	許容応力の目安（静荷重） N/mm²
軟鋼	350～470	2.1×10^5	8.0×10^4	90～120
硬鋼	490～690	2.1×10^5	8.0×10^4	120～180
鋳鋼	340～540	2.1×10^5	8.0×10^4	50～120（引張） 90～150（圧縮）
鋳鉄	110～240 580～840 （圧縮強さ）	1.0×10^5	3.4×10^4	120～180（圧縮）

②弾性係数の値より、鋳鋼、軟鋼、硬鋼はひずみにくく、鋳鉄はひずみやすいといえる。
③各材料とも、横弾性係数よりも縦弾性係数の方が大きい。

1.3 許容応力と安全率

(1) 軟鋼の応力-ひずみ線図

軟鋼を引張試験機にかけて引っ張った場合の荷重とひずみの関係をグラフで表すと、図3.9の(1)のようになる。このような図を**応力-ひずみ線図**という。

①比例限度

0からPまで荷重を増大させていくと、a点までは伸びが正比例して増大していく。このa点を**比例限度**と呼ぶ。

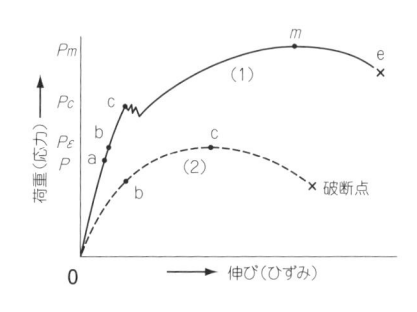

図 3.9 応力-ひずみ線図

②弾性限度

a点からb点は、荷重をかけても必ずしも比例して伸びないが、荷重を除くと元の長さに戻る。このb点を**弾性限度**と呼ぶ。

③降伏点

荷重をP_cまで増大していくと、c点では荷重をそれ以上かけなくても伸びだけが一時的に進行する。このc点を**降伏点**と呼ぶ。

④引張強さ

ある程度伸びた以後、m点で最大荷重となる。それ以後は伸びだけが進行して、ついには局部収縮を起こし、e点で試験片は破断する。m点は**引張強さ**と呼ばれ、この材料の耐えられる最大応力を示すものである。

(2) 非鉄金属と降伏点

銅、銅合金、アルミニウム、アルミニウム合金、亜鉛、すず、鉛などの材料では、図3.9の(2)に示すような応力-ひずみ線図が得られ、明確な降伏点は現れない。その他、鋳鉄、特殊鋼も、降伏点が明らかでない点では同様である。

これらの材料に対しては、降伏点の代わりに耐力を求める。**耐力**は、応力-ひずみ線図の伸び（ひずみ）軸上に、想定の永久ひずみεに相当する点（鋳鉄の場合、特に規定のない限り$\varepsilon = 0.2\%$にとる）をとり、この点から引張試験における初期の直線部分に平行線を引き、曲線と交わる点の荷重$P\varepsilon$を元の断面積で割った値として求められる。

(3) 熱処理と弾性限度

鋼を焼入れすると、硬さ、引張・圧縮強さ、弾性限度とも増大し、伸びは小さくなる。なお、焼入れした鋼球がよく跳ね上がるのは、弾性限度が増したためである。すなわち、鋼球が落下衝突したときに生じた変形が、元の状態によく戻るためである。

(4) 金属材料の疲労

機械や構造物では、絶えず変動する荷重が繰り返し働いている部分がある。例えばエンジンのピストンや連結棒、シリンダカバーのボルトなどは、常に引張と圧縮の繰り返し荷重を受けている。このような場合、その応力が材料の引張強さや降伏点から計算した荷重より小さくても、長時間繰り返して作用するうちに、ついに破壊することがある。これを**材料の疲れ**と呼ぶ。

金属材料の疲労の限界を知るためには、多数の試験片を大きさの異なる応力によって繰り返し試験を行い、**図3.10**に示すようなS-N曲線（応力－繰返し数線図）を作る。多くの鋼の場合、**S-N曲線の水平部分は繰返し数が10^6～10^7回のところから始まる。**

無限回数の繰返しに耐える応力の上限値を疲れ限度、指定された回数の繰返し数に耐える応力の上限値を時間強さといい、JIS Z 2273では、荷重の与え方によっていくつかの評価方法が決められている。疲れ限度および時間強さの総称を疲れ強さと呼び、この疲れ強さは、材料選定上の重要な条件である。一般の鉄鋼材料の疲れ強さは、その材料の引張強さの1/2程度の値が目安とされる。

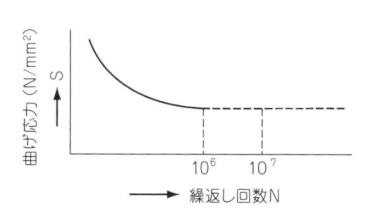

図3.10 S-N曲線

(5) 許容応力

材料が実際の機械に用いられて安全であると考えられる範囲を**許容応力**と呼ぶ。ほとんどの機械材料は弾性限度内の一部分で使用される。許容応力の値は、材料試験の結果を基礎にして、材料に対する信頼度、応力と変形の許容値、荷重の種類、加工の影響、使用温度の影響など、多くの使用条件を踏まえて決定する。

(6) 安全率

安全率は、材料の基準となる強さと許容応力の比として定義される。通常、材料の基準となる強さには、引張強さが使われることが多い。

重要公式

$$安全率 = \frac{基準の強さ（引張強さ）[N/mm^2]}{許容応力 [N/mm^2]}$$

安全率は、許容応力の値を大きくとるほど小さくなり、小さくとるほど大きくなる。**表3.4**は安全率の目安を示している。この表から静荷重よりも衝撃荷重、繰返し荷重よりも交番荷重の方が、安全率を高くとられることがわかる。

実際に使用されている材料の安全率を算出する場合、使用時の応力を許容応力と置き換えて計算すればよい。

例題として、一辺が2cmの正方形断面の鉄棒（引張強さ：400N/mm²）に、20kNの引張荷重が与えられている場合の安全率を求める。

鉄棒の断面積は、$A = 20 \times 20 = 400$ [mm²] であるから、

鉄棒にかかる応力は、$f = P / A = 20 \times 10^3 / 400 = 50$ [N/mm²]

この値を許容応力に置き換えて、安全率はS = 400 / 50 = 8となる。

表 3.4 安全率の目安

材料＼安全率	静荷重	動荷重 繰返し荷重	動荷重 交番荷重	変化する荷重または衝撃荷重
鋳　　鉄	4	6	10	15
軟　　鋼	3	5	8	12
鋳　　鋼	3	5	8	15
木　　材	7	10	15	20
れんが・石材	20	30	－	－

1.4 応力集中

図3.11(a)に示すように、断面の形が一様な板や丸棒に引張荷重Pが働くと、断面には引張応力が平均して発生する。

同図(b)のように丸い穴があいていると、応力は穴を通る横断面に一様には分布せず、穴の周縁で特に大きくなり、穴から遠ざかるに従って、応力は急に減少する。この断面での平均応力をσ_nとし、最大応力をσ_{max}とすると、断面の両端ではσ_nより小さい応力となる。

また、同図(c)のように切欠きみぞがあると、みぞの先端部分で特に大きな応力が発生し、中心部では平均応力σ_nよりも小さい応力となる。さらに、同図(d)のように段付き部分がある場合も(c)と同様な応力分布になる。

このように、丸穴や切欠きみぞ、段付き部分などの形状が急に変わる部分があるとき、その部分に発生する応力が局部的に大きくなる。このことを**応力集中**と呼ぶ。

(1) みぞの応力集中

応力集中における最大応力σ_{max}は、みぞの先端部分の断面積が同じであっても、次のような場合には大きくなる。

① みぞが深いほど大きくなる。
② みぞの底の曲率半径ρが小さいほど大きくなる。
③ みぞの角度が小さいほど大きくなる。

したがって、**図3.12**における応力集中において、(a)と(b)では、$a_1 > a_2$であるので(b)の最大応力の方が大きい。(b)と(c)では、$\rho_2 > \rho_1$であるので(b)の最大

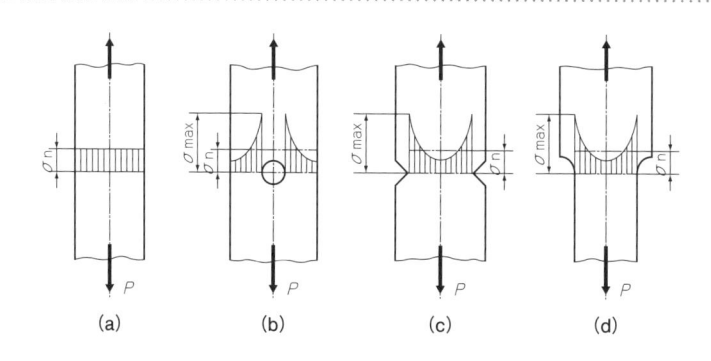

図 3.11　応力集中

応力の方が大きい。同様に、(c)と(e)では(c)の最大応力の方が大きく、(b)と(d)では(b)の最大応力の方が大きい。

(2) 穴の応力集中

応力集中の程度は、断面に生じる最大応力 σ_{max} と最小断面部での平均応力 σ_n との比 a_κ で表し、この a_κ のことを**形状係数**または**応力集中係数**と呼ぶ。

$$a_\kappa = \sigma_{max} / \sigma_n$$

図3.13は、直径dの丸穴のある帯板（幅D）に引張荷重を加えた場合と、直径dの丸穴のある丸棒（直径D）に曲げ荷重を加えた場合のd/Dに対する形状係数 a_κ との関係を示したものである。この表を使えば、穴による応力集中で生じた最大応力 σ_{max} を求めることができる。

以上より、**図3.14**に示すように、同一直径の丸棒に異なる直径の丸穴があいている場合、穴の直径と棒の直径との比d/Dが小さい(a)の最大応力の方が大きくなる。

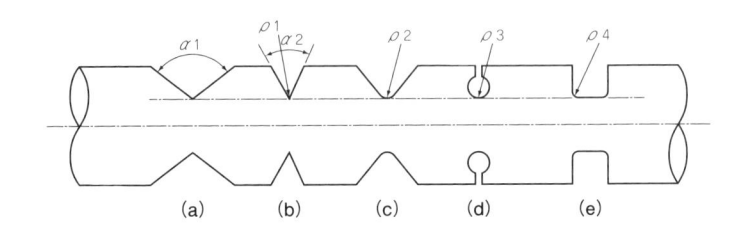

図 3.12　みぞと応力集中

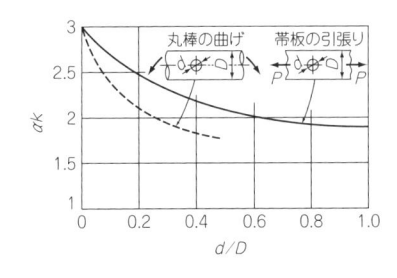

図 3.13　形状係数の値

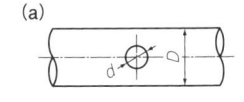

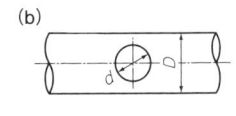

図 3.14　穴と応力集中

(3) 段部の応力集中

図3.15の(a)と(b)では、テーパの長さから(b)の最大応力の方が大きい。また、(c)、(d)のような段部の応力集中を小さくするためには、段部の丸みRを大きくするとよい。

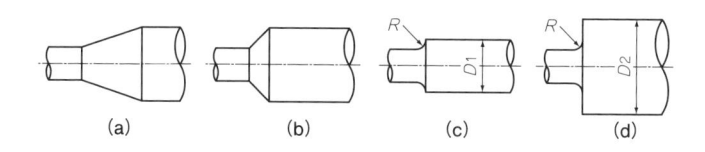

図 3.15　段部の応力集中

2 はり

2.1 曲げ応力

(1) 曲げモーメント

図3.16に示すように、スパナでナットを締める場合、締め付ける力Pは、ナットを締め付ける回転作用を与える。こうした回転作用の大きさは、加えた力P[N]と回転軸からの距離l[m]に比例する。この回転作用の大きさMを**曲げモーメント**と呼び、次式で求めることができる。

> **重要公式**
>
> $M = l \times P$ [Nm]

(2) 曲げ応力

図3.16のようにスパナに力Pを加えると、スパナのA-A'断面には次のような応力が働く。
①柄の上側では引張応力が生じる。
②柄の下側では圧縮応力が生じる。
③柄の中心では、引張応力も圧縮応力も減少し、ちょうど真中では伸びも縮みも生じない面が生じる。これを**中立面**と呼ぶ。

このような曲げモーメントによる応力を、**曲げ応力**と呼ぶ。

バイトによる旋削などでは、バイトがかすかにたわむが、この場合もバイトのシャンクには、同様の曲げ応力が発生している（**図3.17**）。

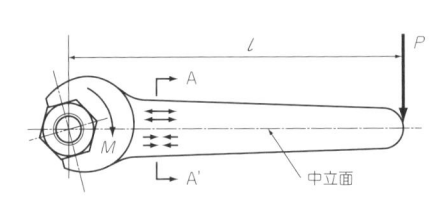

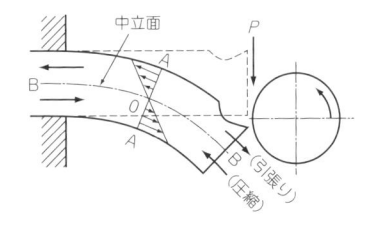

図 3.16　曲げモーメント

図 3.17　バイトに働くモーメント

2.2 はりの曲げ強さ

図3.18に示すように、棒に曲げ荷重が加わって曲げモーメントを受ける場合、この棒を**はり**と呼び、棒の先端にたわみが生じる。このたわみの量は、はりの断面積が同一でも、断面の形状が違えば異なる。たとえば、**図3.19**のように、(a)、(b)、(c)の断面積はどれも同じであるが、はりとして使う場合、(a)、(b)、(c)の強度の比率は、4：2：1となる。

はりでは、断面形状によって曲げ応力が決まる。そこで、強度計算では**断面係数** [mm^3] によって強度を表す。**表3.5**に代表的な断面形状の断面係数の算出法を示している。

図3.20の (a) と (b) では (a) の方が強く、(c) と (e) では (c) の中空の方が強く、(d) と (e) では (d) の正方形が (e) の中実形よりも強い。

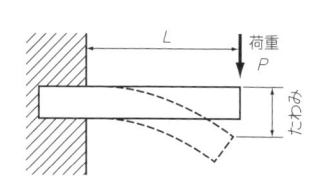

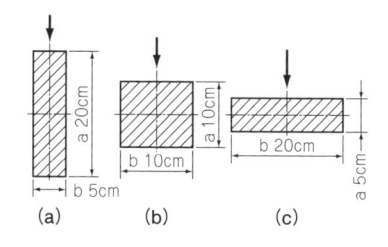

図 3.18　はりとたわみ

図 3.19　断面形状の相違とはり

表 3.5　各形状の断面係数

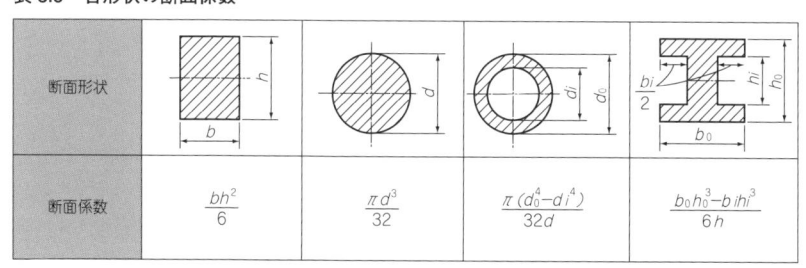

断面形状	▭	◯	⊚	I形
断面係数	$\dfrac{bh^2}{6}$	$\dfrac{\pi d^3}{32}$	$\dfrac{\pi(d_0^4 - d_i^4)}{32 d}$	$\dfrac{b_0 h_0^3 - b_i h_i^3}{6h}$

(1) はりの曲げ応力

はりの曲げ応力は次式で求める。

$$曲げ応力\ f = \frac{M}{Z}\ [\text{N/mm}^2] \quad \begin{bmatrix} M : 曲げモーメント (= P[\text{N}]\ l\ [\text{mm}]) \\ Z : 断面係数\ [\text{mm}^3] \end{bmatrix}$$

したがって、図3.19に示した断面形状の場合、曲げモーメントが同一であれば、断面形状(a)、(b)、(c)に応じて曲げ応力も1/2〜1/4に減少する。

(2) はりの種類

はりを支えている点を支点と呼び、支点間の距離を**スパン**という。はりは、支持方法によって、図3.21に示すような種類に分類される。同図において、(d)の固定ばりが最も強い。

また、はりにかかる荷重としては、はりの一点に集中してかかる荷重（**集中荷重**）、全長または一部にかかる荷重（**等分布荷重**）がある。なお、等分布荷重はN/mmの単位が用いられる。

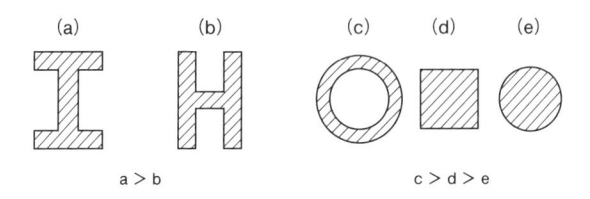

図 3.20　断面形状による相違［断面積は同じとする］

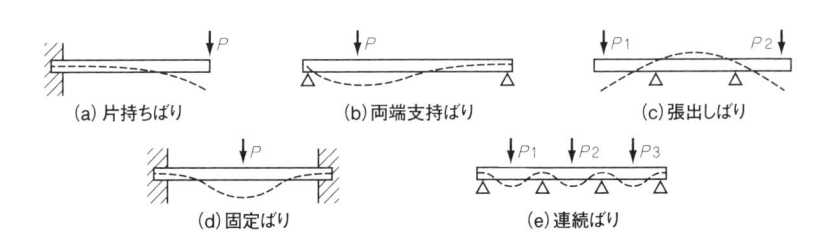

図 3.21　はりの種類

（3）支点の反力

図3.22の両端支持ばりにおいて、集中荷重Pがかかるとき、支点にはR_A、R_Bの反力が働く。力のつりあいから$R_A + R_B = P$が成り立ち、反力R_A、R_Bは次式で求められる。

$$R_A = \frac{P \times b}{l} \qquad R_B = \frac{P \times a}{l}$$

（4）せん断力図と曲げモーメント図

図3.23は、はりにかかるせん断力と曲げモーメントを線図で表したものである。**同図(1)～(4)において、上の図がせん断力図、下の図が曲げモーメント図**である。これらの図から、はり全体でせん断力や曲げモーメントがどのような状態で変化しているか、最大の曲げモーメントはどの場所で起きていて、どの程度の大きさであるかがわかる。また、集中荷重と等分布荷重の相違、片持ちばりと両端支持ばりの相違も表れている。

（5）はりの計算

はりに荷重がかかれば、たわみが生じる。機械や部品の強度を考える場合、たわみの大きさを求めなければならないことがある。はりの計算を行うには、**表3.6**から最大たわみの計算式を利用する。

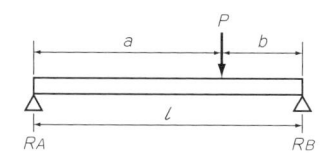

図 3.22　支点の反力

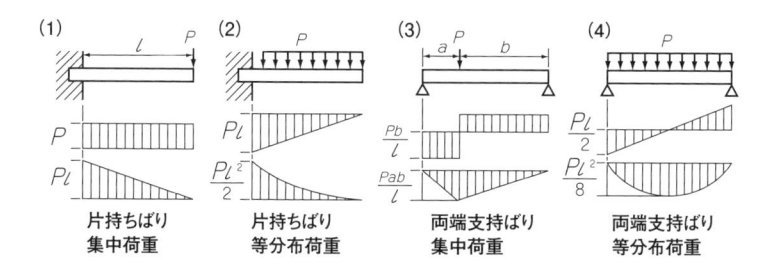

図 3.23　せん断力図と曲げモーメント図

表3.6　はりの計算

はりの種類	曲げモーメント $M(M_{max})$	支点の反力 R_1	最大たわみ δ	せん断力 F
片持ばり（集中荷重）	$M_x = Px$ $M_{max} = PL$	$R_1 = P$	$\dfrac{PL^3}{3EI}$ (自由端)	$-P$
片持ばり（等分布荷重 $pL=P$）	$M_x = \dfrac{px^2}{2}$ $M_{max} = \dfrac{1}{2}pL^2$	$R_1 = pL$	$\dfrac{pL^4}{8EI}$ (自由端)	$F_x = -px$ $F_{max} = -pL$
単純ばり（中央集中荷重）	$0 \leq x \leq \dfrac{L}{2}$ のとき $M_x = \dfrac{P(L-x)}{2}$ $\dfrac{1}{2} \leq x \leq L$ のとき $M_x = \dfrac{Px}{2}$ $M_{max} = \dfrac{1}{4}pL$	$R_1 = \dfrac{P}{2}$	$\dfrac{PL^3}{48EI}$ (中央)	$\pm \dfrac{P}{2}$
単純ばり（等分布荷重 $pL=P$）	$M_{max} = \dfrac{1}{8}pL^2$ $M_x = \dfrac{px}{2}(L-x)$	$R_1 = \dfrac{pL}{2}$	$\dfrac{5pL^4}{384EI}$ (中央)	$F_x = \left(\dfrac{L}{2}-x\right)p$
両端固定ばり（中央集中荷重）	$M_{max} = \dfrac{1}{8}pL$ $0 \leq x \leq \dfrac{1}{2}L$ のとき $M_x = \dfrac{PL}{2}\left(\dfrac{3}{4}-\dfrac{x}{L}\right)$ $\dfrac{L}{2} \leq x \leq L$ のとき $M_x = \dfrac{PL}{2}\left(\dfrac{3}{4}-\dfrac{x}{L}\right)$	$\dfrac{P}{2}$	$\dfrac{PL^3}{192EI}$ (中央)	$\pm \dfrac{P}{2}$
両端固定ばり（等分布荷重 $pL=P$）	$M_{max} = \dfrac{-pL^2}{12}$ $M_x = \dfrac{-pL^2}{2} \times$ $\left(\dfrac{1}{6}-\dfrac{x}{L}+\dfrac{x^2}{L^2}\right)$	$\dfrac{pL}{2}$	$\dfrac{pL^4}{384EI}$ (中央)	$F_x = \left(\dfrac{L}{2}-x\right)p$

注）E：はりの材質の弾性係数　　I：断面の断面二次モーメント

第3章 材料力学

実力診断テスト

解答と解説は次ページ

次の設問において、記述が正しければ○、記述が間違っていれば×を解答しなさい。

【1】断面積が同じ場合、断面形状が変わっても曲げ応力は変わらない。

【2】軟鋼の引張試験では、降伏点を認めにくい。

【3】応力の計算上は、引張応力と圧縮応力は、その荷重の向きが違うだけで、どちらも次式によればよい。

$$f = \frac{P}{A} \ [\text{N/mm}^2]$$

$\begin{bmatrix} f：応力[\text{N/mm}^2] \\ P：外力(荷重)[\text{N}] \\ A：断面積[\text{mm}^2] \end{bmatrix}$

【4】図1に示すような切欠きのある材料に荷重が加わる場合、みぞ底の断面積が等しいとすれば、(a)の切欠きは(b)の切欠きより応力集中は大きい。

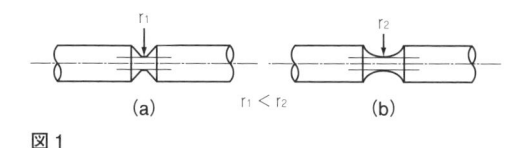

図1

【5】図2に示すような長さ0.5mの片持ちばりに p = 4 kN/mの等分布荷重がかかるとき、その支点における最大曲げモーメントは500N・mである。

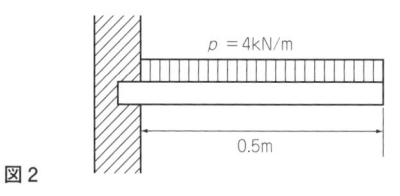

図2

【6】S-N曲線とは、応力-ひずみ線図のことである。

第3章 実力診断テスト　解答と解説

【1】× 　☞　軸が曲げ応力を受けるとき、応力の方向に対する軸の断面の形状によって抵抗力の大きさが大きく違ってくる。これを表す数値が断面係数である。軸の長手方向に垂直な荷重がかかるとき、この軸のことをはりと呼び、その曲げ応力は、f = M/Z〔f：曲げ応力、M：曲げモーメント、Z：断面係数〕で表される。Zが大きいほど応力は小さく、すなわち曲げに対して強くなる。図3に示すように、同じ断面積の矩形のはりも、力のかかり方で曲り方が違う。

図3

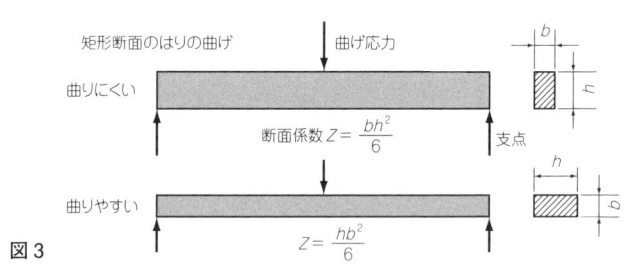

【2】× 　☞　金属の中で最も明瞭に降伏点が表れる材料が軟鋼である。引張試験機にかけて引張った材料のひずみと荷重との関係を線図で表すと図4のようになり、材料によっていろいろな形を示す。このうち、矢印で示した点を降伏点と呼び、荷重が増加しないのにひずみが増加するという点である。

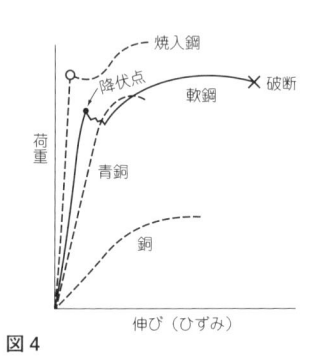

図4

【3】○
【4】○
【5】○ 　☞　曲げモーメントの公式より、次のように求められる。

$$M = pl \times \frac{l}{2} = \frac{pl^2}{2} = \frac{4000 \times 0.5^2}{2} = 500 \text{N} \cdot \text{m}$$

【6】× 　☞　繰り返し応力Sと繰返し数Nによって表すS-N曲線とは、疲れによる破壊を示す線図のことである。

【第4章】機械製図

　機械製図は設計者と加工者との間の情報伝達手段である。機械製図では正確さと見やすさが重要であり、「図面の理解を妨げない」ことが機械製図の原則である。基本的な図形の表し方、寸法記入法、公差の記入法、各種記号や略図をしっかりと習得しておきたい。

1 製図の基礎

1.1 投影法

(1) 第一角法と第三角法

　立体空間にある物体の位置、形状を正確に一平面上に描き表す方法を**投影**という。画面に直角な平行光線で投影することを**正投影**という。

　製図で使われる投影方法として、**図4.1**に示す**第三角法**がある。第三角法は、対象物を観察者と座標面の間に置き、対象物を正投影したときの図形を、対象物の手前の座標面に示す方法である。なお、**第一角法**は、対象物を観察者と座標面の間に置き、対象物を正投影したときの図形をそのまま座標面に示す方法である。

　JIS B 0001「機械製図」では、**図4.2**に示す第三角法を用いることになっている。**図4.3**は第三角法を表す記号である。物体が垂直面に投影された図を**正面図**と呼び、水平面に投影された図を**平面図**と呼ぶ。垂直面と水平面の両側に、この2面と直角な面を考え、この面への投影を行えば**側面図**となる。

　ただし、紙面の都合などで正しい配置ができない場合や図の一部を第三角法による位置に描くと、かえって図形が理解しにくくなる場合は、第一角法または矢示法と呼ばれる手法を用いてもよいとされている。**図4.4**に示す矢示法によって、様々な方向から見た投影図を任意の位置に配置できる。

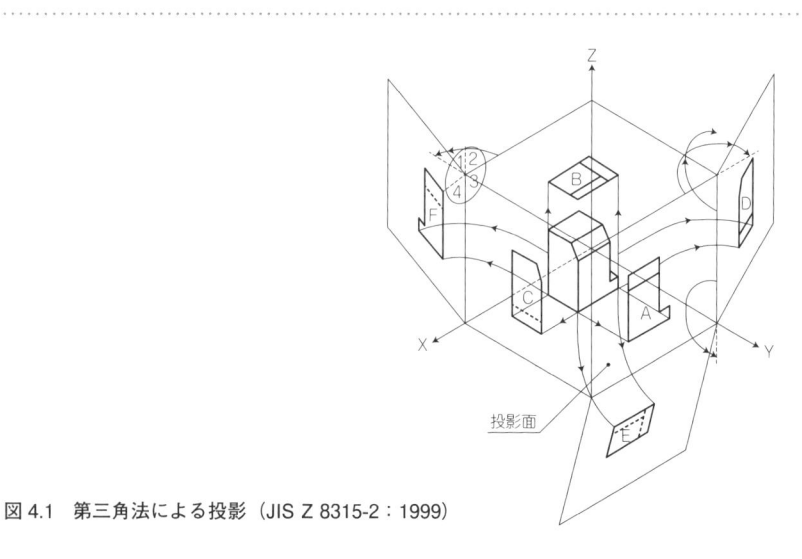

図 4.1　第三角法による投影（JIS Z 8315-2：1999）

【第4章】機械製図

1 製図の基礎

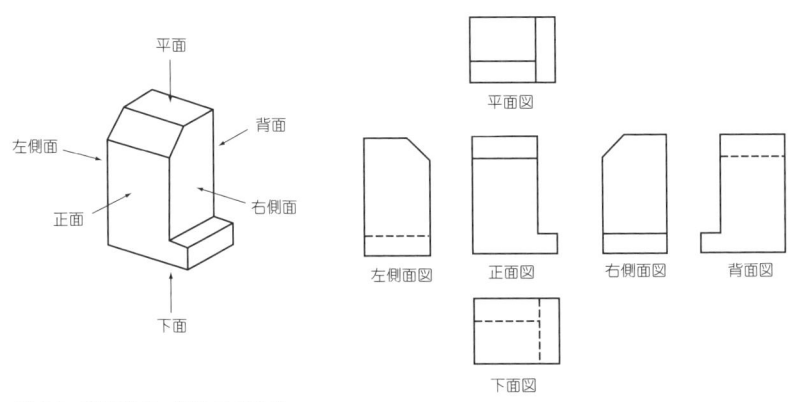

図 4.2　第三角法（JIS B 0001）

図 4.3
第三角法を表す記号
（JIS B 0001）

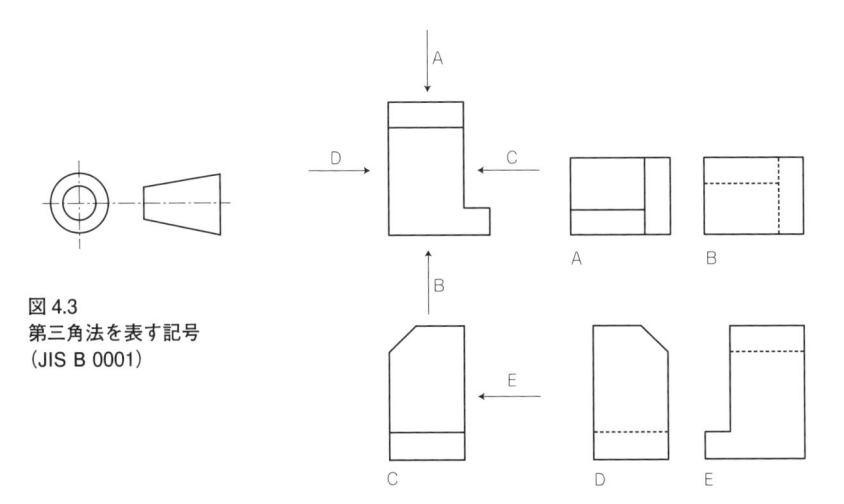

図 4.4
矢示法による投影図の例
（JIS B 0001：2010）

(2) 正投影と斜投影

図面に直交する光線を物体にあて、その形状を映し出すことを正投影という（**図**4.5（a））。一方、画面に一定の角度をもつ斜めの光線を物体にあて、その形状を映す方法を斜投影と呼ぶ（**図**4.5（b））。斜投影は、全体の見取図などを示すときに便利であり、等角図やキャビネット図がよく用いられる。

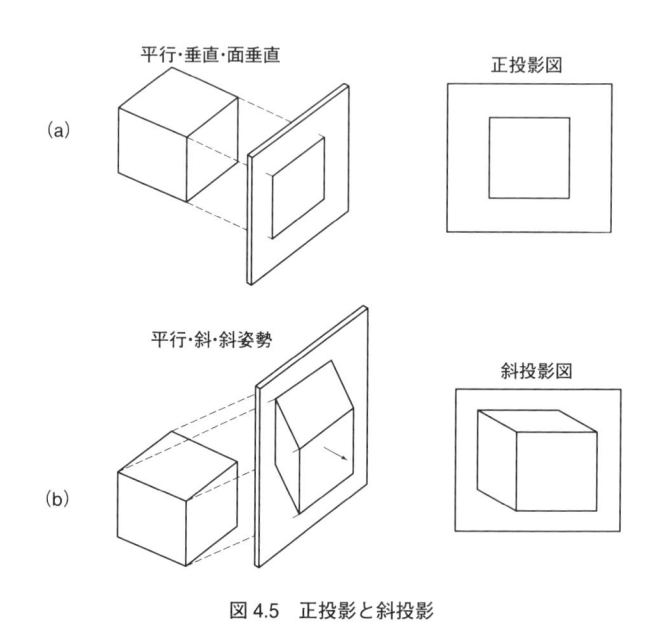

図 4.5　正投影と斜投影

1.2 線の名称および使用方法

(1) 線の名称と形状
機械製図に用いる線の形状は次の4種類である（JIS B 0001）。

実　　線	────────	連続した線
破　　線	－－－－	短い線をわずかな間隔で並べた線
一点鎖線	─・─・─	線と一つの点とを交互に並べた線
二点鎖線	─・・─・・─	線と二つの点とを交互に並べた線

通常、以上の4種類の線を細線と太線に分け、線の太さは1：2以上の比率とする。必要に応じて、極太線（太線の2倍の太さ）を使うことができる。線の太さは、図面の大きさや種類に合わせて、0.18、0.25、0.35、0.5、0.7、1.0、1.4、2.0［mm］のいずれかを選ぶのが推奨されており、同一画面において線の種類ごとに太さをそろえる。

線は用途によって、次のように用いることになっている。図4.6に各線の使用例を示す。

線の種類	用途
外 形 線 ———	太い実線。見える部分の形状を表す。
寸 法 線	細い実線。寸法記入を表す。
寸法補助線	細い実線。寸法記入で図形から引き出すのに用いる。
引 出 線	細い実線。記述・記号等を指示するために用いる。
回転断面線	細い実線。図形内で、その部分の切り口を90度回転して表す場合に用いる。
水 準 面 線	細い実線。水面、油面等の位置を表す。
中 心 線 ————	細い実線または細い一点鎖線。図形の中心を表す。
かくれ線 ----	細い破線または太い破線。見えない部分を表す。
基 準 線	細い一点鎖線。基準であることを明示する。
ピッチ線	細い一点鎖線。図形のピッチをとる基準を表す。
破 断 線 〜〜〜	不規則な波形の細い実線。取り去った部分を表す。
切 断 線 ——⌐—	細い一点鎖線（一部太い実線）。切断位置を表す。

（2）想像線の用い方

細い二点鎖線で表される**想像線**は、通常の投影では図形に現れないが、便宜上必要な形状を示すのに用いる。また、機能上・工作上の理解を助けるために、図形を補助的に示すためにも用いられる。

①可動の限界位置など、部品の移動を表す場合（図4.6）
②図示された断面の手前にある部分を表す場合（図4.7）
③隣接部分を参考に表す場合（図4.6）
④加工前、加工後の形状を表す場合（図4.8）
⑤仕上げしろを表す場合

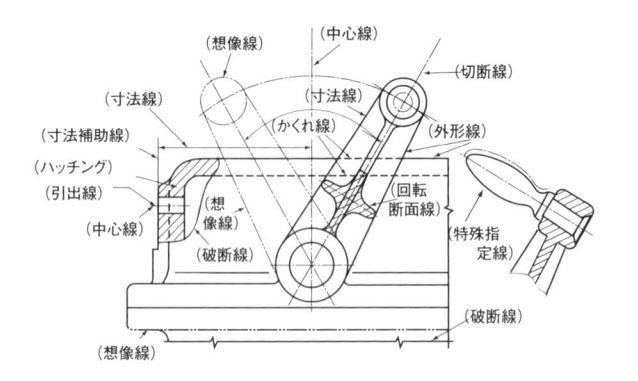

図 4.6　各線の使用例（JIS B 0001）

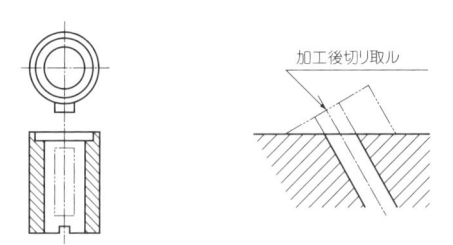

図 4.7　想像線の使用例①　　図 4.8　想像線の使用例②
　　　（JIS B 0001）

1.3 図形の表し方

（1）主投影図の選定

　第三角法による機械製図では、通常、最も多くの対象物の情報を与える投影図を正面図（**主投影図**）とする。主投影図を選定する際の要点は以下の通りである。
　①品物の形状や機能を最も明瞭に表す面を主投影図に選ぶ。
　②製作図においては、その品物の最も加工量の多い工程を基準とし、加工の際に置かれる状態と同じ向きを主投影図に選ぶ。
　③主投影図だけで表しにくいときにだけ、必要な他の投影図（平面図、側面図、補助投影図など）を追加し、不要な投影図は描かないようにする。

(2) 局部投影図
対象物の一局部だけを図示することで、対象物の形状を明確に理解できる場合には、その必要部分だけを**局部投影図**として表す（**図4.9**）。

(3) 補助投影図
対象物の斜面の実形を表す必要がある場合は、その斜面に対向する位置に必要部分だけを**補助投影図**として表す（**図4.10**）。

(4) 展開図示法
板金工作による品物は、必要に応じて展開図を描く（**図4.11**）。この場合、**展開図**の近くにその旨を記入するとよい。

(5) 回転図示法
投影面に対して傾斜している部分は、普通の投影法では実形や実長が表しにくいので、その部分を投影面と平行になるまで回転させて描く（**図4.12**）。

(6) 図形の省略
必要とする図形をわかりやすく表すため、一部の線や図形を省略することができる。以下、JISで定められているいくつかの省略図示法である。

①**かくれ線の省略**
かくれ線で示さなくても、対象物の理解を妨げない場合は、**図4.13**に示すようにかくれ線を省略するとよい。

②**繰り返し図形の省略**
ボルト穴、管、はしごのふみ棒など、同種同形のものが多数連続して並ぶ場合には、その両端部または要所だけを図示し、他は中心線あるいは中心線の交点によって示すことができる（**図4.14**）。この場合、繰り返

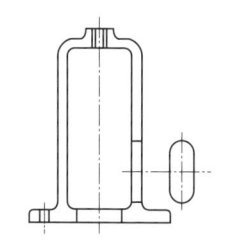

図4.9　局部投影図（JIS B 0001）

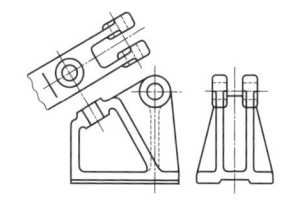

図4.10　補助投影図（JIS B 0001）

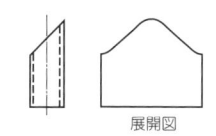

図4.11　展開図（JIS B 0001）

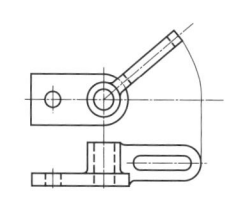

図4.12　回転投影図（JIS B 0001）

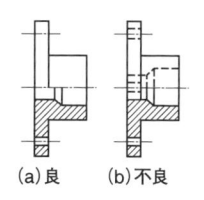

図4.13　かくれ線の省略（JIS B 0001）

し図形の数を寸法記入または注記により指示する必要がある。
③**対称図示記号**
　対象物の形状が中心線に対して対称である場合には、**対称図示記号**（短い2本の平行な細線）を用いることで、片側を省略できる（**図4.15**）。
④**切断面先方の外形線**
　切断面の先方に見える線は、理解を妨げない場合、省略できる。

(7) 慣用図示法
①**丸み部分の表示**
　2つの平面の交わり部に丸みを持たせる場合、**図4.16**のように2つの平面の交線の位置に太い実線で表す。
②**相貫部の図示法**
　円柱が他の細い円柱または角柱などと交わる部分の線（**相貫線**）は、正しい投影法によらないで、主となる円柱そのままの外形線で代用してもよい（**図4.17**）。
③**平面部の図示法**
　特定の部分が平面であることを示す必要がある場合は、細い実線で対角線を記入する（**図4.18**）。
④**金網、しま鋼板などの図示法**
　金網、しま鋼板、ローレット加工した部品などを表す場合には、それぞれ**図4.19**に示す表示法を用いる。
⑤**特殊な加工を施す場合の図示法**
　品物の一部に特殊な加工を施す場合には、その範囲を、外形線と平行に引いた太い一点鎖線で示すことができる。この場合、特殊な加工に関する必要事項を指示する（**図4.20**）。

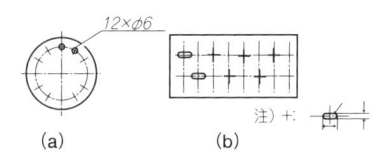

図 4.14　繰り返し図形の省略（JIS B 0001）

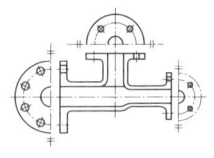

図 4.15　対称図示記号の例（JIS B 0001）

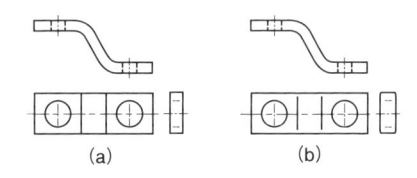

図 4.16　丸み部分の表示（JIS B 0001）

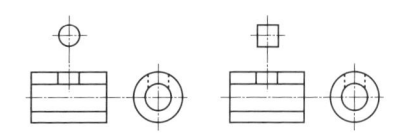

図 4.17　相貫線（JIS B 0001）

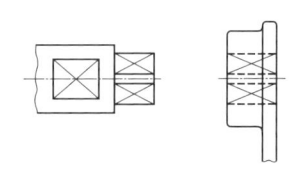

図 4.18　平面部の図示法（JIS B 0001）

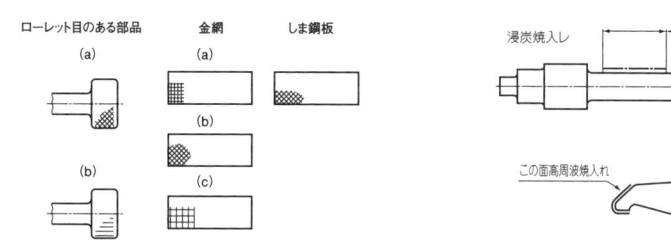

【第4章】機械製図

1 製図の基礎

図 4.19　金網などの図示法（JIS B 0001）　　図 4.20　特殊な加工の図示法（JIS B 0001）

1.4 断面の図示法

(1) 断面図の種類
　断面図は、対象物の内部を簡単明瞭に、かつ正確に示すためのものである。断面は中心線で切断するのを原則とし、対象物の形状により、種々の切断方法がある。
①全断面図と切断線
　全断面図とは、対象物の基本的な形状を最もよく表すように切断面を決めて描く断面図であり、通常、中心線で対象物の全てを切断して表したものである（**図4.21**）。この場合、基本中心線で切断した場合には、切断線を記入しない。
　図4.22に示すように、特定の部分の形をよく表すように、切断面を決めて図形を描くことができる。このような場合、切断線によって切断の位置を示す。
②片側断面図
　上下対称あるいは左右対称の対象物では、外形と断面とを組み合わせて表すことができる（**図4.23**）。
③部分断面図
　対象物の一部だけを断面図で示したいときは、必要とする個所を破断線によって境界を表し、内部を示すことができる（**図4.24**）。

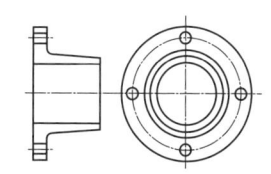

図 4.21　全断面図（JIS B 0001） 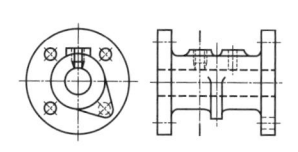　　図 4.22　切断線と断面図（JIS B 0001）

193

④回転図示断面図

ハンドルやリム、フック、軸などの断面は切断個所または切断線の延長上に90°回転させて表してもよい（**図4.25**（a））。また、断面形状を図形内に重ねて描く場合は、細い実線で描く（**図4.25**（b））。

⑤組み合わせによる断面図

断面は必ずしも1本の直線ではなく、2本以上の切断線で境界を表すことができる（**図4.26**）。この場合、切断線によって切断の位置を示す。

対称形状またはこれに近い対象物の場合、対称の中心線を境としてその片側を投影面に平行に切断し、他の側を投影面とある角度を持たせて切断することができる（**図4.27**）。

⑥薄肉部の断面図

ガスケットや薄板、形鋼など、切り口が薄い場合は、**図4.28**に示すように断面を1本の極太の実線で表すことができる。これらの断面が隣接している場合には、それらを表す線の間にわずかな隙間（0.7mm以上）をあける。

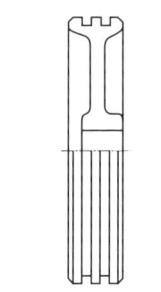

図 4.23
片側断面図（JIS B 0001）

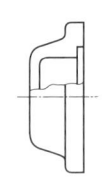

図 4.24
部分断面図（JIS B 0001）

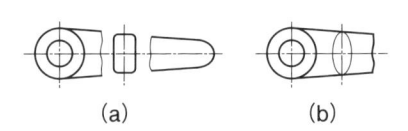

(a)　(b)

図 4.25　回転図示断面図（JIS B 0001）

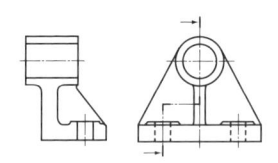

図 4.26　組み合わせによる断面図

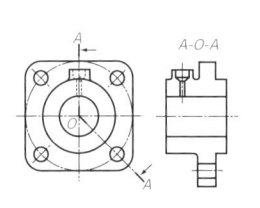

図 4.27
角度を持たせた断面図
(JIS B 0001)

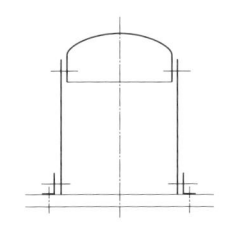

図 4.28
薄肉部の断面図
(JIS B 0001)

(2) 断面図示の禁止

切断することで図形の理解を妨げるもの、または切断する意味がないものは長手方向に切断しない。例えば、軸、ピン、ボルト、ナット、座金、小ねじ、止めねじ、リベット、キー、歯車のリブやアーム、歯車の歯などは、原則として切断しない（図4.29）。

(3) ハッチング

切り口を表すための**ハッチング**は、等間隔の細い実線で、基本となる中心線に対して45度に施すのがよい。隣接する切り口のハッチングは線の向き、または角度、間隔を変えて区別する（図4.30）。

なお、非金属材料の断面で、特に材質を示す必要がある場合には、図4.31のように表示する。この表示は、断面でない場合にも用いられる。

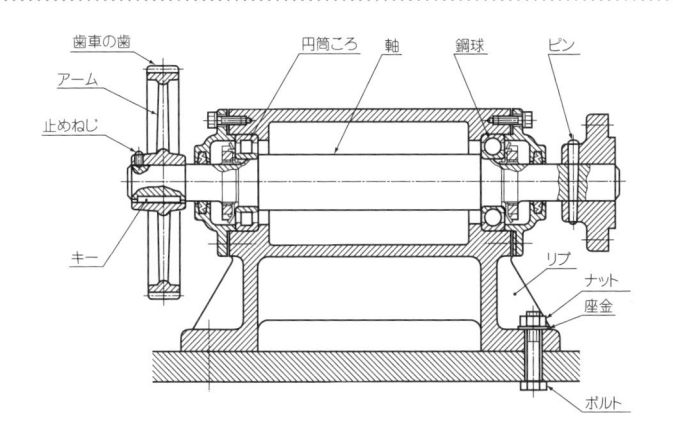

図 4.29　切断しない部品の例（JIS B 0001）

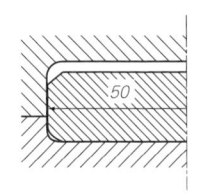

図 4.30　ハッチング（JIS B 0001）

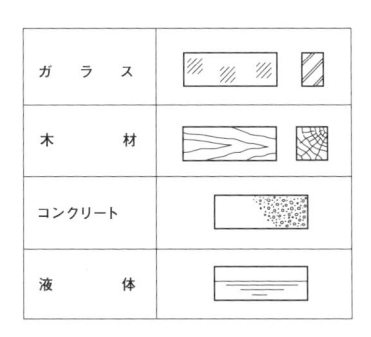

図 4.31　非金属材料の表示（JIS B 0001）

1.5 寸法の表し方

(1) 寸法記入の原則

機械製図は機械を製作するための図面であるので、**寸法記入**は過不足なく、明瞭かつわかりやすくなければいけない。以下、寸法記入の要点をまとめる。

① 図面を使用する者の立場にたって、わかりやすく記入する。
② 特に明示しない限り、寸法は仕上り寸法を示す。
③ 寸法記入は、できる限り主投影図（正面図）に集中させ、他の投影図に重複記入しない。
④ 寸法記入においては、対象物に基準面を設け、その基準部から記入していくようにする（**図4.32**）。
⑤ 関連する寸法は、できる限り1個所にまとめて記入する。
⑥ 参考寸法を示す場合には、寸法数字に（ ）をつけて記入する。
⑦ 寸法線の両端には、**図4.33**に示す端末記号をつける。端末記号はどれを用いてもよいが混用してはいけない。長さの寸法は、寸法線を中断しないで水平方向の寸法線に対しては上側に、垂直方向の寸法線に対しては左側に、寸法線のなるべく中央の位置に、寸法線からわずかに離して記入する。斜め方向の寸法線もこれに準じて描く（**図4.34**）。

(2) 寸法、角度の単位

機械製図における寸法および角度の単位に関する要点は、以下の通りである。

① 長さ寸法の単位は全てミリメートル［mm］とし、単位記号は省略する。
② ミリメートル以外の長さ寸法を記入するときは、単位を明示する。
③ 小数点は下付きの点とし、数字を適当に離して、その中間に大きめに書く。

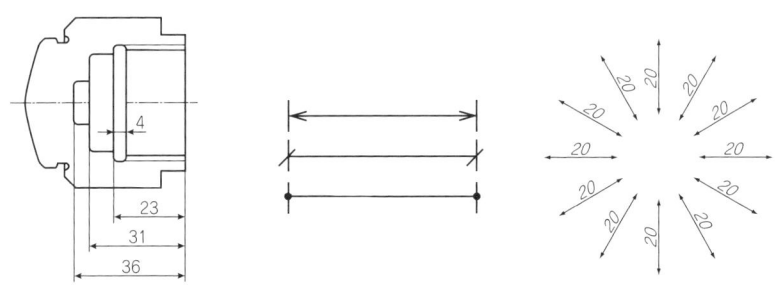

図 4.32　基準からの寸法記入例（JIS B 0001）　　図 4.33　端末記号（JIS B 0001）　　図 4.34　長さ寸法の記入（JIS B 0001）

【第4章】機械製図

1 製図の基礎

④寸法数字の桁数が5桁以上の場合は、3桁ごとに少しあけるとよいが、コンマで区切ってはいけない。

⑤一般に、角度は度の単位で表し、必要に応じて、分および秒を併用することができる。度、分、秒はそれぞれの数字の右肩に単位記号「°」、「′」、「″」を記入する。角度の数値をラジアンの単位で記入する場合はradの単位を記入する。

(3) 寸法補助記号

機械図面では、対象物の形状や寸法の意味をわかりやすくするため、**表4.1**に示す**寸法補助記号**が使われる。これらの記号は、寸法数字の前に寸法数字と同じ大きさで記入する（**図4.35**、**図4.36**、**図4.37**）。ただし、完全な円に寸法を入れるとき、φは記入しない。また、□、Rが図形で明らかな場合は記号を省略してもよい。

記号Cは、**図4.38 (a)** に示すように45°の面取りに使用する。記号Cを使わずに45°の面取りを表す場合は**図4.38 (b)**、**(c)** に示すように「寸法数値×45°」の表記を用いる。45°以外のときは**図4.38 (d)** のように記入する。

表 4.1 寸法補助記号

項 目	記 号	呼び方
直径	φ	まる
半径	R	あーる
球の直径	Sφ	えすまる
球の半径	SR	えすあーる
正方形の辺	□	かく
円弧の長さ	⌒	えんこ
板の厚さ	t	てぃー
45°の面取り	C	しー

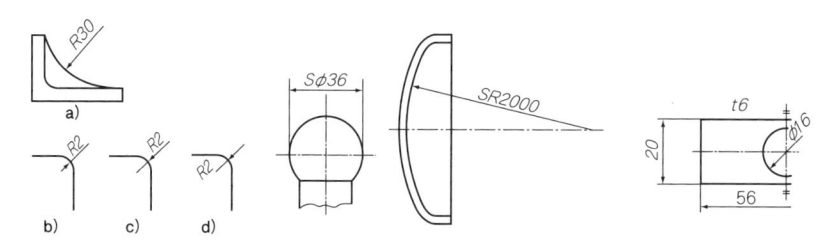

図 4.35
半径の図示（JIS B 0001）

図 4.36
球の直径・半径の図示（JIS B 0001）

図 4.37
円の寸法記入（JIS B 0001）

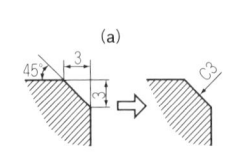

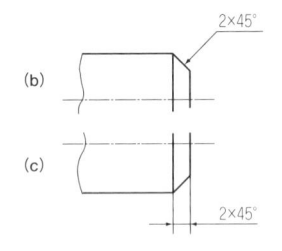

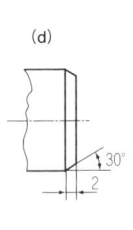

図4.38　面取りの図示（JIS B 0001）

(4) 各種の寸法記入

長さの寸法記入は、寸法線を中断せずに、水平寸法線は上向きに、垂直寸法線は左向きに、寸法線の上側に記入する（**図4.39**）。斜め方向の寸法線に対してもこれに準ずる。

①狭い部分の寸法記入法

矢印をつけられないときは黒丸または斜線を用いてもよい（**図4.40**）。また、引出し線を用いて図示してもよい（**図4.41**）。また、詳細図を描いて、これに記入してもよい（**図4.42**）。

②弦・円弧の長さの寸法記入法

弦の長さを表す場合、寸法線を弦に平行な直線にする（**図4.43**）。弧の長さを表す場合、寸法線を弧と同心円にし、寸法数字の上に記号⌒を記入する（**図4.44**）。

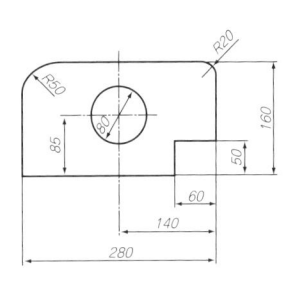

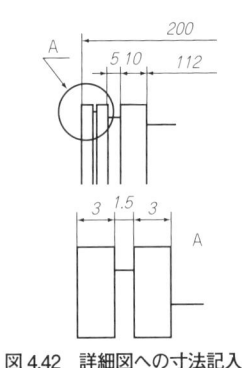

図4.39　寸法記入例

図4.41　引出線を用いた寸法記入例

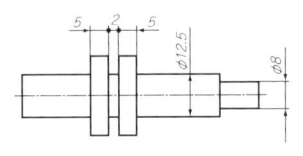

図4.42　詳細図への寸法記入

図4.40　狭い部分の寸法記入（JIS B 0001）

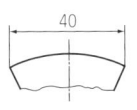

図4.43　弦の長さの図示（JIS B 0001）

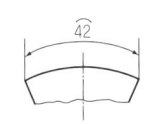

図4.44　弧の長さの図示（JIS B 0001）

③曲線の寸法記入法

図4.45に示すような円弧で構成される曲線は、これを構成する円弧の半径と、その中心または円弧の接線の位置で寸法を表す。円弧で表すことができない自由曲線は、図4.46に示すような座標による方法で表す。なお、必要であれば、円弧で構成される曲線もこの方法を用いてもよい。

④穴の寸法記入法

きり穴、リーマ穴、いぬき穴、打抜き穴など、穴の加工方法を区別する必要がある場合は、加工方法の区別と工具の呼び寸法を指示する（図4.47）。

同一寸法で複数のボルト穴、小ねじ穴、ピン穴、リベット穴などがある場合、穴から引出線を引き出し、総数を示す数字の次に×をはさんで寸法を記入する。この場合、穴の総数は同一個所の穴の総数を記入し、穴が1個のときは記入しない。なお、最近まで、総数を示す数字の次に短線をはさんで寸法を記入していた。実際の現場では新旧の記号が混用されていることがあり得るので注意する。

⑤テーパとこう配の記入法

テーパ比およびこう配は参照線を用いて記入する。テーパの向きを明らかにする必要がある場合は、テーパの向きを表す図記号を描く（図4.48）。

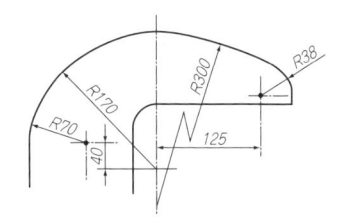

図 4.45　曲線の寸法記入（JIS B 0001）

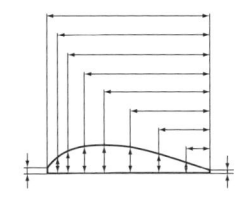

図 4.46　円弧で構成される曲線の寸法記入（JIS B 0001）

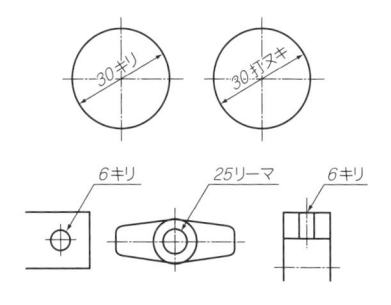

図 4.47　穴の加工方法の表示例（JIS B 0001）

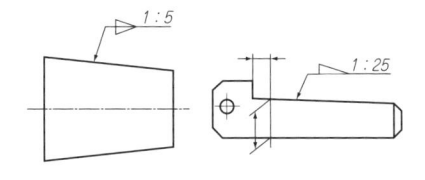

図 4.48　テーパおよびこう配の寸法記入（JIS B 0001）

⑥形状が対称で片側を省略した場合の図示法

対称の図形で中心線の片側だけを表した図では、寸法線は原則としてその中心線を越えて適当に延長する（図4.37参照）。

⑦角度の記入法

寸法数値は、図面の下辺または図面の右辺から読めるように記入するのが原則である。斜め方向の寸法数値もこれに準じて記入することになり、角度の記入は図4.49に示すようになる。

⑧引出線

寸法、加工法、注記、部品番号などを記入するために用いる引出線は、斜め方向に引き出す。この場合、引出線が形状を表す線から引き出される場合には矢印を、形状を表す線の内側から引き出される場合には黒丸をつける（図4.50、図4.51）。なお、引出線を寸法線と結びつける場合は端末記号をつけない（図4.41参照）。

⑨文字記号の利用

類似した形状で寸法だけが異なる場合には、図4.52に示すように、寸法の異なる部分に文字記号を入れ、それぞれの寸法を示す数値を図形の付近に表示することができる。

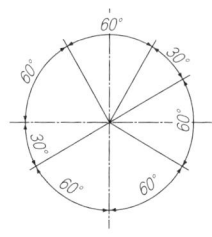

図 4.49　角度の記入例

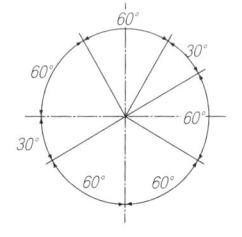

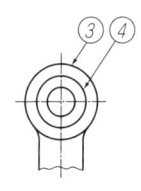

図 4.50　引出線（矢印）

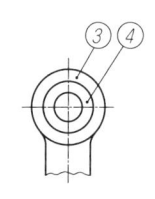

図 4.51　引出線（黒丸）

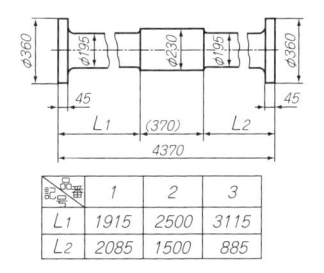

図 4.52　文字記号の利用（JIS B 0001）

記番号	1	2	3
L_1	1915	2500	3115
L_2	2085	1500	885

【第4章】機械製図

1 製図の基礎

⑩**基準位置からの寸法記入法**
　加工または組立の際、基準とすべき個所がある場合は、寸法はその個所をもとにして記入する。
⑪**その他の注意**
　形鋼などの寸法は、図4.53に示すように、その形鋼の図形に沿って記入することができる。図4.54に、主な形鋼の断面形状と寸法の表示方法を示す。

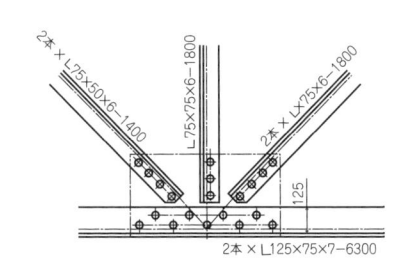

図 4.53　形鋼の寸法（JIS B 0001）

断面形状記号
幅×幅×厚さ−長さ

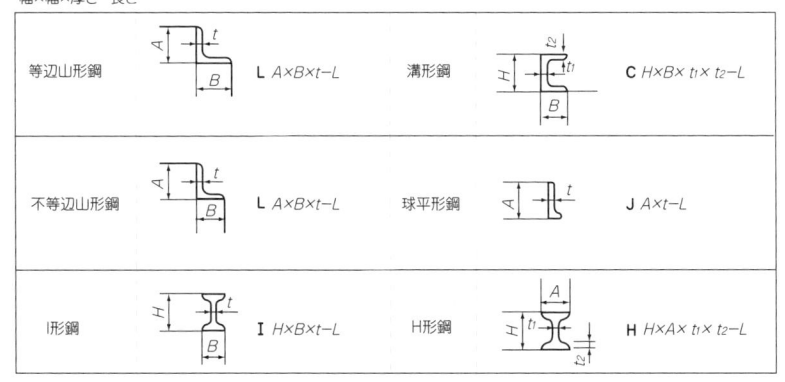

等辺山形鋼	L $A×B×t−L$	溝形鋼	C $H×B× t_1 × t_2−L$
不等辺山形鋼	L $A×B×t−L$	球平形鋼	J $A×t−L$
I形鋼	I $H×B×t−L$	H形鋼	H $H×A× t_1 × t_2−L$

図 4.54　形鋼の表し方

2 機械部品の製図

2.1 ねじの製図

(1) ねじの図示法

ねじは、原則として図4.55に示すような略図で表す。

ねじを側面からみた略図において、ねじの山の頂を太い実線、ねじの谷底を細い実線で表す。ねじの端面からみた略図では、ねじの谷底は細い実線で表し、右上方に4分円を開けるようにする。通常、面取りを表す太い実線は省略する。なお、隠れたねじを示す場合には、ねじの山の頂および谷底を細い破線で表す。また、断面図におけるねじにおいては、ハッチングは、ねじの山の頂を表す外形線まで延ばして描く。

不完全ねじ部は、機能上必要な場合あるいは寸法を指定する必要がある場合には、斜めの細い実線で示す。必要がない場合には省略してよい。

- **完全ねじ部**：山の頂と谷底とが、両方とも完全なねじ山を持つねじ部。
- **不完全ねじ部**：ねじ工具の逃げ、または食い付き部などにより付けられたねじ山が不完全なねじ部。
- **有効ねじ部**：ねじとして有効に使えるねじ部。ねじの一端において面取りなどのために山の頂が完全でないねじ部を含む。

(2) ねじの表し方

ねじの種類、寸法、等級などを表す場合は、おねじの山の頂またはめねじの谷底を表す線から引出し線を出し、その端部に線を水平に設け、その上にJIS B 0123（ねじの表し方）に規定されている方法で次のように記入する。

| ねじの呼び | ねじの等級 | ねじ山の巻き方向 |

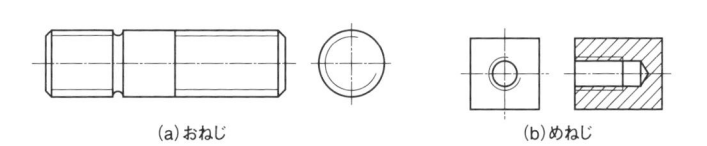

(a) おねじ　　(b) めねじ

図 4.55　ねじの略図 (JIS B 0002)

【第4章】機械製図

2 機械部品の製図

　ここで、一般的な機械によく使われている**メートルねじ**において、ねじの呼びは、ねじの種類を表す記号（メートルねじを表すM）、ねじの呼び径を表す数値、ねじのピッチで表される。**図4.56**に代表的なねじの表示法をまとめている。

(3) ねじ部品の簡略図示法
　ボルト・ナット、小ねじ、止めねじなどの簡略図示法を**図4.57**に示す。

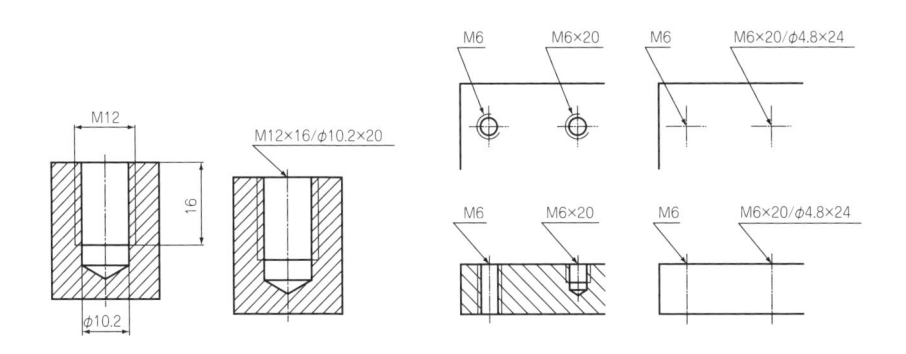

図 4.56　代表的なねじの表示法（JIS B 0002）

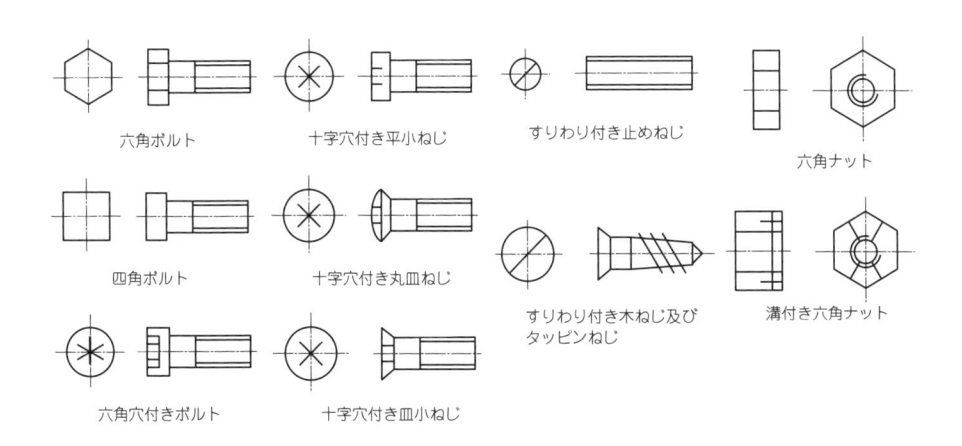

図 4.57　ねじ部品の簡略図示法（JIS B 0002-3）

203

2.2 歯車の製図

(1) 歯車の簡略図

図4.58および図4.59は、平歯車並びにはすば歯車の製作図の例である。図4.60は各種歯車の簡略図、図4.61は一連の平歯車の簡略図を示している。

歯車を表すときの注意事項を以下にあげる。

① 歯先円は、太い実線で表す。
② ピッチ円は、細い一点鎖線で表す。
③ 歯底円は、細い実線で表す。ただし、軸に直角な方向から見た図（主投影図）を断面で図示するときは、歯底の線は太い実線で表す。なお、歯底円

		平歯車		単位 mm
基準ラック	歯車歯形	転位	仕上方法	ホブ切り
	歯形	並歯	精度	JIS B 1702-1 7級 JIS B 1702-2 8級
	モジュール	6	相手歯車転位量	50
	圧力角	20°	相手歯車歯数	0
	歯数	18	中心距離	207
基準ピッチ円直径		108	バックラッシ	0.20〜0.89
転位量		+3.16	＊材料	
全歯たけ		13.34	＊熱処理	
歯厚	またぎ歯厚	47.96 $^{-0.08}_{-0.38}$ （またぎ歯数＝3）	＊硬さ	

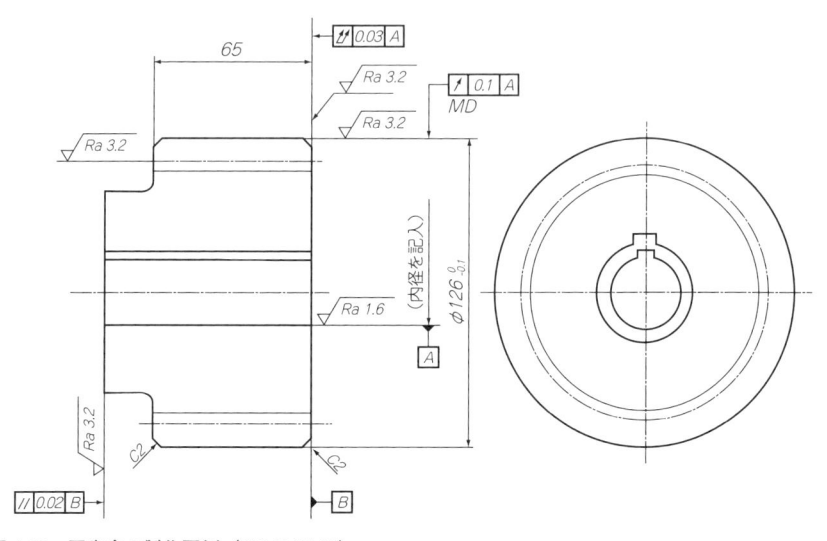

図 4.58　平歯車の製作図例（JIS B 0003）

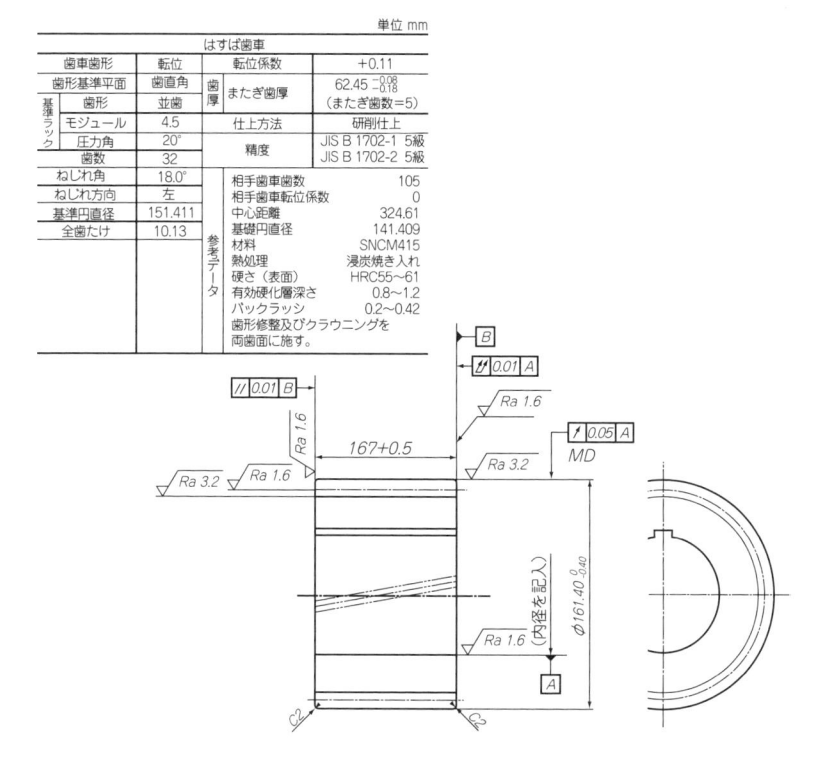

図4.59 はすば歯車の製作図例（JIS B 0003）

は記入を省略してもよく、特にかさ歯車およびウォームホイールの軸方向から見た図（側面図）では、原則として省略する。

④歯すじ方向は、通常、3本の細い実線で表す。

⑤外はすば歯車の主投影図を断面で図示するときは、紙面より手前の歯の歯すじ方向を3本の細い二点鎖線で表す（**図4.59参照**）。

(2) 部品図と要目表

図4.58および**図4.59**に示したように、歯車の部品図には、図と要目表を併用する。

要目表には、歯車諸元を記入する。必要に応じて、歯切り、組立、検査に必要な事項を記入する。各種歯車に記入される共通事項として、歯形、モジュール、圧力角、歯数、基準ピッチ円直径などがある。

図には、歯車素材を製作するのに必要な寸法など、要目表に記載された事項だけでは決められない寸法を記入する。
　熱処理に関する事項は、必要に応じて要目表の注記欄、または図中に記入する。

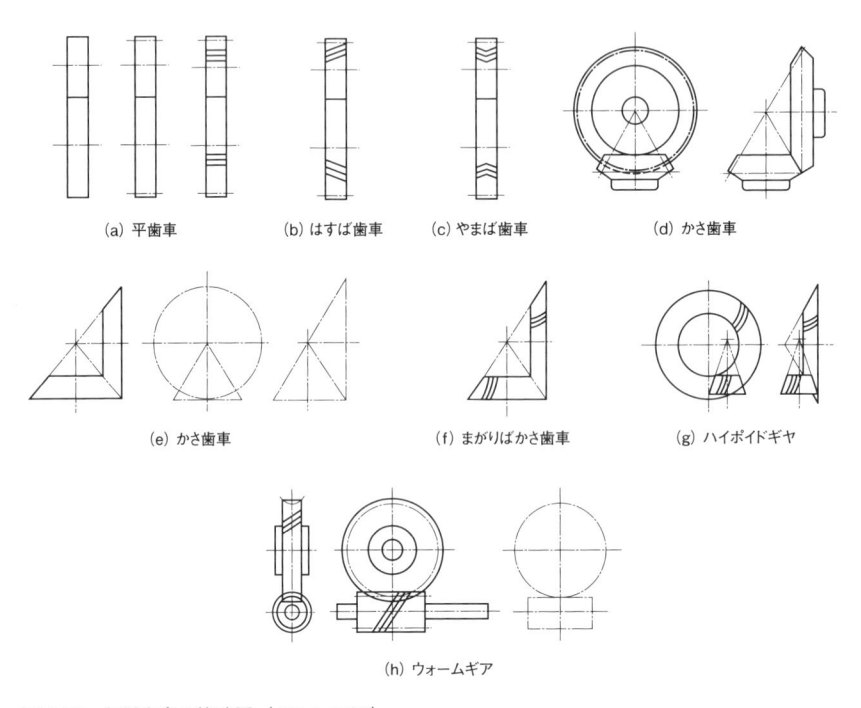

(a) 平歯車　　(b) はすば歯車　　(c) やまば歯車　　(d) かさ歯車

(e) かさ歯車　　(f) まがりばかさ歯車　　(g) ハイポイドギヤ

(h) ウォームギア

図 4.60　各種歯車の簡略図（JIS B 0003）

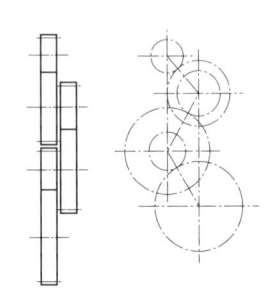

図 4.61　一連の平歯車の簡略図（JIS B 0003）

2.3 ばねの製図

ばねの部品図には、図と要目表を使用する（**図4.62**）。コイルばね、竹の子ばね、渦巻ばねおよび皿ばねは、原則として無荷重時の状態で図示する。必要により、荷重時の状態を示す場合には、その荷重とたわみとの関係を明確に示さなければならない。

図4.63～図4.66はばねの略図である。コイルばねにおいて、中間部を省略する場合は線径の中心線を細い一点鎖線で示す。ばねの形状だけを示す簡略図で

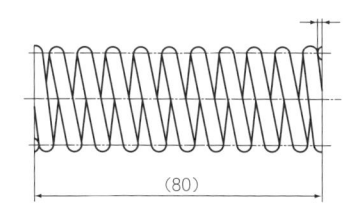

単位 mm

要目表

材料		SWOSC-V
材料の直径	mm	4
コイル平均径	mm	26
コイル外径	mm	30±0.4
総巻数		11.5
座巻数		各1
有効巻数		9.5
巻方向		右
自由高さ	mm	(80)
ばね定数	N/mm	15.0
指定	荷重	N	—
	荷重時の高さ	mm	—
	高さ	mm	70
	高さ時の荷重	N	150±10 %
	応力	N/mm²	191
最大圧縮	荷重	N	—
	荷重時の高さ	mm	—
	高さ	mm	55
	高さ時の荷重	N	375
	応力	N/mm²	477
密着高さ	mm	(44)
先端厚さ	mm	(1)
コイル外側面の傾き	mm	4以下
コイル端部の形状		クローズドエンド（研削）
表面処理	成形後の表面加工	ショットピーニング
	防せい処理	防せい油塗布

備考1. その他の要目：セッチングを行う。
　　2. 用途又は使用条件：常温、繰返し荷重
　　3. 1 N/mm² ＝1MPa

図 4.62　圧縮コイルばねの図例（JIS B 0004）

図 4.63　引張コイルばねの簡略図

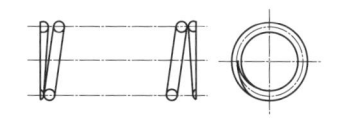

図 4.64　圧縮コイルばねの一部省略図（断面図）

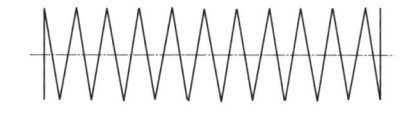

図 4.65　圧縮コイルばねの簡略図

は、ばねの代表形状を太い実線で描くことがある（**図4.63、図4.65**）。また、**図4.67**および**図4.68**に示すように、寸法を表しやすくするため、断面図で表示することもある。

　図4.69に示すように、重ね板ばねの製図では、原則としてばねが水平の状態で描き、寸法を記入する場合は荷重などを要目表に明記する。

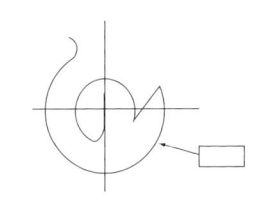

図 4.66　渦巻きばねの簡略図（JIS B 0004）

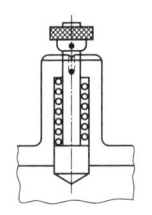

図 4.67　組立図におけるばねの図示法

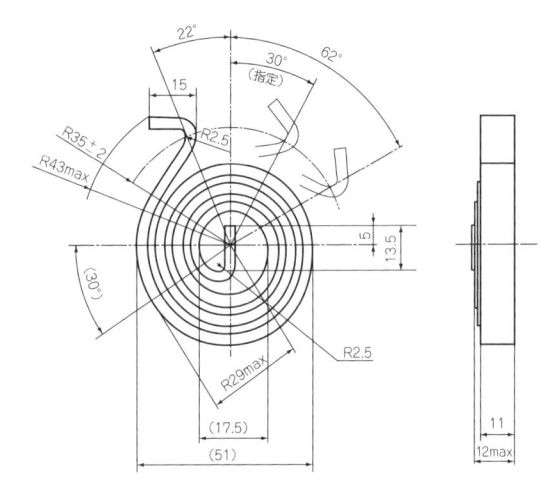

要目表		
材料		SWRH62A
板厚	mm	3.4
板幅	mm	11
巻数		約3.3
全長	mm	410
軸径	mm	φ14
使用範囲	度	30〜62
指定	トルク N·mm	7.9±1.2
指定	応力 N/mm²	764
硬さ	HRC	35〜43
表面処理		りん酸塩処理

備考　1 N/mm²=1MPa

図 4.68　渦巻きばね（JIS B 0004）

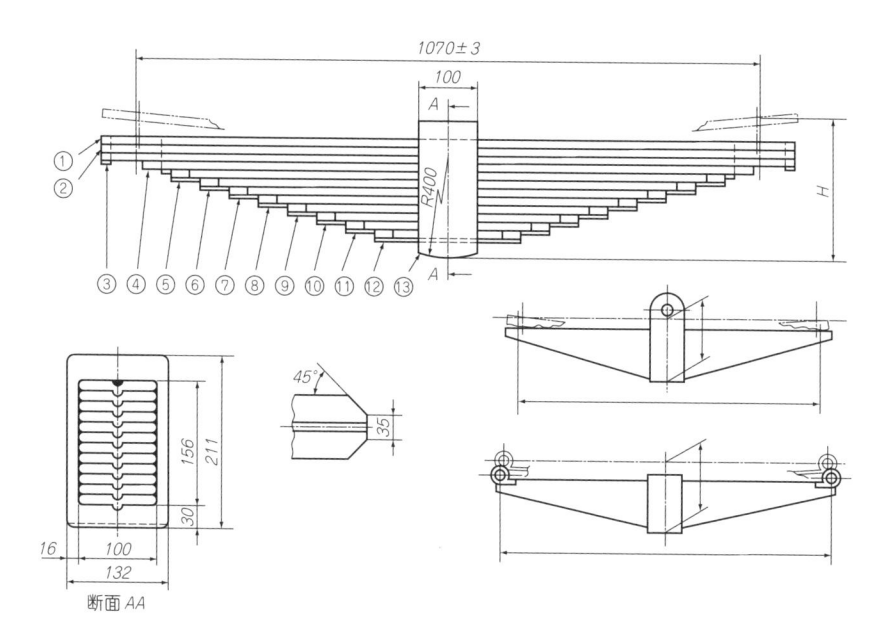

図 4.69　重ね板ばね

2.4 転がり軸受の製図

　転がり軸受は、専門メーカの製品をそのまま使用する場合が多い。また、その形式・寸法などもJISやメーカによって標準化されている。したがって、転がり軸受を製作するときや詳細な寸法を示す必要がある場合を除いて、転がり軸受の形式が理解できる程度の図示を行い、呼び番号を併記すればよいことが多い。

　転がり軸受の簡略図では、**基本簡略図示方法**と**個別簡略図示方法**の2種類が定められている。**図4.70**は、基本簡略図示方法で表した転がり軸受である。これは、転がり軸受の外形を表す四角形および四角形の中央の十字（太い実線）で示されており、転がり軸受の荷重特性や正確な形状を示す必要がない場合に用いられる。

　図4.71は、個別簡略図示方法で表した転がり軸受の例である。この方法では、転動体（球やころ）の位置や調心の有無が表されるため、転がり軸受の形状や特性を詳細に示すことができる。単列アンギュラ玉軸受や調心座付き単式スラ

スト玉軸受などを用いる場合、組み立てる向きによって荷重特性が異なるため、組立図に示された通りに組み付けなければいけない。組み付ける方向を取り違えると、焼付きなどの不具合が発生する。

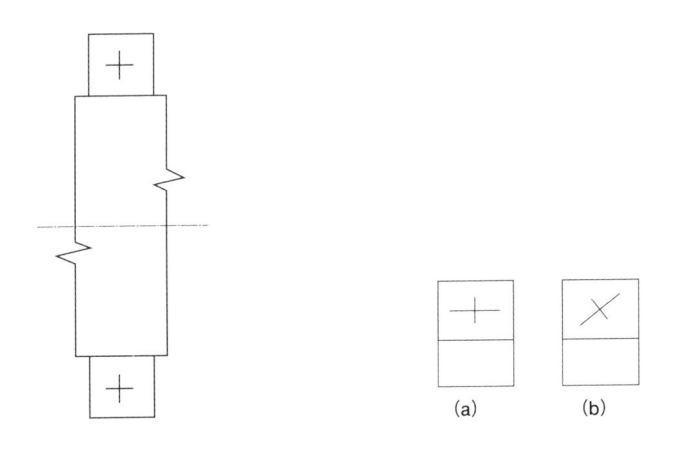

図 4.70　基本簡略図示方法（JIS B 0005）　　図 4.71　個別簡略図示法（JIS B 0005）

3 機械製図に用いる各種記号

3.1 表面性状

(1) 表面性状の表し方

表面性状（表面粗さ）のJIS規格は、1997年に発行された国際規格ISO 4287に合わせて大幅に改正された。さらに、その前には、表面粗さを三角記号で指示することが多かった。そのため、現在では、従来から使われてきた規格と新しい規格とが混在して使われているのが実情である。

現在の表面性状は、JIS B 0601で詳細に規格されている**算術平均粗さ**Ra、**最大高さ粗さ**Rz、**二乗平均平方根粗さ**Rqなどで指示される。これらの粗さはμmの単位で表される。なお、改正前の規格では、記号Raは中心線平均粗さ、記号Rzは十点平均粗さに使われており、図面情報の読み取り、あるいは表面性状の測定・評価には十分に注意しなければならない。

(2) 図示記号

表面性状を指示するには、**図4.72 (a)** に示す60°の折れ線の指示記号（基本図示記号）を用いる。除去加工をするように指示するときは**図4.72 (b)** に示す図示記号、除去加工をしないように指示するときは**図4.72 (c)** の図示記号を用いる。なお、**図4.72 (a)** の記号では、除去加工の有無については問わない。

(a) 基本形
(b) 除去加工を要求するとき
(c) 除去加工をしないことを指定するとき

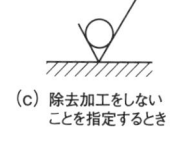

図 4.72　表面性状の図示記号（JIS B 0031）

(a) 現在の表記法

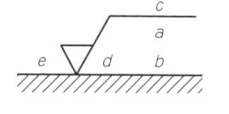

a：通過帯域又は基準長さ、表面性状パラメータ
b：複数パラメータが要求されたときの二番目以降のパラメータ指示
c：加工方法
d：筋目とその方向
e：削り代

(b) 旧JIS規格の表記

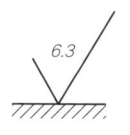

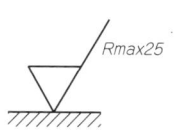

6.3

Rmax25

図 4.73　表面性状を指示する様式（JIS B 0031）

粗さの数値や加工方法などの要求事項は、**図**4.73 (a) に示す様式によって記入する。**図**4.73 (b) は旧JIS規格であり、粗さの数値の記入位置が異なっているので注意する。

　図4.74に表面性状の指示例を示す。**表**4.2は、筋目方向（仕上げ模様）を指示するときの記号である。

表 4.2　筋目方向の記号 （JIS B 0031）

記　号	意　味	説 明 図 及 び 解 釈
＝	筋目の方向が、記号を指示した図の投影面に平行 例　形削り面、旋削面、研削面	筋目の方向
⊥	筋目の方向が、記号を指示した図の投影面に直角 例　形削り面、旋削面、研削面	筋目の方向
X	筋目の方向が、記号を指示した図の投影面に斜めで2方向に交差 例　ホーニング面	筋目の方向
M	筋目の方向が、多方向に交差 例　正面フライス削り面、エンドミル削り面	
C	筋目の方向が、記号を指示した面の中心に対してほぼ同心円状 例　正面旋削面	
R	筋目の方向が、記号を指示した面の中心に対してほぼ放射状 例　端面研削面	
P	筋目が、粒子状のくぼみ、無方向または粒子状の突起 例　放電加工面、超仕上げ面、ブラスチング面	

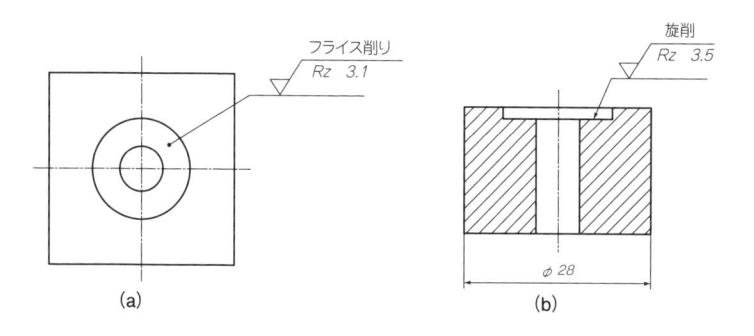

図4.74 表面性状の指示例（JIS B 0031）

（3）図面記入法

表面性状を指示する場合は図4.75に示す向きに図示記号を記入する。表面性状の図示記号は、図面の下辺または右辺から読めるように指示する。

図4.76に図面記入例を示す。図示記号は、寸法に並べて記述したり、幾何公差の枠の上側に記入したりすることもできる。いずれの場合も、誤った解釈がされないようにしなければならない。

図4.77は、1箇所を除く全表面の表面性状を指示する場合の記入例である。部品の大部分を同一の表面性状に指定する場合は、このような指示がされることが多い。

3.2 寸法公差およびはめあい

穴に軸をはめ込んだり、キーをキー溝にはめ込んだりする場合、両者の関係には、互いに隙間があって緩くはめあわされているか、しめしろがあって強く固定されるか、あるいはその中間的な存在であるか、使用される機構部分の要求によって様々な条件が必要となる。必要とされる寸法を誤差0で作り上げることは不可能であるので、JISでは、使用目的に合致し、許容される範囲の寸法差について規格化している。

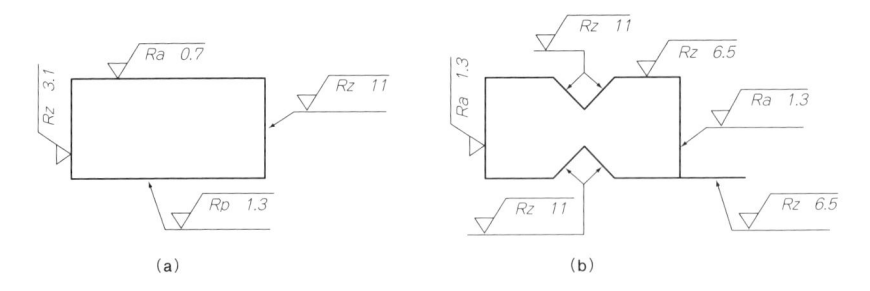

図 4.75　表面性状の要求事項の向き（JIS B 0031）

図 4.76　表面性状の図面記入例（JIS B 0031）

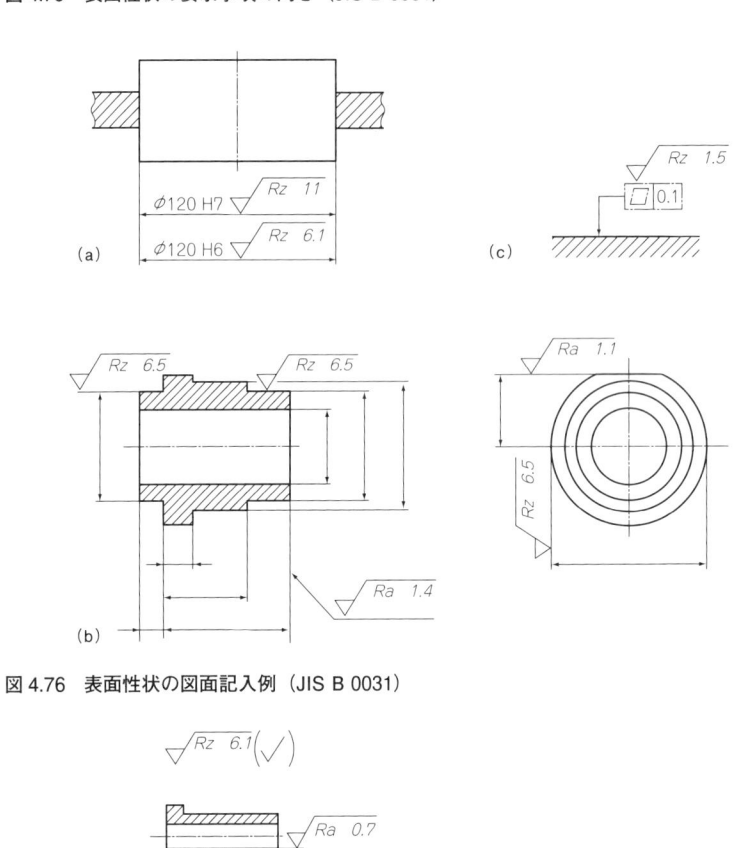

図 4.77　1箇所を除く全表面の表面性状を指示する場合の記入例（JIS B 0031）

(1) 用語の意味

①**穴**— 円筒形ではない形状も含めて、工作物の内側形体を表現するために使われる。
②**軸**— 円筒形ではない形状も含めて、工作物の外側形体を表現するために使われる。
③**実寸法**— 形体の実測寸法。
④**許容限界寸法**— 実寸法がその間に収まるように定められた大小2つの限界を表す寸法。
⑤**最大許容寸法**— 許される最大の寸法。
⑥**最小許容寸法**— 許される最小の寸法。
⑦**基準寸法**— 許容限界寸法の基準となる寸法。
⑧**寸法許容差**— 許容限界寸法からその基準寸法を引いた値。
⑨**上の寸法許容差**— 最大許容寸法から基準寸法を引いた値。

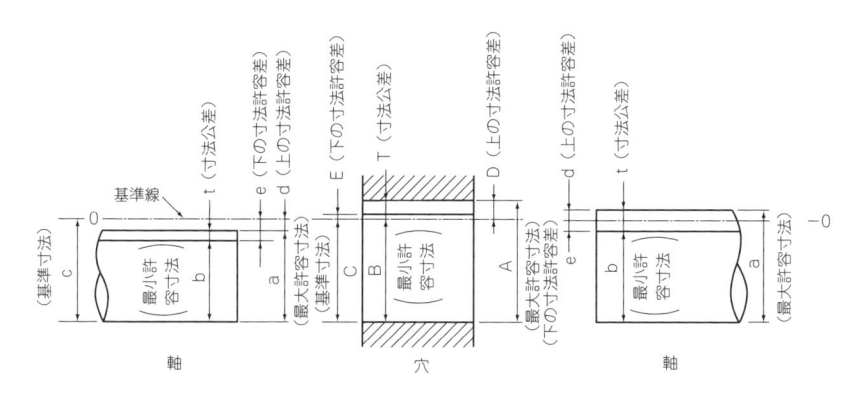

図 4.78　軸と穴の寸法許容差（JIS B 0401）

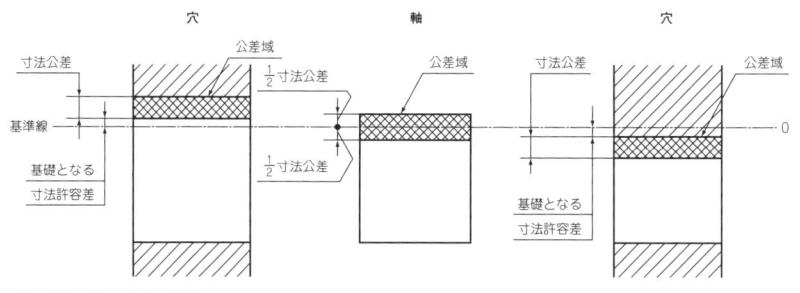

図 4.79　軸と穴のはめあい

⑩**下の寸法許容差** ── 最小許容寸法から基準寸法を引いた値。
⑪**基準線** ── 許容限界寸法またははめあいを図示するときに寸法許容差の基準となる線であり、基準寸法を表すのに用いる（**図4.78参照**）。
⑫**寸法公差** ── 最大許容寸法と最小許容寸法との差、すなわち上の寸法許容差と下の寸法許容差との差。
⑬**公差域** ── 基準線と寸法公差の位置関係を図示したときに、上の寸法許容差と下の寸法許容差を示す2本の線の間にはさまれる領域（**図4.79参照**）。

（2）はめあいの種類

図4.80に、はめあいの種類を示している。

すきまばめは、常に隙間ができるはめあいであり、穴の最小許容寸法Bより軸の最大許容寸法aが小さいはめあいである（等しい場合を含む）。すなわち、軸の公差域は、完全に穴の公差域の下にある。

しまりばめは、常にしめしろができるはめあいであり、穴の最大許容寸法Aより軸の最小許容寸法b'が大きいはめあいである（等しい場合を含む）。すなわち、軸の公差域は、完全に穴の公差域より上にある。

中間ばめは、それぞれの許容限界寸法内に仕上げられた穴と軸とをはめあわせるとき、その実寸法によって隙間ができることも、しめしろができることもあるはめあいである。すなわち、軸の公差域は穴の公差域に重なりあう。

これらのはめあいは、後述する穴や軸の公差域を表す記号（H、G、h、gなど）の後に記号ITで表される公差等級の数字が並べて指示される。

（3）公差域クラスとその記号

公差域の位置を表すために、穴についてはAからZCまでの大文字の記号、軸についてはaからzcまでの小文字の記号が使われる（**図4.81**）。これらの記号に公差等級を表す数字を連ねたものを**公差域クラス**という。

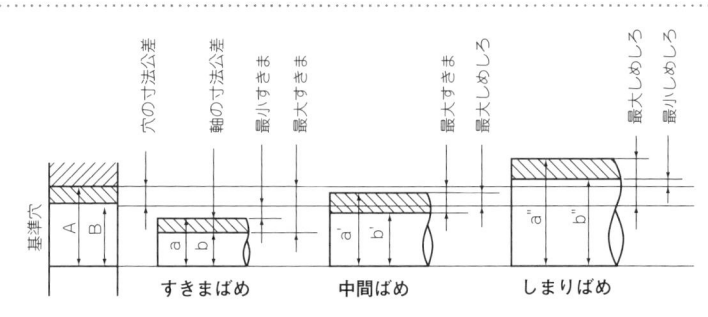

図 4.80　軸と穴のはめあい

（4）はめあい方式

はめあいの方式には、**穴基準はめあい方式**と**軸基準はめあい方式**がある（図4.82）。

穴基準はめあい方式は、公差域クラスがHのある等級の穴に対して、どれかの公差域クラスの軸をはめあわせることによって、隙間やしめしろが異なる様々

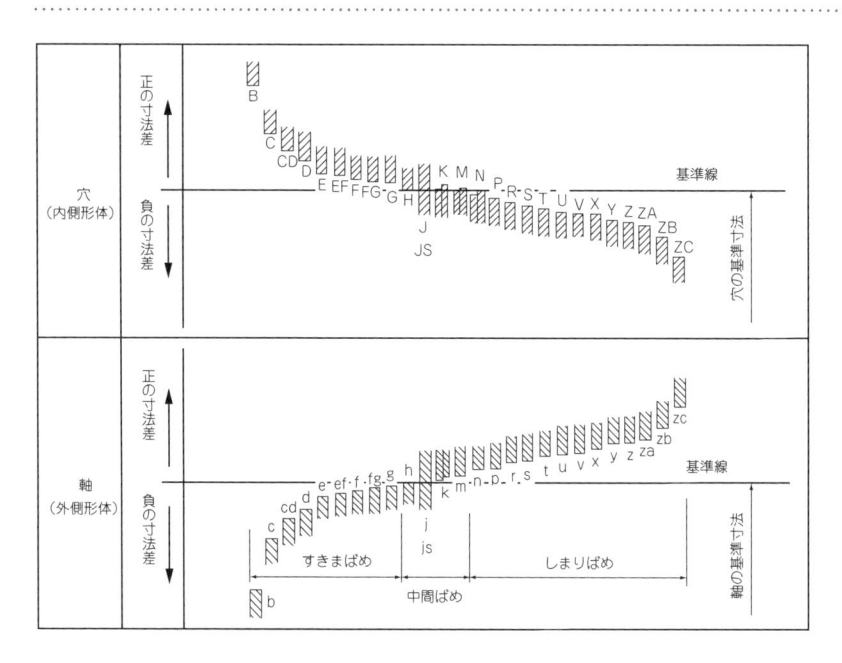

図 4.81　公差域の位置を表す記号（JIS B 0401）

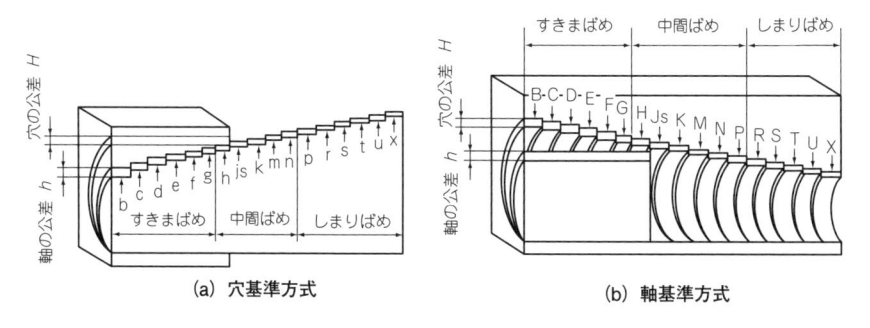

図 4.82　はめあい方式

（a）穴基準方式

（b）軸基準方式

なはめあいを得る方式である。一般に、穴の高精度な加工は軸の加工よりも難しいので、穴基準はめあい方式がよく使われている。

軸基準はめあい方式は、公差域クラスがhのある等級の軸に対して、どれかの公差域クラスの穴をはめあわせることによって、隙間やしめしろが異なる様々なはめあいを得る方式である。

(5) 公差等級

公差の規格値は、形体の寸法をある範囲ごとに区分して、その区分に対して定められている。これを**公差等級**（記号IT）といい、その等級を表す数字を記号ITに連ねた記号で表す。例えば、等級が7級ならばIT 7となる。**表4.3**は、JIS B 0401-1で定められた公差等級の数値の一部を示している（JISではIT 1～IT18までが規格化されている）。

(6) 多く用いられるはめあい

はめあいを指示する際には、穴と軸のどの公差域クラスを組み合わせてもよ

表4.3 基準寸法3150mm以下に対する基本公差（JIS B 0401）

基準寸法の区分mm		公差等級												
を超え	以下	5	6	7	8	9	10	11	12	13	14	15	16	17	18
		公差											
		基本公差の基準（μm）						基本公差の数値（mm)						
–	3	4	6	10	14	25	40	60	0.1	0.14	0.26	0.4	0.6	1	1.4
3	6	5	8	12	18	30	48	75	0.12	0.18	0.3	0.48	0.75	1.2	1.8
6	10	6	9	15	22	36	58	90	0.15	0.22	0.36	0.58	0.9	1.5	2.2
10	18	8	11	18	27	43	70	110	0.18	0.27	0.43	0.7	1.1	1.8	2.7
18	30	9	13	21	33	52	84	130	0.21	0.33	0.52	0.84	1.3	2.1	3.3
30	50	11	16	25	39	62	100	160	0.25	0.39	0.62	1	1.6	2.5	3.9
50	80	13	19	30	46	74	120	190	0.3	0.46	0.74	1.2	1.9	3	4.6
80	120	15	22	35	54	87	140	220	0.35	0.54	0.87	1.4	2.2	3.5	5.4
120	180	18	25	40	63	100	160	250	0.4	0.63	1	1.6	2.5	4	6.3
180	250	20	29	46	72	115	185	290	0.46	0.72	1.15	1.85	2.9	4.6	7.2
250	315	23	32	52	81	130	210	320	0.52	0.81	1.3	2.1	3.2	5.2	8.1
315	400	25	36	57	89	140	230	360	0.57	0.89	1.4	2.3	3.6	5.7	8.9
400	500	27	40	63	97	155	250	400	0.63	0.97	1.55	2.5	4	6.3	9.7
500	630	32	44	70	110	175	280	440	0.7	1.1	1.75	2.8	4.4	7	11
630	800	36	50	80	125	200	320	500	0.8	1.25	2	3.2	5	8	12.5
800	1000	40	56	90	140	230	360	560	0.9	1.4	2.3	3.6	5.6	9	14
1000	1250	47	66	105	165	260	420	660	1.05	1.65	2.6	4.2	6.6	10.5	16.5
1250	1600	55	78	125	195	310	500	780	1.25	1.95	3.1	5	7.8	12.5	19.5
1600	2000	65	92	150	230	370	600	920	1.5	2.3	3.7	6	9.2	15	23
2000	2500	78	110	175	280	440	700	1100	1.75	2.8	4.4	7	11	17.5	28
2500	3150	96	135	210	330	540	860	1350	2.1	3.3	5.4	8.6	13.5	21	33

注1）IT14～IT18に対しては、1mm以下は適用外とする。　2）JISには暫定値が示されている。

いが、JIS B0401-1の付属書では、工業界で多く用いられる組み合わせがまとめられている。**表4.4**は、穴基準はめあい方式の組み合わせ例である。

(7) 寸法許容限界の指示方法

寸法の許容限界を数値で指示するには、基準寸法の次に上・下の寸法許容差を付記して示す（**図4.83**）。または、最大許容寸法と最小許容寸法を併記することもある（**図4.84**）。寸法許容差の数字の大きさは、原則として基準寸法と同じにするのがよい。

組み立てた状態の図で、穴および軸に対する上・下の許容差を併記する場合には、**図4.85**に示すように記入する。

公差域クラスを指示する場合、基準寸法の数値の右側に公差域クラスの記号を記入する（**図4.86**）。この記号の文字の大きさは、基準寸法と同じにする。必要があれば、上・下の寸法許容差または許容限界寸法を括弧内に併記する（**図4.87**）。また、穴と軸を組み立てた状態の図に公差域クラスを示すときは**図4.88**に示すように記入する。

表4.4 常用する穴基準はめあい（JIS B 0401）

基準穴	軸の公差域クラス												
	すきまばめ						中間ばめ			しまりばめ			
H6				g5	h5	js5	k5	m5					
			f6	g6	h6	js6	k6	m6	n6*	p6*			
H7			f6	g6	h6	js6	k6	m6	n6	p6*	r6*	s6	t6	u6	x6
			e7	f7		h7	js7							
H8				f7		h7								
			e8	f8		h8								
		d9	e9											
H9			d8	e8		h8								
		c9	d9	e9		h9								
H10	b9	c9	d9											

* これらのはめあいは、寸法の区分によっては例外を生じる。

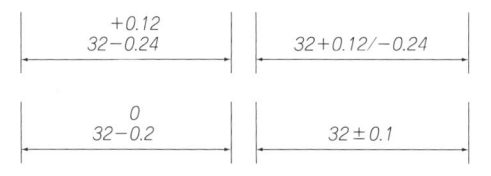

```
   +0.12
32 -0.24           32 +0.12/-0.24
                                              32.198
    0                                         32.195
32 -0.2             32 ± 0.1
```

図4.83 許容限界の指示（JIS Z 8318）　　　図4.84 最大許容寸法と最小許容寸法の併記

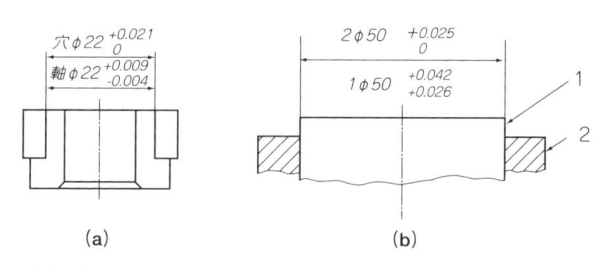

図4.85 穴および軸に対する上下の許容差の併記 (JIS Z 8318)

図4.86 公差域クラスの記入　　　図4.87 公差域クラスと寸法許容差の併記

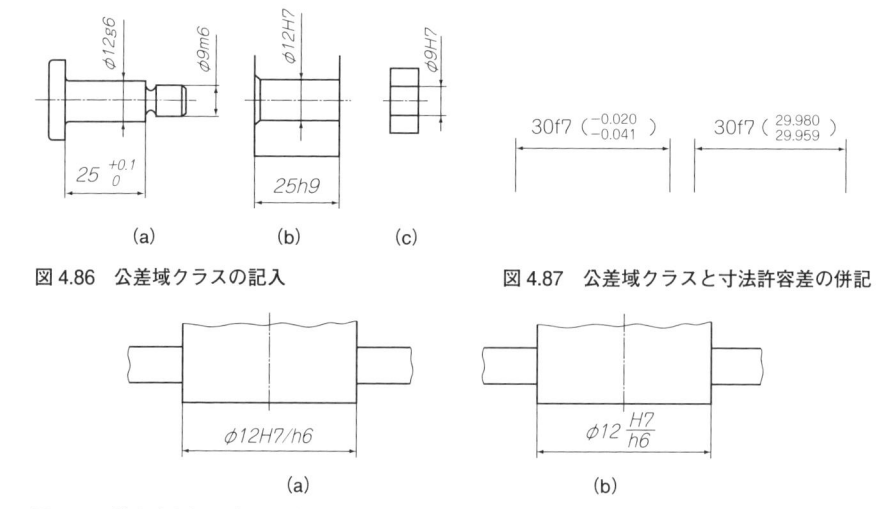

図4.88 軸と穴を組み立てた状態での公差域クラスの記入 (JIS B 0021)

3.3 溶接記号

(1) 溶接の種類と記号

　溶接の種類と形状は、**表4.5**に示すように、グルーブ溶接、すみ肉溶接、プラグ溶接、ビード溶接、スポット溶接（点溶接）などがある。また、溶接する母材の組み合わせ部にはI形、V形、X形、U形、H形、レ形、K形、J形など、様々な形がある。

　溶接部を図面に記入する場合は、**表4.5**に示した溶接記号で示す。必要に応じて、**表4.6**に示す補助記号を用いる。

(2) 溶接記号の記入方法

溶接記号を記入する際の注意点は、以下の通りである。
① 溶接記号はビードおよび肉盛を除き、原則として2部材間の接合部の溶接の種類を表す。
② 溶接部を表示するために説明線を用いる。説明線は、**図4.89**に示すように、基線、矢および尾で構成されている。通常、基線は水平線とし、一端に矢をつける。必要であれば、基線の一端から2本以上の矢をつけることもできる。尾の部分には、溶接方法などの参考情報が記入される。尾は必要がなければ省略する。
③ 基本記号は、矢の手前側を溶接するときは基線の下側に、矢の反対側を溶接するときは基線の上側に記入する (**図4.90**)。
④ 溶接施工内容を指示するための、補助記号、寸法、強さなどは、**図4.91**に示すように、基本記号と同じ側に記載する。

図4.92〜**図4.99**に、溶接部の見取図並びに溶接記号の記載例を示す。

表4.5 主な溶接記号と形状 (JIS Z 3021)

名称	記号	形状(片側)	形状(両側)
I形開先			
V形開先			
レ形開先			
J形開先	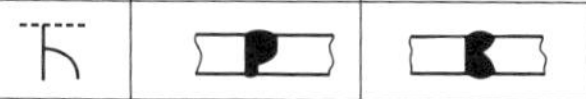		
U形開先			
V形フレア溶接			
レ形フレア溶接			
へり溶接	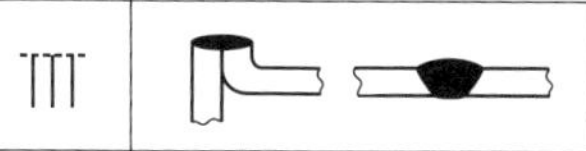		
すみ肉溶接	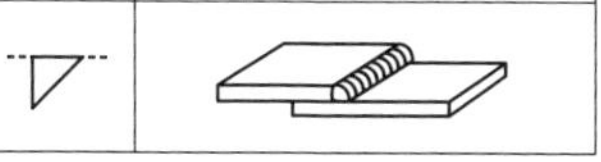		

表4.6 主な補助記号 (JIS Z 3021)

名称	記号
表面形状	
平ら仕上げ	
凸形仕上げ	
へこみ仕上げ	
止端仕上げ	
仕上げ方法	
チッピング	C
グラインダ	G
切削	M
研磨	P

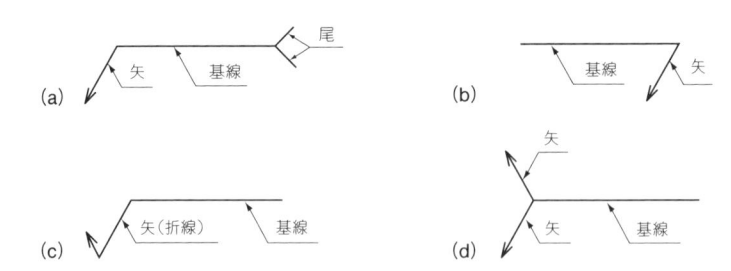

図 4.89　溶接部の説明線（JIS Z 3021）

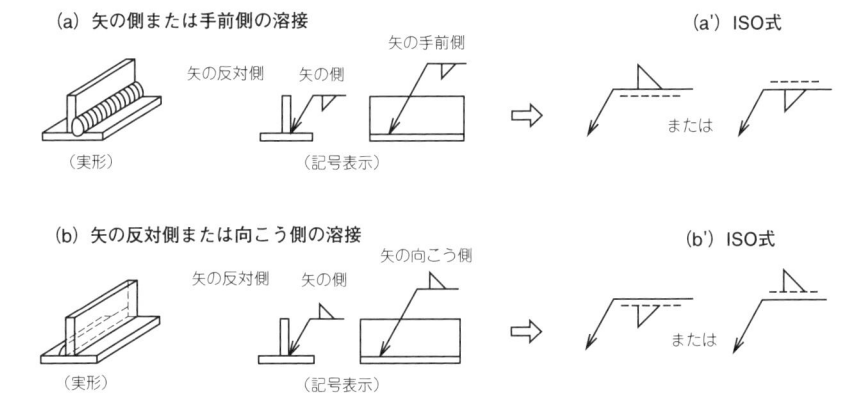

図 4.90　溶接基本記号の記入（JIS Z 3021）

【第4章】機械製図
3 機械製図に用いる各種記号

(a) 溶接する側が矢の側または手前側のとき

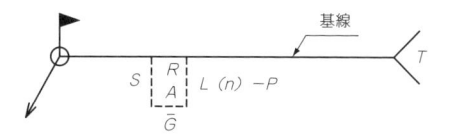

(b) 溶接する側が矢の反対側または向こう側のとき

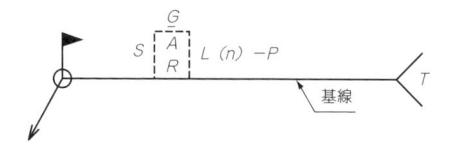

(c) 重ね継手部の抵抗溶接（スポット溶接など）のとき

▭ ：基本記号

S ：溶接部の断面寸法または強さ（開先深さ、すみ肉の脚長、プラグ穴の直径、スロットみぞの幅、シームの幅、スポット溶接のナゲットの直径または単点の強さなど）
R ：ルート間隔
A ：開先角度
L ：断続すみ肉溶接長さ、スロット溶接のみぞの長さまたは必要な場合は溶接長さ
n ：断続すみ肉溶接、プラグ溶接、スロット溶接、スポット溶接などの数
P ：断続すみ肉溶接、プラグ溶接、スロット溶接、スポット溶接などのピッチ
T ：特別指示事項（J形・U形などのルート半径、溶接方法、その他）
― ：表面形状の補助記号
G ：仕上方法の補助記号
⌾ ：全周現場溶接の補助記号
○ ：全周溶接の補助記号

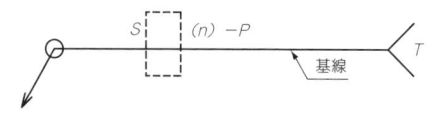

図 4.91　溶接施工内容の記入

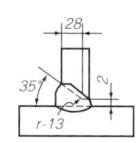

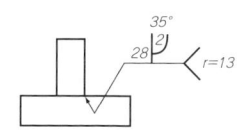

図 4.92　J形グループ溶接（JIS Z 3021）

図 4.93　U形グループ溶接（JIS Z 3021）

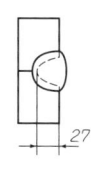

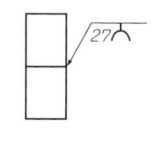

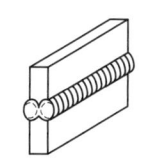

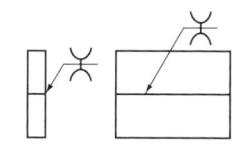

図 4.94　両面U形グループ溶接（JIS Z 3021）

両側等脚溶接の場合

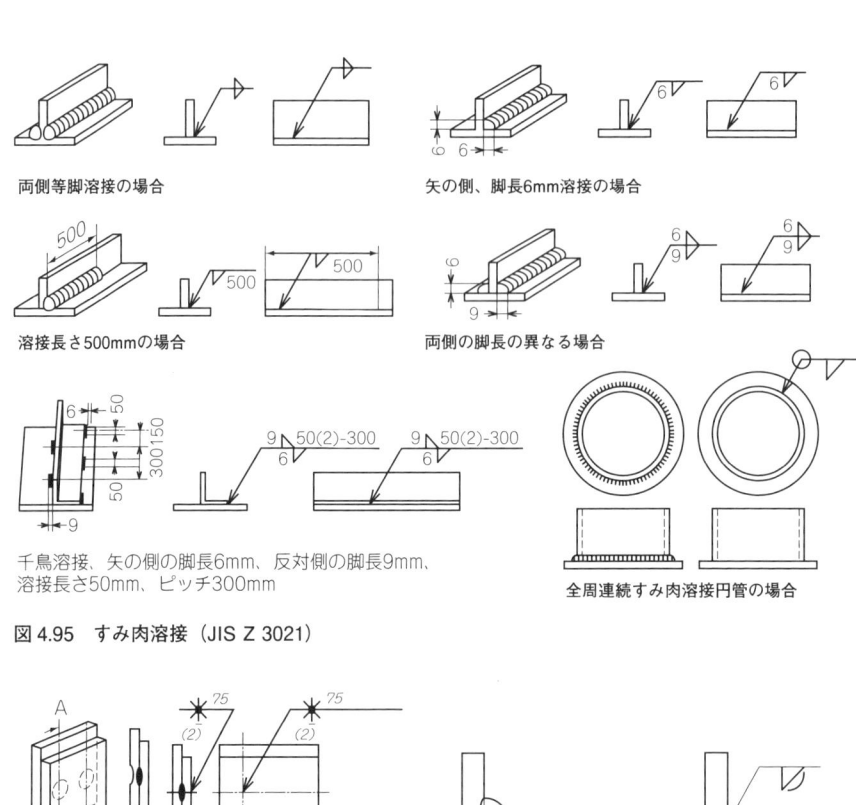

矢の側、脚長6mm溶接の場合

溶接長さ500mmの場合

両側の脚長の異なる場合

千鳥溶接、矢の側の脚長6mm、反対側の脚長9mm、
溶接長さ50mm、ピッチ300mm

全周連続すみ肉溶接円管の場合

図4.95　すみ肉溶接（JIS Z 3021）

断面AA

図4.96　点溶接（JIS Z 3021）

突合せ溶接で形状がとつの場合

図4.97　表面形状の表し方（JIS Z 3021）

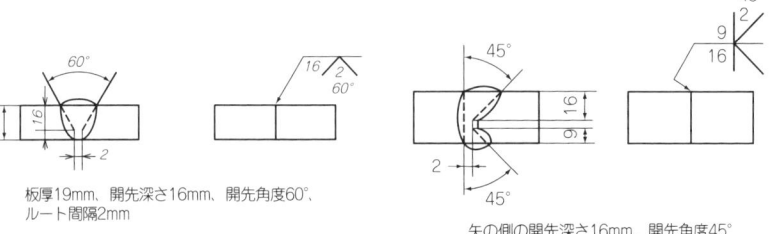

板厚19mm、開先深さ16mm、開先角度60°、
ルート間隔2mm

矢の側の開先深さ16mm、開先角度45°
矢の反対価の開先深さ9mm。
開先角度45°。ルート間隔2

図4.98　V形グルーブ溶接（JIS Z 3021）　　図4.99　K形グルーブ溶接（JIS Z 3021）

3.4 材料記号

　JISに規定されている工業用材料は、取り扱いの便宜上、記号で表示できるようになっている。材料記号の多くはその性質などと関連付けられている。
　表4.7および表4.8は、一般によく用いられる部品素材用の金属材料の記号を示している。これらの記号に、種類別を表す記号が付加されたものが材料記号である。
　以下、材料記号の一例である。

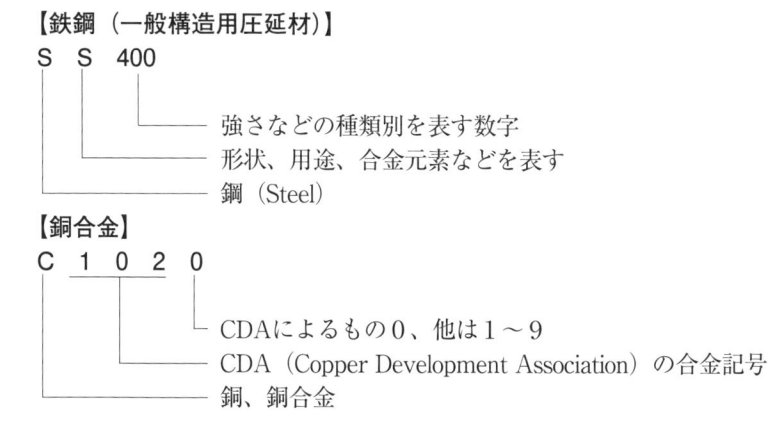

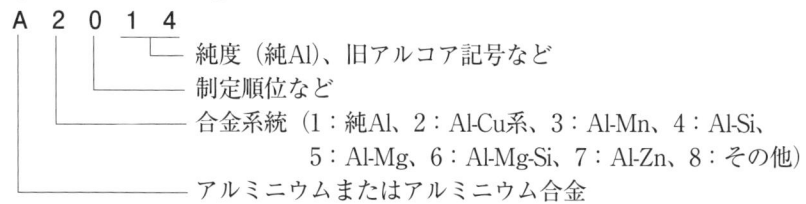

【鉄鋼（一般構造用圧延材）】
```
S  S  400
│  │   └── 強さなどの種類別を表す数字
│  └────── 形状、用途、合金元素などを表す
└───────── 鋼（Steel）
```

【銅合金】
```
C 1 0 2 0
│ │ │   └── CDAによるもの0、他は1～9
│ │ └────── CDA（Copper Development Association）の合金記号
└─────────── 銅、銅合金
```

【アルミニウム合金】
```
A 2 0 1 4
│ │ │   └── 純度（純Al）、旧アルコア記号など
│ │ └────── 制定順位など
│ └──────── 合金系統（1：純Al、2：Al-Cu系、3：Al-Mn、4：Al-Si、
│                      5：Al-Mg、6：Al-Mg-Si、7：Al-Zn、8：その他）
└─────────── アルミニウムまたはアルミニウム合金
```

表 4.7　一般部品用鉄鋼材料の記号

分類	名称	記号*	JIS番号
棒・形・板	一般構造用圧延鋼材	SS	G3101
	溶接構造用圧延鋼材	SM	G3106
	みがき棒鋼	SGD	G3123
	熱間圧延軟鋼板および鋼帯	SPH	G3131
	冷間圧延鋼板および鋼帯	SPC	G3141
	一般構造用軽量形鋼	SSC	G3350
	一般構造用溶接軽量H形鋼	SWH	G3353
鋼管	機械構造用合金鋼鋼管	SCM	G3441
	一般構造用炭素鋼鋼管	STK	G3444
	機械構造用炭素鋼鋼管	STKM	G3445
	配管用炭素鋼鋼管	SGP	G3452
	圧力配管用炭素鋼鋼管	STPG	G3454
	高圧配管用炭素鋼鋼管	STS	G3455
	一般構造用角形鋼管	STKR	G3466
線	硬鋼線	SW	G3521
	ピアノ線	SWP	G3522
	鉄線	SWM	G3532
機械構造用鋼	機械構造用炭素鋼鋼材	S-C	G4051
	焼入性を保証した構造用鋼鋼材（H鋼）	SMn	G4052
		SMnC	
		SCr	G4053
		SCM	G3311
		SNC	G4053
		SNCM	G3311
	ニッケルクロム鋼鋼材	SNC	G4102
	ニッケルクロムモリブデン鋼鋼材	SNCM	G4103

*種類別を表す記号を取り除いたもの

表 4.8　一般部品用非鉄金属材料の記号

分類	名称	記号*	JIS番号
伸銅品	銅および銅合金の板および条	C	H3100
	銅および銅合金棒	C	H3250
	銅および銅合金継目無管	C	H3300
その他の合金の展伸材 アルミニウムおよびアルミニウム合金	アルミニウムおよびアルミニウム合金の板および条	A	H4000
	アルミニウムおよびアルミニウム合金の棒および線	A	H4040
	アルミニウムおよびアルミニウム合金継目無管	A	H4080

*種類別を表す記号を取り除いたもの

第4章●機械製図

実力診断テスト

解答と解説は次ページ

次の設問において、記述が正しければ○、記述が間違っていれば×を解答しなさい。

【1】図1の見取図に示す部品を第三角法で投影すると、図Aのようになる。

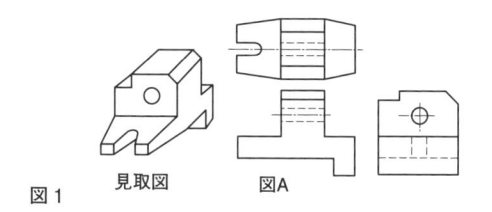

図1　見取図　図A

【2】$\phi 45H8$の寸法許容差は、$\phi 45H7$の寸法許容差よりも大きい。
【3】はめあい記号で、H7p6はすきまばめ、H7k6とH6k6はしまりばめを表している。
【4】円すい体をその軸に平行な断面で切断したとき、その切口は放物線である。
【5】図2の実形Aに対する溶接記号の図示法Bは正しい。

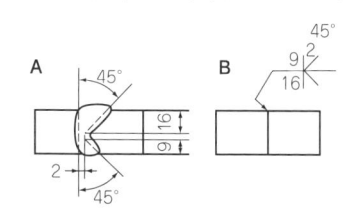

図2

【6】部品の一部分だけ熱処理を施す場合など、特殊な加工を施す部分は、それに平行して太い一点鎖線によってその範囲を示す。
【7】歯車のピッチ円は、細い二点鎖線によって示す。
【8】歯車の製作図には、必要な場合以外は要目表を書かないのが原則である。
【9】コイルばね、竹の子ばね、渦巻ばねの製図は、原則として無荷重時の状態で表す。
【10】普通許容差とは、許容差が指定されていない寸法に適用するもので、合格、不合格にはまったく関係ない。

第4章●実力診断テスト　解答と解説

【1】× ☞ 図3に示す個所に誤りがある。

【2】○ ☞ H7の7、H8の8は、寸法公差の等級を示すものであり、寸法区分ごとに許容差の幅が決められている。等級の高い（数値の低い等級）ものほど寸法許容差が小さい。

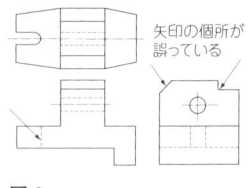

図3

矢印の個所が誤っている

【3】× ☞ H7p6はしまりばめ、H7k6およびH6k6は中間ばめである。
【4】× ☞ 双曲線となる。
【5】○ ☞ K形グルーブ溶接の図示法である。
【6】○
【7】× ☞ 細い二点鎖線ではなく、細い一点鎖線が正解である。
【8】× ☞ 歯車の製作図では、要目表を必ず記入しなければならない。
【9】○ ☞ その通りである。ただし、重ね板ばねについては、水平状態で書くなどの例外もある。
【10】× ☞ 普通許容差は、許容差を指定していない加工寸法に適用されるものであるが、許容限界を示すものであるので、限界を超えたものは不合格扱いになる。

【第5章】電　　気

　機械を扱う際、電気の知識が必要となることが多い。電圧・電流・抵抗値の関係を表したオームの法則は機械を扱うときに最も基本となる知識の一つである。また、工作機械をはじめ、多くの機械は電動機によって駆動力を得ている。その際に必要となるのはフレミングの法則をはじめとした電磁気学の知識である。本章では、電気・磁気に関する基礎知識や電動機の基本構造、それらに関連した電気機器の取り扱い方について解説する。

1 電磁気の基礎

1.1 電位差と電流

　高い所にある水が低い所へと流れるように、電気にも高低があり、高い所から低い所へと流れる。この高低差のことを**電位差**（**電圧**）と呼ぶ。
　導体の中には、電気を流す多くの**自由電子**（導体の中を自由に移動できる電子）が存在し、この自由電子が移動することによって電気は流れる。一方、絶縁体には自由電子がなく、電気は流れない。電気が流れるためには、両端に電位差（電圧）が必要である。
　自由電子はマイナスの電位を持つため、電流の流れる方向は自由電子の移動する方向と反対方向になる。電流の強さは、1秒間に移動する電子の量で表され、アンペア[A]という単位で表される。

1.2 電圧と起電力

電圧および起電力についてまとめると、次のようになる。
①自由電子を移動させるためには、電圧（電位差）が必要である。
②電圧をつくる原動力を**起電力**と呼ぶ。
③電圧および起電力の大きさは、ボルト[V]の単位で表される。

1.3 抵抗および電源

抵抗（負荷）と電源についてまとめると、次のようになる。
①電気エネルギーを補充して絶えず電圧を保持するためのものを**電源**と呼ぶ。
②電源には、電池、発電機などがある。
③電源が持つ電気エネルギーは、熱、光、化学的・機械的エネルギーに変換され、外部に放出される。これらの変換を行うものを**負荷**と呼ぶ。
④あらゆる負荷には必ず電流の流れを妨げてエネルギーを変換させる抵抗（**電気抵抗**）がある。負荷としては、各種の電動機、電灯、電熱器、電解槽などがある。
⑤電気抵抗の大きさは、オーム[Ω]の単位で表される。

【第5章】電　気

⑥導線の電気抵抗は、導線の長さに正比例し、導線の断面積に反比例する。
⑦電源と負荷を接続し、電気の通路となるものを、**電気回路**と呼ぶ。

1.4 電力および電力量

電力および**電力量**についてまとめると、次のようになる。
①ある電圧を持った電源に負荷をつなぐと、自由電子が移動して仕事をする。また、電気抵抗が一定の場合、電圧と電流（移動する自由電子の量）とは比例する。
②1秒間当たりの電気の仕事を**電力**と呼び、次式で表される。電力の大きさはワット［W］の単位で表される。

> **重要公式**
>
> 電力〔W〕＝電圧〔V〕×電流〔A〕

③1Wとは、電圧が1Vで1Aの電流が流れたときの電力である。1000Wを1kW（キロワット）と呼ぶ。
④ある時間内になされた電気の仕事の総量を、その時間内における電力量と呼ぶ。電力と混同しないように注意する。電力量は次式で表され、単位はキロワット時［kWh］などが用いられる。

> **重要公式**
>
> 電力量〔Wh〕＝電力〔W〕×時間〔h〕
> 　　　　　　＝電圧〔V〕×電流〔A〕×時間〔h〕

1.5 オームの法則

図5.1に示すように導線A-Bの両端に電源をつなぎ、A～B間を電圧V［V］に保つとき、導線に流れる電流をI［A］とすれば、電圧Vと電流Iとは比例する。これを**オームの法則**と呼ぶ。オームの法則は次式で表される。

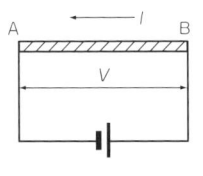

図5.1　オームの法則

ここで、比例定数Rを導線の電気抵抗(単位:Ω、オーム)と呼ぶ。

重要公式

電圧〔V〕= 電気抵抗R〔Ω〕×電流〔A〕または、電流〔A〕= $\dfrac{電圧〔V〕}{電気抵抗R〔\Omega〕}$

---- 例 題 ----

Q:電圧100V、電力500Wの電熱器がある。電熱器の抵抗は何Ωか。
A:電流Iは、W = V × I より、
 500 = 100 × I   ∴ I = 5〔A〕
 オームの法則より、
 100〔V〕÷ 5〔A〕= 20〔Ω〕
            答:20Ω

1.6 抵抗の接続法と計算

図5.2 (a)、(b) に示すような直列接続、並列接続において、**合成抵抗**R_0〔Ω〕は次式で求められる。

重要公式

直列接続 …… $R_0 = R_1 + R_2 + R_3$

並列接続 …… $\dfrac{1}{R_0} = \dfrac{1}{R_1} + \dfrac{1}{R_2} + \dfrac{1}{R_3}$

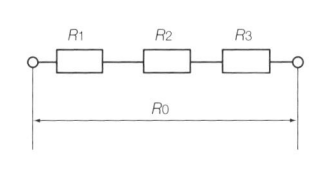

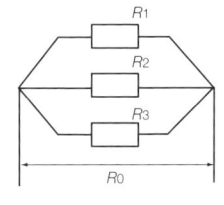

図 5.2 抵抗の接続　(a)直列接続　(b)並列接続

【第5章】電　気

1 電磁気の基礎

例　題

Q：抵抗2Ω、4Ω、6Ωの導線を直列につなぐとき、または並列につなぐとき、それぞれの合成抵抗を求めよ。

A：直列のとき … $R_0 = 2 + 4 + 6 = 12$

並列のとき … $\dfrac{1}{R_0} = \dfrac{1}{2} + \dfrac{1}{4} + \dfrac{1}{6} = \dfrac{11}{12}$ ∴ $R_0 = \dfrac{12}{11} = 1.1$

答：直列12Ω、並列1.1Ω

1.7 抵抗率, 導電率

断面積S [mm²]、長さl [m]の一様な導線の抵抗R [Ω]は、断面積に反比例し、

$$R = \rho \dfrac{l}{S}$$

ここで、比例定数 ρ を**抵抗率**または**比抵抗**と呼び、導体の材質および温度によって異なる。抵抗率の単位は、Ωm（オームメートル）である。また、抵抗率の逆数を**導電率**または**電気伝導率**と呼び、各物質の電流の通りやすさを表す物性値である。導電率の単位は、S/m（ジーメンス毎メートル）である。

一般に、抵抗率が10^{-6}Ωm以下のものを**導体**、10^{10}Ωm以上のものを**絶縁体**と呼び、その中間のものを**半導体**と呼ぶ。**表5.1**に導体、絶縁体、半導体に属する主な物質を示す。同表において、金属材料の導体は導電率の高いものから並べてある。

表 5.1　導体、絶縁体、半導体の分類

導体	銀・銅・金・鉛・鉄・アルミニウム・亜鉛・鉄白金・水電解液
絶縁体	陶器・ガラス・イオウ・油・エボナイト・雲母・パラフィン　ゴム・絹・大理石・空気
半導体	セレン・ゲルマニウム・シリコン

1.8 磁気

（1）電流の磁気作用

導体に電流を流すと、その周りには方向性を持つ**磁界（磁力線）**ができる。

233

図5.3に示すように、磁力線の方向は、電流の方向に対して、右ねじの進む方向と一致する。これを**右ねじの法則**と呼ぶ。また、図5.4に示すようなコイル状の電線に電流が流れると、生じる磁界の方向は右手親指の方向と一致する。

(2) 電磁誘導作用（発電機の原理）

図5.5 (a)のような磁界中を、導体が磁束を切るような方向で運動すると、導体中に電流が流れる。このような電流の発生を起電力と呼び、この作用を**電磁誘導作用**と呼ぶ。発電機はこの原理を応用している。図5.5 (b)のように右手の親指を運動の方向、人差し指を磁界の方向とすると、中指の方向が起電力の方向となる。これを**フレミングの右手の法則**と呼ぶ。

(3) 電流の機械的作用（電動機の原理）

磁界中に導体を置き、これに電流を流すと導体は力を受ける。このように、磁界の導体電流との間に働く力を**電磁力**と呼ぶ。電動機はこの原理を応用している。

図5.6のように、左手の人差し指を磁界の方向、中指を電流の方向とすると、親指の方向が電磁力の方向となる。これを**フレミングの左手の法則**と呼ぶ。

電磁力は、磁界の強さ、電流の強さおよび磁界中の導線の長さに比例する。

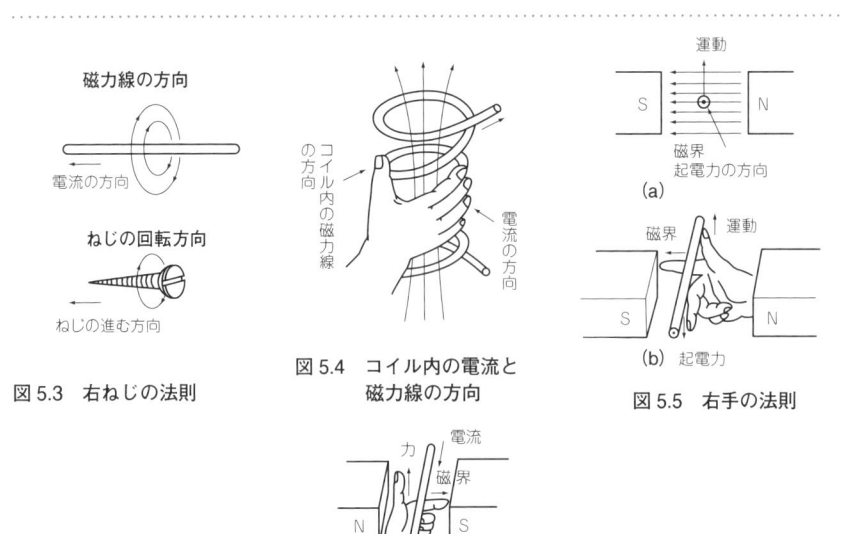

図5.3 右ねじの法則

図5.4 コイル内の電流と磁力線の方向

図5.5 右手の法則

図5.6 左手の法則

2 交流

2.1 直流と交流

電気の流れには**直流**と**交流**がある（図5.7）。直流は、電流の大きさと流れる方向が常に一定である。これに対し、交流は電流の流れる方向、強さが周期的に変化する。交流の基本的な波形は、サインカーブ（正弦曲線）である。

一般に、工作機械などの屋内で使用される機械でよく使用されるのは、変圧器による電圧の変換が容易な交流である。電気は、ある一定の個所で多量に作り（発電）、それを使う場所に送る（送電）。同じ電力を送る際、できるだけ高い電圧で、電流を低くして送る方が、送電時の損失が少なくてすむ。また、高い電圧のまま使用するのは扱いにくいので、これを簡単に下げることのできる交流がよく使われている。

2.2 周波数

交流が一往復して描く波を交流の**周波**（サイクル）と呼び、1つの周波の時間を周期という。また、1秒間に含まれる周波の数を**周波数**と呼び、単位はHz（ヘルツ）で表される。一般に電灯または動力用として使われている交流電源の周波数は、東日本では50Hz、西日本では60Hzである。

図 5.7　直流と交流

2.3 三相交流

図5.7に示すように、1つの正弦波が続いている場合、これを**単相交流**と呼ぶ。これに対して、図5.8に示すように、e_A、e_B、e_Cの3つの交流が1/3周期ずつのずれを持っている場合、これを**三相交流**と呼び、このようなずれを**位相差**という。

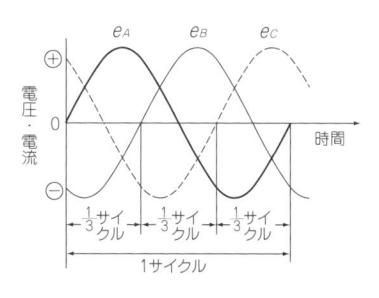

図 5.8　三相交流

2.4 力率と交流電力

　交流において電圧と電流にずれがある場合、電力＝電圧×電流とはならない。交流電力は電圧×電流×力率で計算される。正弦波が続く交流の場合、力率は、電圧と電流のずれ（相差角）をϕとすれば、$\cos\phi$で表される。したがって、交流電力は電圧×電流よりも低い値となる。

3 磁気と電動機

3.1 電動機の概要

(1) 電動機の種類と特徴

電動機には、その用途に応じて様々な種類がある（**表**5.2）。工場などで最も一般的に使用されているのは、**図**5.9に示す**誘導電動機（インダクションモータ）**である。誘導電動機は、構造が簡単であり、故障が少なく、安価であるという特徴を持つ。

一方、**図**5.10に示す**直流電動機**は、回転数やトルクの制御性能が優れていること、始動トルクが大きいことなどの優れた特徴がある。ただし、直流電動機を運転するには、直流電源が必要であり、設備が複雑になる。

NC工作機械などのコンピュータ制御で運転する機械では、**サーボモータ**あるいは**パルスモータ（ステッピングモータ）**といった回転速度制御が容易な電動機がよく使われている。

表 5.2 電動機の種類

電動機	交流電動機	三相誘導電動機	かご形（一般工作機械用）
			巻線形（クレーンなど）
		単相誘導電動機（卓上ボール盤、電動工具、扇風機など）	
		同期電動機（圧延機）	
		整流子電動機	回転子給電形（ミシン）
			固定子給電形
	直流電動機	分巻電動機（船舶）	
		直巻電動機（電車）	
		複巻電動機（クレーン、圧延機など）	

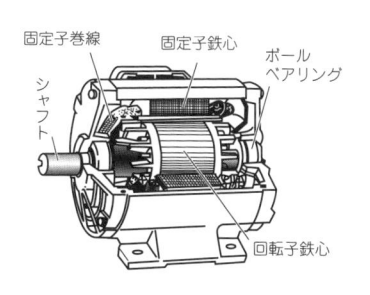

図 5.9　誘導電動機

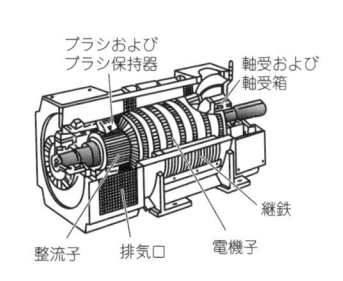

図 5.10　直流電動機

(2) 電動機の定格特性

電気機器において、連続使用が保証された限度を定格あるいは**定格特性**と呼ぶ。出力に対する使用限度を**定格出力**、また、電圧、電流、回転数、周波数および力率に対するものを、それぞれ定格電圧、定格電流、定格回転数、定格周波数、定格力率などと呼ぶ。通常、電動機の定格特性はその銘板に表示されている。

一般的な回転機械の定格出力はワットで表される。ただし、交流電動機では、**皮相電力**と呼ばれるボルトアンペア[VA]で表されることがある。その場合には定格力率が定められている。

3.2 三相同期電動機

(1) 三相同期電動機の原理

固定子に巻かれた三相巻線に三相交流を流すと、**回転磁界**ができる。この固定子の中に、外部の直流電源により励磁されて電磁石となった回転子を入れると、回転子は回転磁界に引っ張られ、回転磁界と同じ速さで回転する。

(2) 回転磁界の速度(回転数)

回転磁界の回転数を同期速度と呼び、次式で表される。

重要公式

$$\text{同期電動機の回転数(毎分)} = \frac{120 \times \text{周波数}}{\text{電動機の極数}}$$

注)周波数は、東日本50Hz、西日本60Hz

---

(3) 同期電動機の特徴

同期電動機は、圧延機用やセメント工場の粉砕機用など、低速・大容量な機械に適する。同期電動機の長所・短所は以下の通りである。

● 長所
 ① 負荷の大小にかかわらず、同期速度で回転する。
 ② 負荷を一定に保ち励磁電流を増減すると負荷の力率を自由に調整できる。
● 短所
 ① 励磁するのに直流電源が必要である。

② 始動時には、誘導電動機の原理で始動させ、同期速度に近くなったとき、回転子に直流励磁電流を送り込み、同期速度で回転させることとなり、始動方法が複雑である。

3.3 三相誘導電動機

(1) 三相誘導電動機の原理

図5.11に示す巻線形誘導電動機は、回転子に励磁電源を持たない。固定子に三相交流を与えると回転磁界ができ、磁界が回転子の巻線を横切る。したがって、回転子の巻線には電圧が誘起され、フレミングの右手の法則に従って電流が流れる。固定子の回転磁界と回転子の巻線の電流により、フレミングの左手の法則が適用され、回転子は回転する。

一方、かご形誘導電動機の回転子には巻線がなく、鉄心が使われる（図5.9参照）。固定子に三相交流を与えることで生じる回転磁界によって、回転子が励磁され、巻線形誘導電動機と同じ原理で運転する。

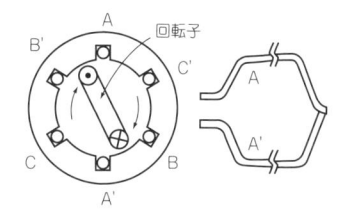

⊙：紙面の裏側から見ている人の方への流れ
⊗：紙面の表側から裏の方に向かう流れ

図 5.11　回転する磁界

誘導電動機の回転子は回転磁界よりも遅く回る。この遅く回る度合をすべりと呼ぶ。回転磁界の回転数をN_0、回転子の回転数をNとすれば、次式が成立つ。

$$すべり = \frac{N_0 - N}{N_0} \times 100 \,(\%)$$

したがって、誘導電動機は同期電動機よりも、すべり分だけ回転数は低いことになる。なお、小形電動機のすべりは10～6％程度、中形・大形電動機では6～2％程度である。

誘導電動機の実際の回転数は次式で表すことができる。

重要公式

誘導電動機の回転数$(N) = N_0 \times (1-すべり) = \dfrac{120 \times 周波数}{極数} \times (1-すべり)$

---

(2) 三相誘導電動機の特徴

三相誘導電動機は、安価でがん丈、取り扱いが容易である。一方、誘導電動機の回転数は使用する交流の周波数に強く依存し、回転速度を制御することが難しい（これを誘導電動機の定速度特性と呼ぶ）。最近では、**インバータ方式**と呼ばれる交流の周波数を変化できる電子回路を用いた制御方式が用いられ、電気機器の高機能化が図られている。

(3) 三相誘導電動機の取り扱い
①始動方法

5kW以下の小容量の三相誘導電動機では、始動時に電源電圧を直接投入できる。これを**全電圧始動**という。

一方、誘導電動機を定格電圧で始動させるとき、定格電流の6～7倍もの大電流が流れ、電源や電動機に悪影響を及ぼす。そのため、5kW～15kW程度のかご形電動機の始動では、**図5.12**に示す**スターデルタ始動**と呼ばれる方法が用いられることがある。これは、電動機の固定子巻線をY結線とすることで、各巻線に電源電圧の、$1/\sqrt{3}$ の電圧をかけ、始動電流を運転状態の1/3とする。そして、数秒後、△結線として各巻線に全電圧をかけるという方法である。スターデルタ始動を行う場合、電動機への配線は6本となる。

巻線形誘導電動機の始動では、スリップリングに始動抵抗器を接続することがある。抵抗を最大とした状態で電源電圧を加え、速度が増加するに従って抵抗を減少させ、最終的には抵抗値を0とする。この方法は、わずかな電流で大きな始動トルクを得ることができる。

②正転と逆転

三相誘導電動機を逆転させるには、**図5.13**に示すように、電源の3本の線のうち2本を入れ替えればよい。

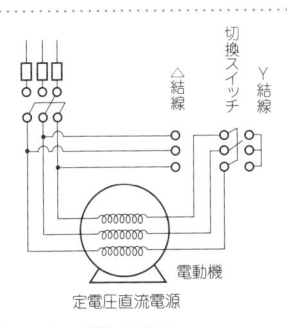

図 5.12　スターデルタ始動　　　図 5.13　三相電動機の逆転

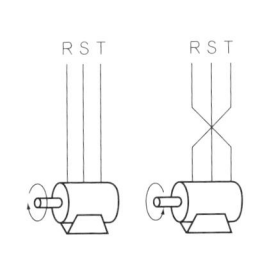

【第5章】電　気

3 磁気と電動機

③故障と対策

　三相誘導電動機を取り扱う際には、機器の構造を理解しておくとともに、主要なトラブルに対する対策を知っておく必要がある。**表5.3**は、誘導電動機の故障と対策についてまとめたものである。

表 5.3　誘導電動機の故障と対策（次ページへ続く）

故障の状態			故障を起こす原因	修理
荷をかけないでも回らない	うなる、音がする		開閉器の接触不良 ヒューズ断線 電線1相断線 潤滑剤切れ、軸受焼損 軸受が摩滅して固定子、回転子が完全に接触 固定子巻線の断線	接触部を調整する 取替える 完全なものに取替える グリースを注入し焼損のはなはだしいものは取替える 軸受を取替える 専門工場で修理
	うなったりして、手で回せばどの方向へも回り出す		三相が単相として働いている	電源を電圧計で調べる
回らない	音がしない		固定子巻線の断線	専門工場で修理
		電動機完全	停電 接続電線の断線 開閉器の接触不良 スターデルタ始動器の接触不良	電力会社 電線を調べる 接触部を調整する
荷をかけないでも回るが	荷をかけると	ベルトが外れる	荷が重すぎる 相手機械が故障 すえ付ならびにベルトの掛け方不良	規定の荷まで下げる 相手機械をよく調整する ベルト車の中心を一致させる すえ付けを完全にする
		開閉器が過熱する	開閉器が容量不足 荷が重すぎる	規定のものに取替える 規定の荷まで下げる
		ヒューズが切れる	ヒューズの容量不足 荷が重すぎる	規定のものに取替える 規定の荷まで下げる
		過熱する	電圧降下 荷が重すぎる	電力会社 規定の荷まで下げる
		急激に速度が下がる	電圧降下 荷が重すぎる スターデルタ始動器の不良	電力会社 規定の荷まで下げる 接触部分、接続の誤りを調査する

次ページへ続く

荷をかけると	停止する	潤滑剤が切れ、軸受焼損	グリース注入または軸受を取替える
	運転中キャンと音がする	三相が単相として働いている	専門工場で修理する
荷をかけないでも回るが	逆回転する	三相結線の接続順序の誤り	電源電線3本のうち2本入れ替える
	ヒューズが切れる	口出線が短絡している 電動機と始動器間の接続不良	取替える よく接続する
	低速度で回転速度が上がらない	始動器の接続誤り	銘板どおり接続する
うなり出す	電流過大、過熱	回転子と固定子の接触	専門工場で修理
	電流過大	回転子と固定子の間隔不平均 固定子巻線の1相短絡	専門工場で修理

4 電気機器の取り扱い

4.1 テスタ

テスタは、電流や電圧、抵抗値などを測定するために作業現場でよく使われる計測器である。

電流を測定する場合は、図5.14に示すように直列に接続する。直列の回路であれば、電流計をどこに入れても測定値は同じである。

負荷の両端における電位差（電圧）を測定する場合は、負荷に並列に対して接続する。

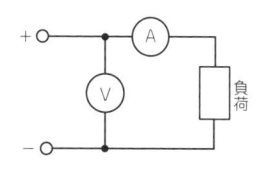

図 5.14　電流計・電圧計

4.2 スイッチ

電気機器のスイッチの操作を誤ると事故の原因となる。したがって、**スイッチの操作は安全・確実に行うようにしなければいけない**。以下、主な注意点をあげる。

① スイッチを入れる場合は、接触不良がないように確実に行う。接触不良は過熱の原因になる。
② スイッチを切る場合は、素早く切る。ゆっくり切ると、それだけ火花（アーク）の発生が長くなり過熱する。
③ スイッチを切るときは末端のものから主スイッチへ、入れるときは主スイッチから末端へという順で行う。これは火花の発生を少なくするためである。
④ 最近では、機械的接点のないスイッチである無接点リレーが多く使われるようになっている。これは、電気のトラブルの中で大きな部分を占める接点トラブルがなく、半永久的に使えるためである。

4.3 ヒューズ

規定を越えた電流が流れた場合、あるいはショート（短絡）やアースの不具合などによって電線や電気機器に大電流が流れた場合、**ヒューズ**が自動的に溶断して、電気回路や機器の過熱または焼損を防ぐ。

①ヒューズの種類

ヒューズには、非包装ヒューズとして糸ヒューズや板ヒューズ、つめ付ヒューズなどがあり、包装ヒューズとして筒形ヒューズやプラグヒューズなどがある（**図5.15**参照）。一般に、ヒューズの容量は、定格電流（アンペア）で表される。

(a) 糸ヒューズ　(b) 板ヒューズ　(c) つめ付きヒューズ　(d) 筒型ヒューズ

図 5.15　ヒューズの種類

②ヒューズの交換

ヒューズが溶断したら、必ず規定のものと交換する。取り替え方法は以下の通りである。

①故障回路のスイッチを切り、コンセントの差込みを外すなどして、電源をしゃ断する。
②ヒューズの切れはしを取り除き、汚損部分をサンドペーパで掃除する。
③糸ヒューズの取り付けは、**図5.16 (a)** のように中央にたるみをつけて取り付ける。ヒューズが張るような取り付けをすると、ねじを締めるときにヒューズ変形することがある。つめ付きヒューズは、**図5.16 (b)** のように取り付ける。

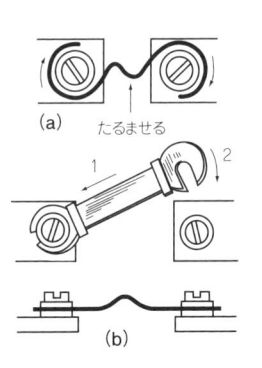

(a)　たるませる

(b)

図 5.16　ヒューズの取替え

4.4 電線と絶縁抵抗

　電線には、その直径に応じて流せる電流の限度がある。電線に流れる電流がある限度を越えると、その電線の抵抗のために過熱し、絶縁物である周囲の被覆を損傷し、火災や感電などの事故の原因になる。一般によくつかわれている被覆電線の安全な温度の限界は、木綿絶縁電線で約65℃、ゴムおよびビニル被覆電線で約60℃である。

　絶縁物が持っている抵抗を**絶縁抵抗**と呼び、漏電を調べる際の指標となる。一般に絶縁物の抵抗は大きいので、メガオーム（$M\Omega$、$1M\Omega = 10^6\Omega$）の単位が用いられる。いかなる絶縁体でも微少な電流が漏れる。電線の漏えい電流は、電線の表面積に比例して増加する。したがって、電線が長いほど表面積が大きくなり、漏えい電流は増加する。

4.5 接地

　導体を大地に接続することを、**接地（アース）**という。接地すると、その導体は大地と同じ電位になる。すなわち、電気機器の外枠を接地すると、機器の絶縁が破れて外枠に電気が漏れても外枠は大地と同じ電位となり、人間が触れても電気が人体に流れず安全である。

第5章●電　気

実力診断テスト

解答と解説は次ページ

次の設問において、記述が正しければ○、記述が間違えていれば×を解答しなさい。

- 【1】図1に示す回路は直列接続である。
- 【2】電気回路では、電流計は負荷に直列に、電圧計は並列になるように接続する。
- 【3】周波数50Hzで1500rpmの4極三相誘導電動機は、周波数60Hzで使用すると1250rpmである。
- 【4】Hz（ヘルツ）とは、磁力の単位である。
- 【5】同じ値の3個の抵抗を直列につなぐとその全抵抗は1個の抵抗の3倍になり、並列につなぐと3分の1となる。
- 【6】導体に流れる電流の強さは、電圧に比例し、導体の断面積に反比例する。
- 【7】100V、500Wの電熱器の抵抗は50Ωである。
- 【8】交流の電力は、電圧×電流×力率で表される。
- 【9】かご型誘導電動機は、交流、直流のどちらでも使用できる。
- 【10】交流電動機の回転数は、同じ周波数の場合、4極と6極とでは6極の方が低い。
- 【11】スターデルタ始動は、三相誘導電動機の始動を円滑に行うための方法である。
- 【12】三相誘導電動機の回転方向を逆にするためには、3本の電源線のうち2本を入れ換えればよい。
- 【13】誘導電動機は、極数が同じであれば同期電動機とまったく同じ回転数が得られる。

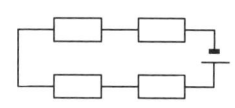

図1

第5章●実力診断テスト　解答と解説

【1】○ ☞ 電流の流れる方向に対し、負荷が一列に入っているので直列接続である。
【2】○ ☞ 電流計は回路に直列に入れ、電圧計は負荷に並列に接続する（**図2**参照）。
【3】× ☞ 三相誘導電動機の回転数Nは、N＝120×周波数／極数で求めることができる。したがって、次のようになる。
50Hzの場合：120×50／4 ＝ 1500rpm
60Hzの場合：120×60／4 ＝ 1800rpm
【4】× ☞ Hzは周波数の単位であり、1秒間における周波（サイクル）の数である（**図3**）。通常、電灯または動力用として供給されている電気は東日本が50Hz、西日本が60Hzである。
【5】○
【6】× ☞ 導体の断面積にも比例する。
【7】× ☞ 電熱器の抵抗は、20Ωである。
【8】○
【9】×
【10】○
【11】○
【12】○
【13】× ☞ 誘導電導機にはすべりがある。

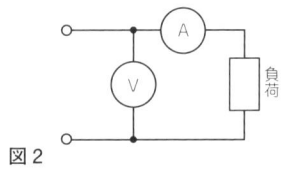

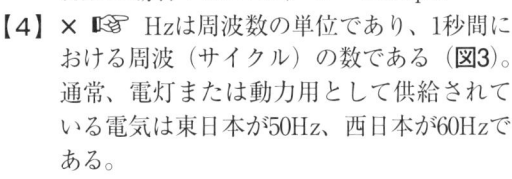

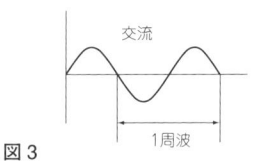

【第6章】潤　　　　滑

　機械を円滑に動かすためには潤滑が重要である。潤滑の方法には、油潤滑、グリース潤滑、固体潤滑などがあり、多くの機械では油潤滑が行われている。機械を適切に動かすためには、各種潤滑剤の特徴や各種潤滑方式の基本をしっかりと理解しておきたい。

潤滑作用

1.1 潤滑の目的

　潤滑とは、互いに接触して運動する2面間に潤滑剤を供給し、摩擦や摩耗を低減させる方法のことである。適切な潤滑を行うことによって、摩擦・摩耗を低減できるほか、接触面の焼付き、溶着、損傷を防ぎ、機械の効率や耐久性能を向上させることができる。表6.1に潤滑の効果をまとめる。

表6.1　潤滑の効果

効　果	目　的
①摩擦抵抗の減少	十分に粘性のある油膜によって、摩擦面の抵抗や摩耗を減らし、機械を円滑に運転させることが主目的である。
②冷却効果	摩擦による発熱量を潤滑油剤により冷却し焼付きが起こらないようにする。
③密封効果	内燃機関のように、ピストンとシリンダとのすき間に給油して、ガス漏れを防止する。
④さび止め効果	摩擦面にさびが発生するのを防ぐ。
⑤防じん効果	軸受の外部から侵入するゴミを防いだり、軸受面の摩耗による細かい切粉が浸入しないようにする。

1.2 潤滑の種類

　潤滑は、表6.2に示すように、油や水を用いる**液体潤滑**、二硫化モリブデンやグラファイト（黒鉛）による**固体潤滑**、半固体または固体のグリースを潤滑剤として用いる**グリース潤滑**に大別される。一般に広く使われているのは潤滑油による液体潤滑であり、グリース潤滑は転がり軸受によく用いられている。
　固体潤滑とは、黒鉛や二硫化モリブデンなどの微粉末によって、すべり面同

表6.2　潤滑の種類

液体潤滑	水（冷却効果が大きい）
	油（石油系・動植物系の潤滑油を用いる）
固体潤滑	グラファイト（黒鉛）
	二硫化モリブデン
グリース潤滑	半固体または固体のグリースを潤滑剤として用いる

【第6章】潤　滑
1 潤滑作用

士の直接接触を防ぐ潤滑方法である。固体潤滑は、潤滑油やグリースが使えない場合など、特殊な用途に限定されている。固体潤滑剤には、グラファイト（黒鉛）、二硫化モリブデン、雲母などの微粉末などが使われる。特にグラファイトは、酸、アルカリに強く、減摩作用（摩擦・摩耗を低減する作用）に優れることから一般によく使われている。そのまま使用されることよりも、グリースなどに混入して用いられることが多い。

2 潤滑油と油潤滑機構

2.1 潤滑の状態

　油膜とは、活性原子群が金属分子と結合して生成される圧力に強い化合物であり、金属と金属の直接接触を防ぐ働きをする。油膜の強さは、潤滑油の化学成分、油の表面張力、浸透力、金属との親和力、粘度などに影響される。

　図6.1(a)～(c)は潤滑の状態を模式的に表している。図6.1(a)の**流体潤滑**（流体膜潤滑）は、十分な厚さの油膜によって、金属の表面同士が分離されている状態であり、最も理想的な潤滑状態である。この場合、摩擦係数は潤滑剤の粘度によって決まる。

　図6.1(b)の**境界潤滑**は、荷重の増加、温度の上昇、潤滑油の粘度の低下などで、油膜が局部的に破断した状態である。油の分子と金属表面とで吸着膜を形成し、金属同士の接触をかろうじて防止している。摩擦面間の摩擦と摩耗は、潤滑剤の粘性以外性質および摩擦面の性質に支配される。

　速度や荷重の増大によって金属表面の温度がさらに上昇すると、吸着膜は潤滑膜としての作用を維持できなくなる（図6.1(c)）。そのような条件では、極圧添加剤を含む潤滑油を使用するとよい。

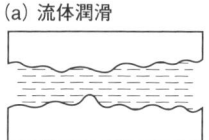

(a) 流体潤滑

(b) 境界潤滑

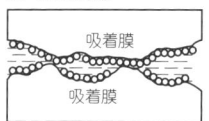

(c) 極圧潤滑

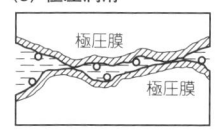

図 6.1　潤滑の状態

2.2 潤滑油の種類と特徴

　表6.3に各種潤滑油の用途をまとめている。また、潤滑油は、もととなる原料によって鉱油、動物油、植物油、さらに化学合成により作られる合成潤滑剤などに分類される。

(1) 鉱油

　鉱油は、石油原油などの鉱物原料から精製された、主成分が炭化水素の潤滑油である。安価で冷却性に優れるといった特徴があり、工作機械のスピンドル、冷凍機、タービン、一般機械、内燃機関などに広く使われている。

表 6.3　潤滑油の主な用途と規格

用途（種類）	性質・特徴	関連規格
タービン油	蒸気タービン，ターボ形送風機，ターボ形圧縮機などに用いられる。ISO VG 32，46，68 が規格化されている。	JIS K 2213
内燃機関用潤滑油	陸用内燃機関（ガソリンエンジン，ディーゼルエンジン）および舶用内燃機関（システム油，シリンダ油）が規格化されている。	JIS K 2215
ギヤー油	工業用および自動車用のギヤー油が詳細に規格化されている。	JIS K 2219
マシン油	全損式給油方法による各種機械の潤滑油。ISO 粘度グレード毎に 18 種類が規格化されている。	JIS K 2238
軸受油	はねかけ式給油方法による軸受部の潤滑油。ISO 粘度グレード毎に 15 種類が規格化されている。	JIS K 2239
冷凍機油	流動点，低温析出性，冷媒との化学的安定性などが規格化されている。	JIS K 2211

(2) 動物油・植物油

　動物油や植物油は、油膜構成力が大きいため潤滑性がよく、粘着性が大きく、温度上昇による粘度変化が少ないなどの特徴があり、高負荷で圧力が大きく給油が不完全あるいは不十分なところに用いられることがある。一方、鉱油と比べて酸化しやすく、水や蒸気で乳濁しやすいなど、化学的な安定性が低いため、鉱油と比べると使用頻度は低い。

　良質な植物油の一例として、ひまし油（カストル油）がある。ひまし油は、高粘度であり、高温度でも粘度の低下は少ない。また、凝固点が低く、加熱されても炭素を生じにくいなどの優れた特徴があり、一部のモータサイクル機関などで用いられている。

2.3 油の粘度・粘度指数

　潤滑油の粘度はその油の流動性を示すものであり、粘度の高い油は流動性が低く、流れにくい。油の**粘度**は、粘性係数を密度で除した**動粘度**（動粘性係数、m^2/s）で表され、一般に、センチストークス（$1\,cSt = 1\,mm^2/s$）という単位が採用されている。粘度は、定められた温度において、油が一定の細管を通過するのに必要な時間から測定される。

　工業用潤滑油の分類として、ISO粘度グレードが定められている（JIS K 2001）。これは、40℃における動粘度の範囲を20段階に規定したものである（図

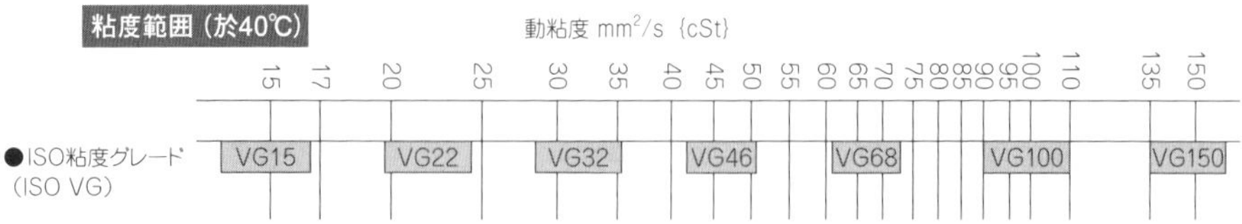

粘度範囲（於40℃）	動粘度 mm²/s {cSt}

図6.2 ISO粘度グレードの範囲（一部）

6.2参照）。例えば、VG 68は動粘度の範囲が61.2 ～ 74.8 cStと定められており、40℃における動粘度がこの範囲に入っていればVG 68を満たしていることとなる。

一方、潤滑油の性能を表す指標として、**粘度指数**が示されることがある（JIS K 2283）。粘度指数とは、温度変化に対する粘度の変化の割合を示す経験的な数値であり、粘度変化の小さいものほど指数は大きい値をとり、扱いやすい潤滑油ということになる。

2.4 潤滑油の選択

潤滑油を選ぶときの要点は以下の通りである。
① 一般に、高速回転には粘度の低い潤滑油、低速回転には高粘度の潤滑油を選ぶ。
② 重荷重部分の潤滑には、負荷に耐えるために高粘度の潤滑油を選ぶ。
③ 温度が高くなると、粘度が低下して油膜が薄くなるので、高温の摩擦面には粘度の高い潤滑油を選ぶ。
④ 一般に温度などによる粘度の変化が少ない潤滑油、酸化しにくい潤滑油が扱いやすい。

2.5 潤滑油の劣化

一般に、潤滑油は温度上昇によって化学変化が促進され、劣化しやすくなる。その他、異物の混入や酸化分解による遊離酸の影響が劣化の大きな原因となる。
潤滑油の劣化現象をあげると、次のようになる。
① 密度（比重）の増加

②引火点の低下（異種油、溶剤などが入ると変化する）
③酸化や水、空気、その他の異物による汚れ（色が濁ってくる）
④粘度の増加（一般に酸化が進んでいることを示す）
⑤酸価（全酸性成分の量）の増大（よく精製された油の酸価は０に近い）
⑥冷却性能の低下
⑦沈でん物の増加

　以上のような粘度不良や異物混入が生じた潤滑油を交換せずに使用すると、金属面の摩耗が促進され、材料の表面腐食を起こし、機械の耐用年数を低下させる。

2.6 潤滑機構

（1）滑り軸受の潤滑機構

　図6.3は滑り軸受の潤滑機構を模式的に表している。軸が停止しているとき、軸は自重により軸受下面に接触している（図6.3 (a)、(c)）。潤滑油のない場合、軸が回転し始めると、図6.3 (b) のように、軸は面をすべりながら移動する。軸は軸受面と摩擦しながら回転中心を移動し、摩擦熱の発生、面の摩耗、かじりなどの現象を起こす。

　一方、軸と軸受との間に潤滑油が介在する場合、軸の回転に従って、潤滑油が軸の回転方向に引き込まれ、軸を上に押し上げる力が働く。このため、軸は油の中に浮かんだ形となり、軸と軸受の直接接触がなくなって流体潤滑となる。

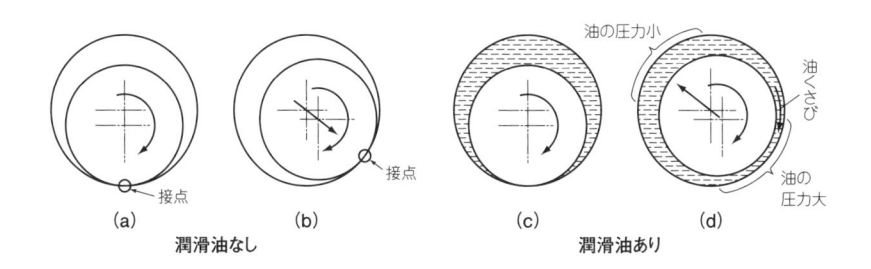

図 6.3　滑り軸受の潤滑機構

(2) 給油穴

　滑り軸受内の潤滑油は、位置により圧力の差ができるので、給油は油の圧力の低いところから行うようにする。また、給油穴の位置は、潤滑油による冷却作用に大きく影響し、受圧面の油膜の形成にも影響する。注意事項は次の通りである。

❶原則として軸受の荷重のかかる位置に設けてはならない。
❷潤滑油が荷重側に導入されやすい位置を選ぶ。
❸静止荷重の場合には、給油穴を荷重側の前方に、$\theta = 60° \sim 135°$ まで押し下げ、冷たい潤滑油が荷重側に直接導入されるようにする（**図6.4 (a)**）。
❹軸の方に油穴を設けて、油穴の上に荷重がかからないようにすることがある（**図6.4 (b)**）。
❺給油量を増すためには、給油穴の数を増すより穴径を大きくした方がよく、また穴径を大きくするより給油圧力を高める方が潤滑効果を高められる。

(3) 油溝

　図6.5に示す油溝は、潤滑油を必要な個所にできるだけ早く行き渡らせるためのものであり、潤滑油の一時貯蔵の役割も果たす。油溝を切る場合、次のような点に注意する。

❶荷重のかかる位置に油溝を切らない。
❷溝と軸受面との交わりは、できるだけ大きな半径にし、滑らかな丸みを付ける。
❸油溝は、狭く深いものより、広く浅い形状が望ましい。
❹一方回転の場合と正逆回転のあるものとでは、溝の形が異なる。
❺原則として、油溝はすべり方向に対して直角に切り、軸受全幅にわたっては切らずに全幅の50～60％ぐらいの長さに切る。

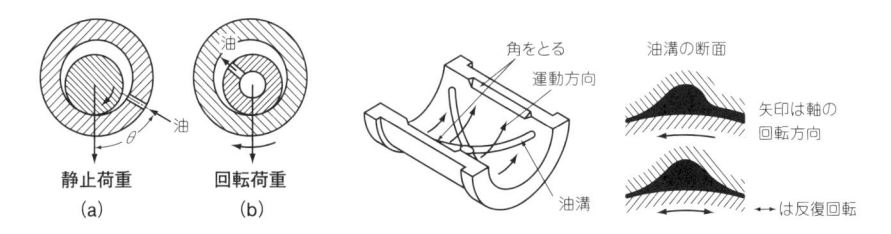

図6.4　給油穴の位置　　　　図6.5　油溝

2.7 潤滑方式の種類

実際の機械の潤滑では様々な潤滑方式が用いられている。以下、主な潤滑方式について解説する。

(1) 手差し潤滑

手差し潤滑とは油差しで給油する方法であり、一般に軽荷重で低速運転の個所、または運転時間が短い個所に用いられる。油量を一定に保ちにくいなどの問題があり、給油時にごみの侵入に注意する必要がある。

(2) 滴下潤滑

図6.6に示す滴下潤滑は、絞り穴やニードル弁などで調節した一定量の潤滑油を滴下させる方法である。軽・中荷重の軸受などに用いられる。

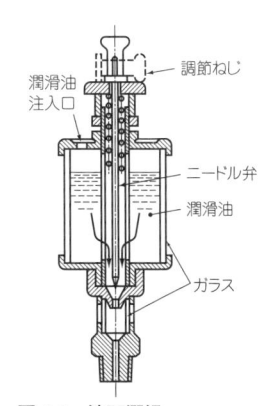

図 6.6　滴下潤滑

(3) 浸し潤滑

図6.7に示す浸し潤滑（油浴給油）は、潤滑部分を油中に浸す方法であり、主にスラスト軸受や歯車装置などに用いられる。油量（オイルレベル）の管理が重要である。給油量が多過ぎると撹拌による摩擦熱で発熱しやすい。

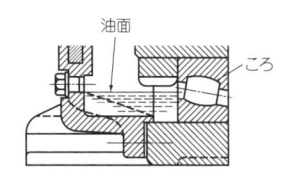

図 6.7　浸し潤滑

(4) 灯心潤滑

灯心潤滑は灯心の毛管現象を利用して給油する方法であり、灯心で油がろ過されるという特徴がある（図6.8）。軽・中荷重用の軸受などに用いられる。

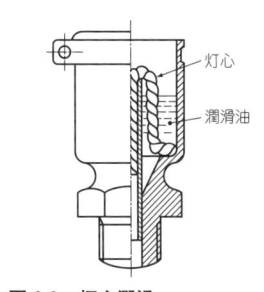

図 6.8　灯心潤滑

(5) パッド潤滑

パッド潤滑は、軸受の荷重のかからない側に油を浸したパッドを設け、毛管現象によって油を給油する方法である（図6.9）。軸受面を清浄

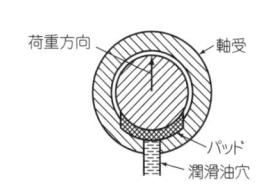

図 6.9　パッド潤滑

に保ちやすいという特徴があり、主として鉄道車両の軸受などに用いられている。

(6) リング潤滑
リング潤滑は、軸にリングをかけて、その回転により下側の油だめから適量の油を給油する方法である（図6.10）。リングが潤滑油に浸る割合は、直径の1/5〜1/8程度に取られ、主として軸径50mm以上、周速6〜7m/secくらいまでの中速軸受に用いられる。

(7) 重力潤滑
重力潤滑は、高所に設けた上部油槽からパイプによって給油する方法である。給油量は絞り弁によって一定量にすることができ、強制給油と滴下給油の中間的な特徴を持つ潤滑方法である。周速10〜15m/secの中・高速軸受に使われている。

(8) はねかけ給油
図6.11に示すはねかけ給油は、エンジンのクランクや歯車でオイルパン中の潤滑油をはねとばし、軸受やしゅう動部に給油する方法である。内燃機関、歯車装置、クランクケースなどで広く用いられている。

(9) 強制潤滑
図6.12に示す強制潤滑は、ポンプの圧力で潤滑油を循環させて強制給油する方法であり、冷却効果や潤滑剤の貫通効果が大きい潤滑法である。高速・大荷重の機械に適した方式であり、自動車・トラックなどの車両、高速内燃機関、高速工作機械の主軸、歯車装置、しゅう動面の潤滑などで広く用いられている。

(10) 噴霧潤滑
噴霧潤滑は、圧縮空気によって、粘度の低い潤滑油を細かい霧状にして軸受やしゅう動部に送り、空気とともに潤滑油の粒子を吹き付けて付着させる潤滑方法である。空気中のごみやちり、水分を除去するエアフィルタや配管などの対策が必要であるが、冷却効果が高いこと、集中潤滑管理が可能で自動化が容易なことなど、多くの利点があり、高速転がり軸受などの潤滑などに広く用いられている。

【第6章】潤　滑

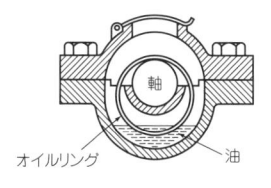

2 潤滑油と油潤滑機構

図 6.10　リング潤滑

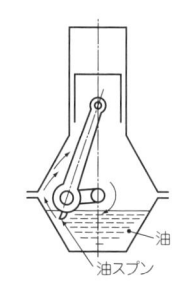

図 6.11　はねかけ潤滑

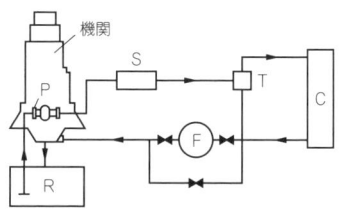

P: 油ポンプ　　R: 油槽
S: 油こし　　　T: 温度調整弁
C: 油冷却器　　F: 油こし

図 6.12　強制潤滑

259

3 グリース潤滑

3.1 グリースの種類

　グリースは、精製鉱物油に石けんなどを混ぜた半固体または固体の潤滑剤である。摩擦面に粘着して流失せず、摩擦熱でグリースの一部が溶けて潤滑効果をあげるため、長期間にわたって潤滑が維持できることが特徴である。工作機械のしゅう動部をはじめ、多くの機械で広く使われている。**表6.4**にグリースの種類をまとめている（JIS K 2220）。

　グリースの粘度と固さを表す際、**稠度**（ちょうど）と呼ばれる指標が使われ、その数字が大きいほどやわらかい。一般に、高速用では固いグリース、低速用では軟質のグリースが用いられる。

　一般に異種のグリースを混合すると性状に変化をきたすことがあるので、異種グリースを混合して使用してはならない。

　グリースを規定の条件で加熱すると、半固体状から溶けはじめて液状になる。

表 6.4　グリースの種類（JIS K 2220）

種類／用途別	使用温度範囲 ℃	力（荷重）低	力（荷重）高	衝撃	水との接触	適用例
一般用グリース	−10〜60	適	否	否	適	一般低荷重用
	−10〜100	適	否	否	否	一般中荷重用
転がり軸受用グリース	−20〜100	適	否	否	適	汎用
	−40〜80	適	否	否	適	低温用
	−30〜130	適	否	否	適	広温度範囲用
自動車用シャシーグリース	−10〜60	適	適	適	適	自動車シャシー用
自動車用ホイールベアリンググリース	−20〜120	適	否	否	適	自動車ホイールベアリング用
集中給油用グリース	−10〜60	適	否	否	適	集中給油式中荷重用
	−10〜100	適	否	否	適	集中給油式中荷重用
	−10〜60	適	適	適	適	集中給油式高荷重用
	−10〜100	適	適	適	適	集中給油式高荷重用
高荷重用グリース	−10〜100	適	適	適	適	衝撃高荷重用
ギヤコンパウンド	−10〜100	適	適	適	適	オープンギヤ及びワイヤーロープ用

油滴が落下しはじめる温度を滴点という。一般に、滴点が低いグリースは耐熱性に劣り、滴点が高いグリースは耐熱性に優れる。

以下、グリースを選択する際の要点をまとめる。

❶使用するグリースの滴点（使用温度範囲）に注意し、潤滑部温度に合ったグリースを選ぶ。
❷一般に、硬い（稠度の小さい）グリースは、高荷重、高速回転、軸受温度が高い個所に使用する。
❸一般に、やわらかい（稠度の大きい）グリースは、低荷重、低速回転、軸受温度が低い個所に使用する。
❹高速回転を行う個所には、グリースが遠心力で飛散し、摩擦温度によって油を放出し過ぎないように、固いグリースを使う。また、低速回転の個所では、やわらかいグリースを使う。
❺高荷重の個所には、鉛石けんなどの極圧添加剤を含んだグリースを使用する。

3.2 グリース潤滑の特徴と用途

表6.5にグリース潤滑と油潤滑の特徴をまとめる。グリース潤滑の長所と短所は以下の通りである。

(1) グリース潤滑の長所

❶グリースはすべり面に粘着して流れ落ちにくいため、給油の回数が少なくてすむ。
❷機械の給油機構や、油漏れ防止装置が簡易化できる。
❸軸受部分などに密着して密封性がよいので、ほこり、ガス、水、酸などから軸受部を保護する。寿命も比較的長い。
❹使用量が比較的少なくてすみ、潤滑性もよい。
❺傾斜した軸受や、油潤滑がしにくい個所でも容易に潤滑できる。
❻漏洩、飛散などによる製品や機械の汚染を少なくしやすい。
❼高温、高荷重、衝撃荷重、低速などの特殊条件でも使用できる。

(2) グリース潤滑の短所

❶冷却効果が悪く、油潤滑に比べて温度が高くなりやすい。特に、グリースの充てん量が多過ぎると摩擦によって温度が上昇するので注意しなければならない。

❷撹拌による抵抗が大きいため、発熱が大きく、高速運動には使用できない。
❸交換や充てんが、比較的面倒で、給油量を調整しにくい。

(3) グリース潤滑の用途
グリース潤滑は、主として次のようなところに用いられる。
❶一般に、低・中速で中荷重のすべり軸受や転がり軸受、歯車機構などに用いられる。
❷粘度が特に必要な個所に用いる。
❸軸受端を密封する必要のあるところ、すなわちゴミや異物から軸受を保護する必要がある箇所に使われる。
❹製紙機械や紡績機械のように油の飛沫による汚染を避けたい場合に用いられる。
❺手の届きにくい個所で潤滑が困難な場合、水分や湿気が多い潤滑個所、衝撃荷重を受ける個所、腐食性のガスが多い場合、酸化しやすい雰囲気の場合に用いる。

表6.5 グリース潤滑と油潤滑の選定要領

条件／種類	回転数	冷却効果	油もれ	潤滑油剤の抵抗	密封	ろ過
グリース潤滑	低・中速用	小さい	無	比較的大きい	できる	困難
油潤滑	中・高速用	大きい	有	小さい	かなり複雑	簡単

第6章 潤滑

実力診断テスト

解答と解説は次ページ

次の設問において、記述が正しければ○、記述が間違っていれば×を解答しなさい。

【1】切削油剤は、仕上面粗さにはほとんど影響を与えない。
【2】高速切削では、高粘度の切削油剤が望ましい。
【3】潤滑油を選定するひとつの条件として、軸受温度が上昇してもあまり粘度が低下しないということがあげられる。
【4】固いグリースは、一般に低荷重、低束回転に適し、やわらかいグリースは、高荷重、高速回転に適している。
【5】混成潤滑油とは、動・植物油とグリースを混合したものであり、互いの欠点を補いあった性能のよい潤滑油である。
【6】黒鉛（グラファイト）は、酸・アルカリに強く、減摩作用があるので、グリースなどに混入して使用される。
【7】リング潤滑の場合、リングはできるだけ深く油に浸した方がよい。
【8】給油穴と給油量の関係は、給油穴の数を増すより穴径を大きくした方が給油量は増える。また、穴径を大きくするよりは、圧力を上げた方が給油量は増大する。
【9】重荷重の軸受やギヤボックスなどには、極圧添加剤入りの潤滑油を用いるのが普通である。
【10】強制潤滑方式は、軸受やギヤボックスなどの密封された箇所には用いられるが、ベッドのすべり面には使えない。
【11】浸し給油、はねかけ給油、噴霧給油のうち、特に冷却効果が優れているのは浸し給油である。
【12】グリース潤滑は、摩擦熱によってその一部が溶けて液体の状態で潤滑するものである。

第6章●実力診断テスト　解答と解説

【1】× ☞ 切削油剤は仕上面によい影響を与える。切削油剤には、潤滑作用、冷却作用、洗浄作用、防錆作用などがあり、工具、工作物両者に好影響を与える。たとえば、工具の摩耗を防ぎ、切れ味のよい状態を長時間維持したり、高温による材料の寸法精度の低下を防ぐ。また、構成刃先の生成を防ぎ、表面粗さを良好にしたり、切くずの付着によるかみ込みやきずを防ぐといった効果が期待できる。

【2】× ☞ 高速切削では摩擦が大きく、発熱が著しいので、冷却効果の大きい切削油剤が必要である。粘度の大きい切削油剤は、潤滑性には優れているが、一般に冷却性能は低い。したがって、高速切削では低粘度で冷却性の高い切削油剤、または水溶性の切削油剤が適当である。

【3】○

【4】×

【5】× ☞ 動・植物油と鉱油を混合したものである。

【6】○

【7】× ☞ リング直径の1/5−1/8くらいがよい。

【8】○

【9】○

【10】× ☞ 強制潤滑は、ギヤポンプやプランジャポンプなどで圧油を送って潤滑する方法であり、密封装置、ギヤボックス、内燃機関などの高速重荷重の個所だけでなく、工作機械のベッドしゅう動面によく用いられている。

【11】× ☞ 特に冷却効果がよいのは噴霧給油方式である。

【12】○

【第7章】油圧・空気圧

　作動油や空気の圧力を利用することで、大きな力を扱うことが容易になる。そのため、工作機械をはじめとした動力機械において、様々な油圧装置や空気圧装置が使われている。これらの装置を安全かつ適切に扱うためには、圧力についての知識や関連する要素機器の構造や特徴をしっかりと理解しておくことが重要である。

1 圧力の基礎

1.1 圧力の定義と単位

圧力とは単位面積当たりに作用する力として定義されている。従来から圧力の単位としては、「kgf/cm^2」がよく使われてきたが、現在の国際単位系（SI単位系）では、「Pa（パスカル）」に統一されている。「Pa」は「N/m^2」と表すことができ、1Paとは1m^{2}に1Nの力が作用するときの1Paの圧力となる。油圧や空気圧を扱う場合、「MPa（メガパスカル）」の単位がよく使われる。1MPaは1×10^{6}Paであり、おおよそ10気圧（10 kgf/cm^2）である。**表7.1**に圧力の換算を示す。

表7.1 圧力の換算

Pa	bar	kgf/cm^2	atm	mmH$_2$O	mmHgまたはTorr
1	1×10^{-5}	1.01972×10^{-5}	9.86923×10^{-6}	1.01972×10^{-1}	7.50062×10^{-3}
1×10^5	1	1.01972	9.86923×10^{-1}	1.01972×10^4	7.50062×10^2
9.80665×10^4	9.80665×10^{-1}	1	9.67841×10^{-1}	1.0000×10^4	7.35559×10^2
1.01325×10^5	1.01325	1.03323	1	1.03323×10^4	7.60000×10^2
9.80665	9.80665×10^{-5}	1.0000×10^{-4}	9.67841×10^{-5}	1	7.35559×10^{-2}
1.33322×10^2	1.33322×10^{-3}	1.35951×10^{-3}	1.31579×10^{-3}	1.35951×10	1

1.2 ゲージ圧と絶対圧

厳密に言えば、大気圧は海面の高さ、地域、気象によって変化している。しかし、工業上は海面上の平均大気圧（標準大気圧、101325Pa）を定めて使用している。

圧力の大きさを表す場合、基準とする圧力の違いによって、**ゲージ圧力**と**絶対圧力**がある。ゲージ圧力は大気圧を基準としたものであり、ブルドン管圧力計で圧力を測定する場合などに用いられる。一方、絶対圧力は完全な真空状態を基準として表す圧力である。したがって、ゲージ圧力と絶対圧力には次の関係が成り立つ。

絶対圧 = ゲージ圧 + 標準大気圧（約0.1 MPa）

【第7章】油圧・空気圧
1 圧力の基礎

　10MPa以上の圧力を扱う油圧装置において、ゲージ圧力と絶対圧力の違いが機器の性能や操作に与える影響はそれほど大きくない。しかし、1MPa以下の空気圧などを扱う場合、その影響は無視できなくなる。

1.3 圧力を利用した機械

　油や水などの液体、あるいは空気などの気体の圧力は、管路を通じて伝達できることが特徴である。そして、図7.1に示すように、シリンダを組み合わせれば、小さな力を大きな力に変換することができる。油圧装置や空気圧装置は、このような流体の圧力の性質を利用した装置である。
　以下、圧力を利用した機器を取り扱う際の注意事項をまとめる。
①一般に扱う力が大きく、事故が起こった際のダメージが大きい。
②液体は非圧縮性流体（圧力を上げても体積が変化しない）であるため、漏れが生じても危険性は少ない。一方、気体は圧縮性流体であるため、急激な漏れは爆発的な気体の膨張をもたらし、周囲の機器を吹き飛ばすなど極めて危険である。
③油圧装置や空気圧装置を正確に動かすためには、油漏れや空気漏れがあってはならない。また、流体の圧力、流量、方向などを的確に制御しなければならない。

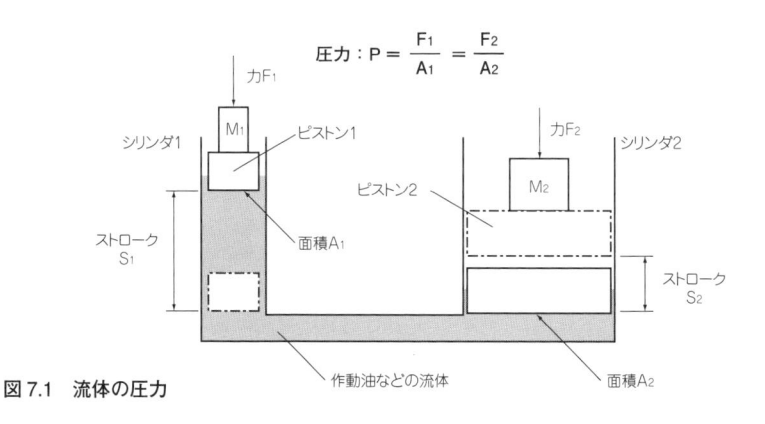

図7.1　流体の圧力

圧力：$P = \dfrac{F_1}{A_1} = \dfrac{F_2}{A_2}$

2 油圧

2.1 油圧の特徴

図7.2に油圧装置の基本構成を示している。油圧装置では、モータの機械的エネルギーを、油圧ポンプを用いることによって作動油の流体エネルギーに変換している。さらに、様々な制御弁によって、作動油の圧力や流量、方向を制御し、油圧シリンダや油圧モータを駆動している。

油圧を利用することにより小型で強力な装置を構成できるので、油圧装置は、自動車のブレーキ、フォークリフトやブルドーザなどの土木建設機械、船舶の操舵装置など、多くの機械に利用されている。また、工作機械においても、その特徴を利用して大型プレス、ブローチ盤、射出成形機、各種NC工作機械などに広く応用されている。表7.2に油圧の長所と短所をまとめている。

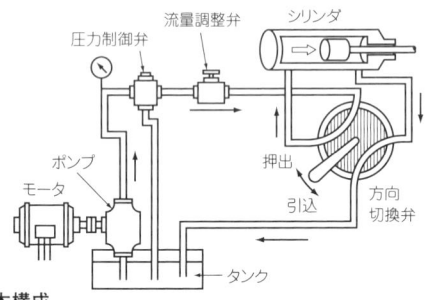

図 7.2　油圧装置の基本構成

表 7.2　油圧の特徴

長　　所	短　　所
①作動する力が強力で確実。伝達の応答が早い。	①油漏れ対策に手数がかかる。
②小型で強力な油圧装置を構成でき、一般に構造が簡単になる。	②配管作業を慎重にしないと、油漏れや機器故障の原因になる。
③遠隔操作や自動制御が容易にできる。	③一般に、作動油は高圧になると引火や爆発の危険がある。
④回転や直線運動でも力の調整が容易。	④作動油の温度変化により粘度が変わるので、装置の動作速度が変化する。
⑤いろいろな動きの同期や連続運動をさせることができる。	
⑥オーバーロード（過負荷）に対する安全装置が簡単に確実にできる。	
⑦作動油自体が潤滑・防錆の役割をするため、油圧機器の耐久性に優れる。	

2.2 油圧ポンプ

油圧ポンプは、モータの回転力によって高圧の作動油をつくり出すための装置である。表7.3に各種油圧ポンプの種類と特徴をまとめている。

（1）ギヤポンプ

図7.3に示す**ギヤポンプ**は、駆動軸を回転させることによって、2枚の歯車のかみ合いが離れる側aに空間ができ、その空間の吸引作用により作動油が吸収される。作動油は歯とケーシングとの間に保持され、矢印の回転方向に運ばれる。そして、歯車がかみ合いを始める側bで容積が減少し、作動油が吐出される。

（2）ベーンポンプ

図7.4のベーンポンプは、駆動軸に連結されたロータの回転によってベーン

表 7.3　各種油圧ポンプの特徴

種　類	構　　造	性　　能	用　途
歯車ポンプ	①インボリュート歯形の平歯車の外接かみ合せが多い　②すば歯車やまば歯車。サインカーブ歯形のものもある	低圧0.5MPaぐらいから高圧10MPaまで、歯数が少ないと吐出圧力に脈動を生じやすい	低圧、中圧用として使用され、比較的安価
ねじポンプ	3本のねじロータのかみ合せで、構造が簡単、小形	吐出圧力1～4MPaから高圧用14MPaも可能、吐出量600l／minと性能がよい	低圧、中圧用として使用される
ベーンポンプ	平衡形	構造簡単で取扱いやすい。偏心したロータにベーンを半径方向に入れて回転させる	耐久性に優れ、吐出圧の脈動も少ない、吐出圧7MPaぐらいが確実で、静かな運転ができる
	不平衡形	ケーシングの中に円形リングと偏心ロータを入れて、これにベーンを植えて回転させる	可変吐出形ポンプとして用いられ、吐出圧力7～14MPaぐらい	耐久性に優れ、吐出圧の脈動も少ない、吐出圧7MPaぐらいが確実で、静かな運転ができる
回転ピストンポンプ（プランジャポンプ）	①往復動形ポンプ　②並列形ピストンポンプ　③星型ピストンポンプ	吐出圧力21～35MPaぐらいまで吐出圧に大きな脈動あり	超高圧用

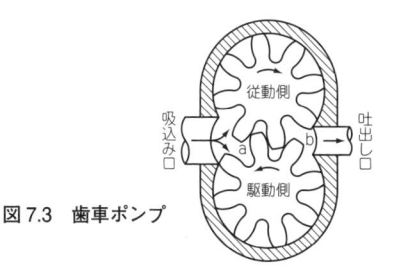

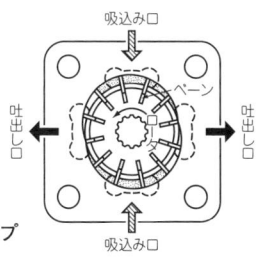

図 7.3　歯車ポンプ

図 7.4　平衡形ベーンポンプ

（羽）が遠心力で飛び出す。2枚のベーンで仕切られた容積は吸込み側で増大し、作動油が吸引される。一方、吐出し側では容積が減少し、作動油は圧縮されながら吐出し口へと送られる。

(3) ピストンポンプ

ピストンポンプには様々な種類がある。**図7.5**はその一例であり、斜軸式アキシアルピストンポンプと呼ばれる形式である。シリンダブロックが駆動軸に対して傾斜しており、シリンダブロックに組込まれたピストンは、1回転に1往復し、その傾斜角 a に対応してストローク、すなわち作動油の吐出し量が決まる。

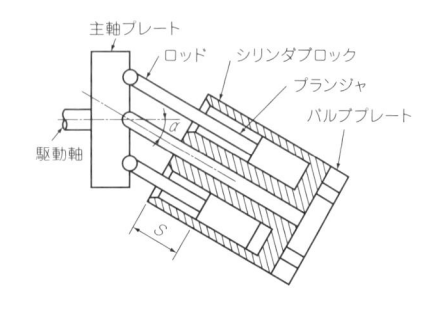

図 7.5　斜軸式アキシアルピストンポンプ

2.3 油圧シリンダ

(1) 油圧シリンダの種類

油圧シリンダは、高圧の作動油から直線運動を得るための機器である。**図7.6**に主な油圧シリンダの形式を示している。油圧シリンダは、**単動シリンダ**、**複動シリンダ**、**多段シリンダ**に分類される。単動シリンダは、一方向だけの圧力で作動し、逆方向はばねなどの機械的な力でもどる形式である。複動シリンダは、往復とも油圧で作動する形式である。

(2) 油圧シリンダの構造

図7.7に油圧シリンダの内部構造を示す。油圧シリンダは、ピストン・シリンダ、各種シール装置などから構成されている。また、衝撃を吸収するためのクッションや機能を適切に保つための空気抜きなども重要である。

①クッション

大きな質量のものを高速で往復運動させる場合、その慣性力による衝撃が問題となることがある。ヘッドカバーに設けられた圧油ポートは、密閉された油溜りで、その中にピストンロッドの**クッションプランジャ**が突入して衝撃を吸収させる。この他、油圧回路の途中に絞り弁を設け、衝撃を吸収する方法もある。

【第7章】油圧・空気圧

2 油 圧

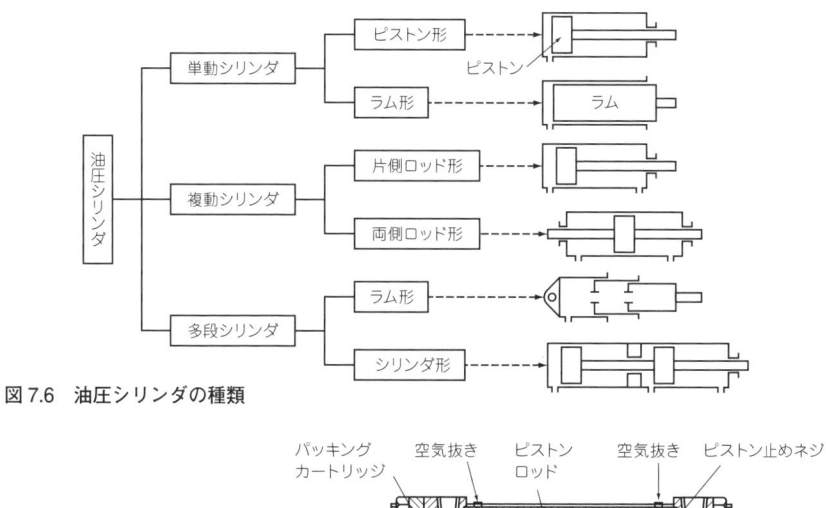

図7.6 油圧シリンダの種類

図7.7 油圧シリンダの内部構造

②**空気抜き**
　作動油は非圧縮性流体（圧力を高めてもほとんど体積が変化しない性質の流体）である。そのため、油圧装置は強力な力を確実に伝達できる。したがって、油圧系統に空気などの圧縮性流体が混入すると、運動伝達に支障をきたす。そこで、混入した空気を吐き出すために、シリンダ最上部などに空気抜きが取り付けられている。

(3) 油圧シリンダの取り扱い
　以下に、油圧シリンダの取り扱いにおける主な注意点をあげる。
　①油圧シリンダの最大の問題は、油漏れである。油漏れ防止のためには、シリンダ内面、ピストン外面に傷をつけないようにする。外部からごみなどが入り込む恐れのある場合は、ダストシールを設ける。
　②シリンダの取り付けが不十分な場合、ロッドが曲がるなどの不具合の原因となる。また、油圧回路内に異常な圧力が発生すると、シリンダが変形・破損することがある。その他、異物が混入すると、ピストンが焼き付く原

因になる。
③作動油を常に清浄に保つため、適切なフィルタを用いてごみを除くようにする。必要に応じて、油圧装置の内部に清浄な作動油を通して微小なごみなどを清掃処理する（フラッシング）。
④作動油の温度が60℃以上になるような高温下では、作動油の酸化が早まるので、クーラなどを設けて油温を下げる。
⑤シリンダを初めて運転するときは、ピストンを動かして空気抜きコックからシリンダ中の空気を抜いておく。空気が混入していると、空気の圧縮性によってピストンが適切な運動をできない。

2.4 油圧モータ

　油圧モータは、高圧の作動油から連続した回転運動を得るための機器である。油圧モータには、歯車形、ベーン形、ピストン形などの種類があり、構造的には油圧ポンプのそれぞれの形式と概ね同じである。ただし、ベーン形の油圧モータでは、始動時でもベーンと周囲のシリンダ壁とが密着している必要があるため、ベーンを押し上げるためのばねが必要である。

2.5 油圧制御弁

　油圧ポンプで発生した油圧を、油圧モータや油圧シリンダなどの作動部に送って、意のままに動かすためには、その圧力、流量、方向を制御しなければならない。これらの目的のために用いる弁・バルブ類には、圧力制御弁、流量調整弁、方向制御弁などがある（JIS B 0142）。これらを組み合わせることによって、油圧装置の基本回路が構成される（**図7.2参照**）。

(1) リリーフ弁

　油圧装置のピストンに作用する力Fは、ポンプが発生する圧力Pとピストン断面積Aの積（$F = P \times A$）で計算される。リリーフ弁は、この圧力Pを設定する弁であり、回路内の圧力を設定値に保持し、作動油の一部または全部を逃して決められた油圧以上になるのを防止する圧力制御弁である。

　図7.8 (a) に示すリリーフ弁では、圧力調整ばねによってポペットを押している。油圧がばねの設定値以上になるとポペットが押し開かれて、作動油がタン

【第7章】油圧・空気圧

2 油 圧

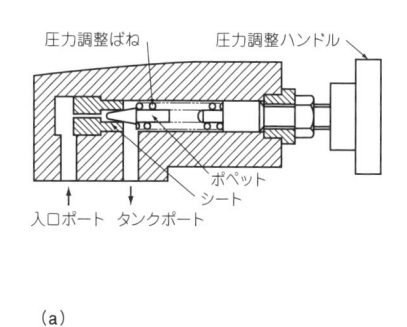

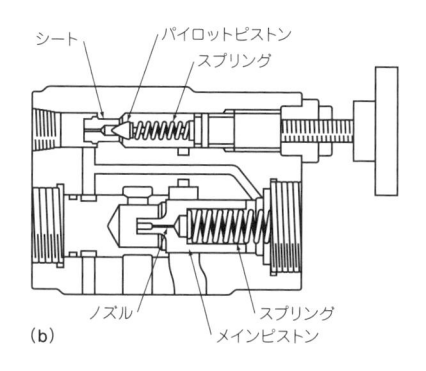

図7.8　直動形リリーフ弁

クにもどる構造となっている。設定圧力はハンドルによってばねの力を変化させることで調整できる。

　高圧大流量の油圧を扱う場合には、**図7.8 (b)** に示す平衡ピストン形リリーフ弁を使う。

(2) 減圧弁
　図7.9に示す減圧弁は、油圧回路の一部において、一段低い圧力を使いたい場合に用いられる圧力制御弁である。一般に、高圧側回路の圧力（一次圧力）が変動しても、減圧出口圧力（二次圧力）は一定に保たれる構造となっている。

(3) シーケンス弁
　シーケンス弁は、入口圧力または外部パイロット圧力が所定の値に達すると、入口側から出口側への流れを許す圧力制御弁である。すなわち、別々に作動する２つのシリンダのうち、一方がその工程を終了したら他方のシリンダが動き始めるように、操作の順序を制御したいときなどに用いる。

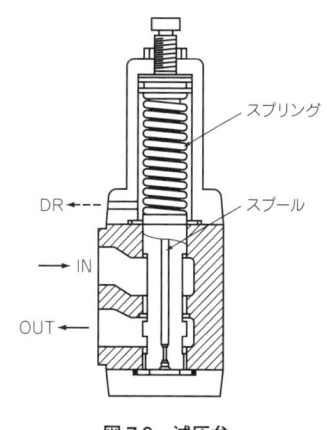

図7.9　減圧弁

(4) アンロード弁
　アンロード弁は、作動油が所定の圧力に達すると入口側からタンク側への流

れを許す圧力制御弁である。高圧と低圧の2つのポンプを組み合わせて使用する場合など、作動圧が規定以上に達したら、低圧ポンプを無負荷にするときに用いられる。ポンプを最小の負荷で運転できるため、動力を節約できる。

(5) 逆止め弁（チェック弁）

逆止め弁は、ばねで押されたポペットやボールを押し開く圧力（弁が開き始める圧力をクラッキング圧力と呼ぶ）によって一方向のみに作動油を通過させ、逆方向の流れは阻止するために使われる方向制御弁である。逆止め弁は他の弁と組み合わせて利用され、それらの機能を助ける役目をする。

(6) シャトル弁

シャトル弁は、2つの入口と1つの出口を持ち、入口圧力の作用によって、いずれかの入口と出口とを自動的に接続する方向制御弁である。高圧・低圧の2つの管路のうち、低圧の管路を閉じて高圧の作動油のみを通過させるときなどに使われる。

(7) 方向制御弁

図7.10に示す方向制御弁は、流れの方向を切り換えるための弁であり、ポンプを無負荷運転させたり、シリンダの運動方向を反転させたり、停止させたり、回路を分岐させたりするときに使われる。方向制御弁には、手動操作によるもの、カム機構などを利用した機械式のもの、ソレノイドを利用した電磁式のものなど、様々な種類がある。

(8) デセラレーション弁

図7.11に示すデセラレーション弁は、作動油の流量を制御するときなどに使

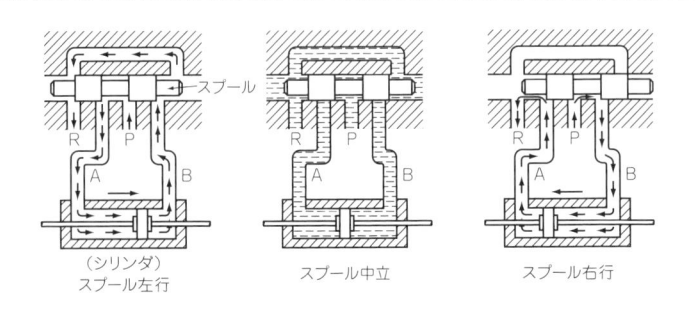

図 7.10　スプール形方向制御弁の作動例

【第7章】油圧・空気圧

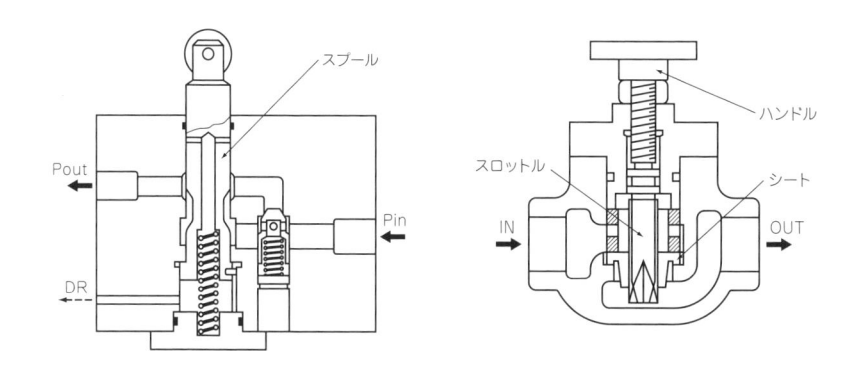

図7.11　デセラレーション弁　　　図7.12　絞り弁

われる流量制御弁である。高速で動く油圧シリンダを減速し、停止時のショックを少なくさせる場合、あるいは油圧シリンダや油圧モータを円滑に減速させる場合などに用いられる。

(9) 絞り弁
図7.12に示す絞り弁は、ニードルやスロットルなどの絞り作用を利用した流量制御弁である。油圧シリンダや油圧モータの作動速度を任意に調整するときなどに使われる。

2.6 油圧回路の補助機器

油圧回路に用いるその他の補助機器として、油タンクやフィルタなどがある。

(1) 油タンク
油タンクは、作動油を貯えるために使われるだけでなく、回路内に混入した異物を沈降させる、作動油の熱を放熱させる、切削油、切粉、冷却水、ごみなどの進入を防止するなどの役割がある。したがって、一般に、油タンクは密封形とされ、空気抜きの穴にはエアブリーザ（空気清浄器）が取り付けられる。また、作動油交換時に作動油を抜く場合や汚染度調査のサンプル油採取の場合などのため、底部にドレン弁が設けられている。

(2) フィルタ

作動油中のごみや鉄粉などの異物はトラブルの原因になる。油圧装置に用いられるフィルタは、それらの異物を回路内に吸い込まないようにするための機器である。

図7.13 (a) に示すストレーナは、油タンク中の油圧ポンプの吸い込み側に取り付けられるフィルタである。油タンク内の異物から油圧ポンプを保護する役割をする。

図7.13 (b) に示すラインフィルタは油圧ポンプの吐出し側の高圧管路に取り

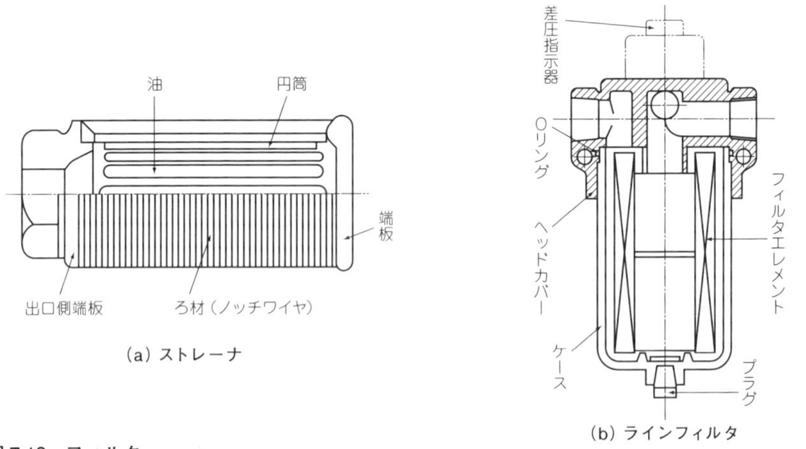

図 7.13　フィルタ

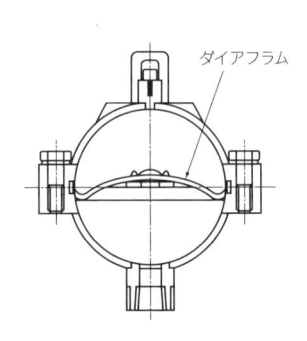

図 7.14　アキュムレータ

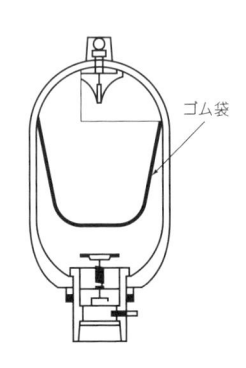

付けるものであり、制御弁や油圧シリンダなどの装置への異物の進入を防ぐ役割をする。

(3) アキュムレータ（蓄圧器）

図7.14に示すアキュムレータは、高圧の作動油を容器の中に貯めておくための機器である。回路内の圧力低下を防ぐために作動油を補充する機能、油圧回路内の衝撃やポンプの脈動を取り除く機能などがある。

2.7 油圧記号と油圧回路

油圧回路は、JIS B 0125で規格化された油圧記号を用いて図示される（図7.15）。その基本回路は、①圧力制御回路、②速度制御回路、③方向制御回路、④油圧モータ回路の4つの回路に大別される。図7.16は、基本回路の一例を示したものである。

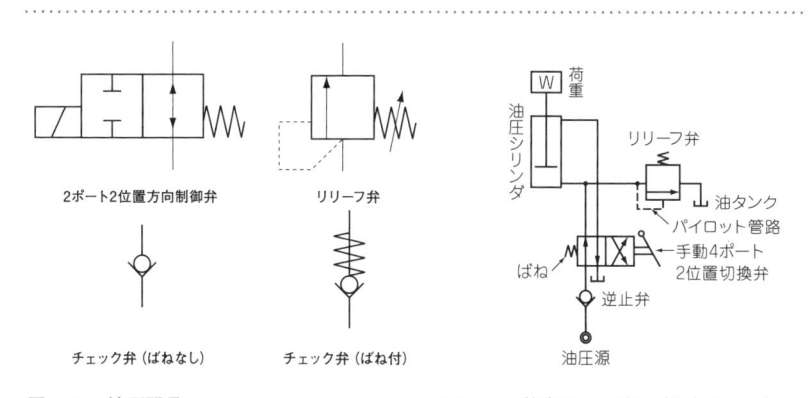

図 7.15　油圧記号

図 7.16　基本油圧回路例（安全弁回路）

2.8 作動油

(1) 作動油の種類

　油圧装置に使われる作動油には**表7.4**のようなものがある（JIS B 0142）。多くの油圧装置では、作動油として酸化防止剤を添加した一般作動油や耐摩耗性作動油などの石油系作動油が使われている。これらは長寿命であり、耐酸化性、防錆性もよく安価である。

　合成系作動油は、温度変化に対する粘度変化が小さく、高圧機器に適しているが、一般に使用温度範囲が狭く、しかも高価である。

　水溶性作動油は、金属を腐食させやすく、一部のシール部品（ゴム材料）を損傷させやすいので注意が必要である。

　なお、りん酸エステル系作動油やポリグリコール溶液などの作動油は、難燃性作動油と呼ばれ、一般の石油系作動油では引火・火災の危険のある油圧装置で使用されることが多い。

表7.4　作動油の種類

作動油の種類	概　要
石油系作動油	石油系炭化水素を主成分とする作動油
合成系作動油	異なる製法によって合成された作動油（水を含まない） （りん酸エステル系作動油など）
水溶性作動油	主成分として水を含む作動油 （エマルジョン、ポリグリコール溶液など）

(2) 作動油の性質

　表7.5に作動油の性質と要点を示している。

表7.5　作動油の性質と要点

①密度（比重）	一般に小さいほどよい。石油系作動油は0.85〜0.95g/cm³、合成系作動油では1.25g/cm³程度。
②粘度	使用するポンプやモータに適した粘度のものを用いる。作動油の種類により、粘度の幅は非常に広い。温度による粘度の変化が少ないもの、低温になっても、著しく流動性の低下しないもの（低温流動性）ほど扱いやすい。
③潤滑性	焼付き防止のため、しゅう動面に油膜を形成する性質をいう。一般に油膜の強い潤滑性のよいものほど耐摩耗性が高い。
④作動油劣化	作動油は酸化などによって化学的・物理的性能が低下する。一般に、酸化の遅い作動油はさびや腐食が起こりにくい。
⑤消泡性	空気の混入は、ポンプの吸込みライン、弁類のタンク側開放ラインでよく発生する。泡立ちが少なく短時間で泡を消す能力のある作動油が扱いやすい。
⑥引火点	作動油を加熱した際、発生する可燃性ガスが引火する温度をいう。装置の仕様を満足するものを使う。

(3) 作動油の劣化

　作動油は酸化などによって化学的・物理的性能が低下する。最も簡単に作動油の劣化を判定する方法としては、作動油を肉眼で観察し、色や異物の有無を判断する外観試験がある。**表7.6**は、作動油の外観による判定と対策を示したものである。

　より正確に作動油の交換時期を判断するには、作動油の粘度変化、酸化の増加、水分の混入、密度（比重）などの性状を試験し、作動油の使用限界値と比較する。

表7.6　簡単な作動油劣化の判定法

	外　観	におい	状　態	対　策
①	透明、色彩変化なし。	良	良	引続き使用。
②	暗黒で濁っている。	悪臭	不良	交換する。
③	色彩に変化なし、濁りあり。	良	水分含有	油をすまして水を出す。
④	透明、色が薄い。	良	異種オイル混入	引続き使用。

2.9 油圧回路のトラブル

　以下、油圧回路のトラブルをまとめる。
① 気泡が混入すると、回路の圧力変動、ポンプの吐出量の低下や異常音発生などが起こる。
② 作動油が汚染されると、切換弁の作動不良や、弁内部のスプール摩耗による油漏れ、ポンプの効率低下、コイルの焼損などを起こす。
③ 作動油の漏れが多いと、その場所によってはシリンダや油圧モータの速度が低下したり、停止状態でシリンダが働いたりする。
④ ストレーナなどのフィルタが目づまりすると、ポンプ吐出量の低下や異常音の発生が起こる。
⑤ 回路内の急激な油圧の変動によって、弁座などの可動部が細かくたたかれて振動を起こすことがある。これをチャタリングと呼ぶ。

3 空気圧

3.1 空気圧の特徴

　空気圧は、空気圧縮機（コンプレッサ）で発生した圧縮空気を、管路を通じて装置に導き、使用目的に従って機械を作動させるためのものである。空気の流れそのものを利用する機器、空気の圧力を利用する機器、真空圧（大気圧低下の圧力）を利用する機器など、様々な空圧機器がある。
　空気圧の特徴を以下にまとめる。

①圧力媒体
　圧力媒体である空気は周囲に無限にあり、使用は簡便である。また、電気や油圧に比べると、空気に多少の漏れがあっても危険は少ない。防爆用機器に適している。

②圧力
　一般の空気圧装置に用いられる圧力は、0.4〜0.6 MPa程度であり、1 MPaを越えることはほとんどない。したがって、7〜21 MPaという高圧が使用されている油圧に対して、空圧はその出力が比較的小さい個所で使用される。

③空気の圧縮性
　油圧と空気圧が大きく異なる点は、作動油が非圧縮性であるのに対して、空気が圧縮性であることである。その欠点としては、シリンダのスピードコントロールが困難であること、運動精度が低いことなどがあげられる。利点としては、エネルギーの蓄積ができること（空気タンクに圧縮空気を貯めておけば相当時間の運転が可能）、シリンダの高速運転が可能であること、衝撃を吸収することができることなどがある。また、もどり配管が不要であり、油圧と比べて、手軽で安価である。

3.2 空気圧アクチュエータ

　アクチュエータとは、流体のエネルギーを機械的エネルギーに変換する機器のことである。油圧装置と同様、空気圧アクチュエータには、直線運動を得る形式と回転運動を得る形式が使われている。

(1) 空気圧シリンダ
　図7.17にいくつかの空気圧シリンダを示す。**単動形シリンダ**は、シリンダの片

【第7章】油圧・空気圧

側だけに空圧が供給され、もどりは、ばね（スプリング）または重力などによって運動する。複動形と比べて、配管や弁が簡単になる。

複動形シリンダは、空気圧が両側から供給される形式である。往復ともに力が必要な場合に利用される。

(2) ロータリアクチュエータ

図7.18は、一定の角度範囲で揺動するアクチュエータであり、揺動モータあるいはロータリアクチュエータと呼ばれている。図7.17においてAから空気が入るとベーンを矢印の方向に固定シューまで回転させ、Bより空気が排出される。切換弁でBから空気を送れば逆転し、Aから排気される。

(3) エアモータ

連続した回転運動が得られる**エアモータ**は、エアドリルやエアグラインダ、エアウインチなどの工具類によく利用されている（図7.19）。エアモータは、始動トルクが大きいため加速性がよく、過負荷でも破損や焼損の心配が少ない。また、正転・逆転が容易に得やすく、しかも安全性が高いという特徴がある。

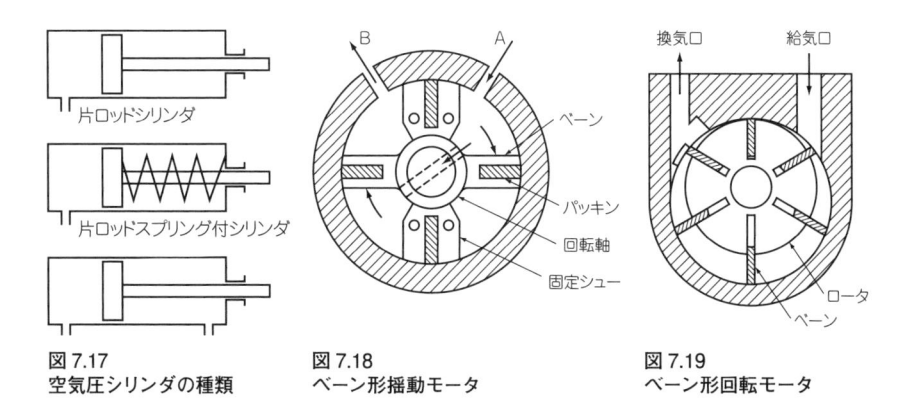

図 7.17
空気圧シリンダの種類

図 7.18
ベーン形揺動モータ

図 7.19
ベーン形回転モータ

3.3 制御弁

　油圧装置と同様、空気圧を扱う場合にも、圧力、流量、方向を制御するための様々な制御弁が使われる。

(1) 圧力制御弁
　空気圧縮機で発生する圧縮空気は通常0.7～1.0 MPa程度である。減圧弁（レギュレータ）と呼ばれる圧力制御弁は、この空気圧を使用する圧力まで下げるために使われる。通常、供給側の圧力変動や使用する空気の量に関係なく、回路内に一定圧力の空気を供給できる構造となっている。

(2) 流量制御弁
　絞り弁や速度調整弁などの流量制御弁は空気圧シリンダなどの作動速度を制御するための弁である。例えば、シリンダの往復運動で一方への動きを速く、逆への動きを遅くさせたいときなどに使用する。

(3) 方向制御弁
　方向制御弁としては、一方向だけに空気の流れを許すチェック弁（逆止め弁）、複数のポートの接続を切り替えるセレクタ弁やディバータ弁などが使われる。

3.4 圧縮空気の清浄化・良質化

　大気中には、ほこりや様々な不純物が含まれている。また、水分が含まれた大気を圧縮すると、温度・湿度の条件によって凝縮水分が発生する。これらの不純物や水分は、空気圧装置に不具合を生じさせることがある。そのため、圧縮空気が制御機器やアクチュエータに流れる前に、水分を取り除くエアドライヤ、ごみを取り除くフィルタ、さらに微細な油粒子を取り除くオイルミストセパレータなどが用いられることがある。
　また、減圧弁で使用する圧力まで減圧した後、各種制御弁やアクチュエータのしゅう動部を潤滑するため、ルブリケータと呼ばれる機器により油霧を付加する。こうして空気圧回路用の良質の圧縮空気が得られる。
　さらに、空気が大気へ放出される際に発生する排気音を低減するために、排気口に消音器を取り付けることがある。

第7章 油圧・空気圧

実力診断テスト

解答と解説は次ページ

次の設問において、記述が正しければ○、記述が間違えていれば×を解答しなさい。

【1】 チェック弁と呼ばれるバルブは流体を一方向にだけ流し、逆流を防止するバルブである。
【2】 油圧装置のバルブは、油の流量の調整だけに使うものである。
【3】 作動油が濁ってきた原因として、作動油に水が混ざったことが考えられる。
【4】 油ポンプにはごみ、鉄粉その他の異物を濾過する防除機器を取り付けるが、ポンプの吸込側に取り付けるものをフィルタ、吐出側に取り付けるものをストレーナと呼ぶ。
【5】 油圧制御弁には、大きく分けて圧力制御弁、方向制御弁、流量制御弁の3つがある。
【6】 ギヤポンプやベーンポンプなどの油圧ポンプは比較的高圧用に適し、プランジャポンプは低圧用に適している。
【7】 油圧回路中の作動油の温度は、200℃程度が適当である。
【8】 空気圧の回路では、ルブリケータにより油の霧を吹き込んで、機器の摩擦箇所を潤滑することがある。
【9】 油圧装置の内部の微少なごみなどを、清浄なオイルを通して清浄処理することをチャタリングという。
【10】 空気圧機器では、空気の圧縮性を利用して、シリンダのスピードコントロールが簡単かつ正確にできる。
【11】 空気漏れの検査には、検査箇所に石けん水を塗ると発見しやすい。

第7章●実力診断テスト　解答と解説

- 【1】○　☞ チェック弁（逆止め弁）は逆流を防止する弁であり、ばね負荷形、吸込形、流量制限形、パイロット操作形等の種類がある。
- 【2】×　☞ 流量調節だけではなく、油の流れる方向を変えたり、油圧回路を閉じたりする。
- 【3】○
- 【4】×
- 【5】○
- 【6】×
- 【7】×
- 【8】○
- 【9】×　☞ チャタリングとは、流体の変動によって減圧弁やリリーフ弁などの弁座で音が発生する自励振動現象である。
- 【10】×
- 【11】○

参考文献

◆ JIS 規格

本書で利用した主な JIS（規格番号と主な内容）は次のとおりです。
JIS は随時更新されていますので、最新の JIS を各自ご確認のうえ作業に当たられることをお勧めします。

- JIS B 0001（機械製図）
- JIS B 0104（転がり軸受用語）
- JIS B 0116（パッキン及びガスケット用語）
- JIS B 0121（歯車記号 - 幾何学的データの記号）
- JIS B 0123（ねじの表し方）
- JIS B 0125-1（油圧・空気圧システム及び機器 - 図記号及び回路図）
- JIS B 0401（寸法公差及びはめあいの方式）
- JIS B 1301（キー及びキー溝）
- JIS B 1451（フランジ形固定軸継手）
- JIS B 1801（伝動用ローラチェーン及びブシュチェーン）
- JIS B 2401（O リング）
- JIS B 2704（圧縮及び引張コイルばね - 設計・性能試験方法）
- JIS B 4003（工具用テーパシャンク部及びソケット - 形状・寸法）
- JIS B 8310（製図総則）

また、日本規格協会からは『JIS ハンドブック』が発売されています。

機械要素／配管Ⅱ（製品）／鉄鋼Ⅱ（棒・形・板・帯／鋼管／線・二次製品）／非鉄／鉄鋼Ⅱ（用語）／資格及び認証／検査・試験／特殊用途鋼／鋳鍛造品／その他）／製図

◆ 書籍

[1] 『機械工学便覧　デザイン編　β2 材料学・工業材料』／日本機械学会編／丸善
[2] 『材料力学 - 上巻 - 』／中原一郎著／養賢堂
[3] 『図解版電気学ポケットブック』／電気学ポケットブック編集委員会編／オーム社
[4] 『JIS 使い方シリーズ潤滑設計マニュアル』／赤岡純監修／日本規格協会
[5] 『わかりやすい油圧の技術』／林義輝著／日本理工出版会
[6] 『入門・機械＆保全ブックス 油・空圧の本①』／日本プラントメンテナンス協会著／日本プラントメンテナンス協会
[7] 『入門・機械＆保全ブックス 油・空圧の本②』／日本プラントメンテナンス協会著／日本プラントメンテナンス協会

機械・仕上の総合研究(上)

索　引

数字・英字

7/24 テーパ	93
FC	118
FRP	151
PEEK 樹脂	151
PTFE	62, 151
SK	121
SKH	121
SKS	121

あ行

アキュムレータ	277
亜共析鋼	109, 127
アスベスト	145
圧縮強さ	101
圧入	69
圧力角	38
圧力	266
圧力制御弁	282
油タンク	275
油溝	256
アルマイト	137
アルミニウム合金	139
アルミニウム青銅	139
アングル弁	90
安全率	174
アンダカット	39
アンロード弁	273
石綿	145
位相差	235
板カム	78
一条ねじ	10
一般構造用圧延鋼材	110
インコネル	142
インサート	24
インターナルギヤ	41
インダクションモータ	237
インバー	117
インバータ方式	240
インボリュート歯形	36
植込みボルト	21

ウォーム	44
ウォームホイール	44
渦巻きばね	82
打込みキー	28
内歯車	41
ウレタンゴム	148
エアモータ	281
エキセントリック機構	78
液体潤滑	250
易溶合金	143
S-N 曲線	159, 173
円すいクラッチ	55
延性	101
鉛丹塗料	153
塩浴浸炭窒化	134
オイルシール	84
黄銅	138
応力	166, 167
応力集中	175
応力集中係数	176
応力－ひずみ線図	172
オーステナイト系ステンレス鋼	115
オーステナイト	127
オーバピン法	48
オープンベルト	71
オームの法則	231
O リング	83
置割れ	138
押えボルト	21
オルダム軸継手	52

か行

快削黄銅	138
快削鋼鋼材	116
回転磁界	238
回転図示断面図	194
回転図示法	191
回復期	104
過共析鋼	109, 128
加工硬化	103
重ね板ばね	82

重ね継手	33
荷重	166
ガス浸炭	133
形鋼	106
硬さ	98
硬さ試験	154
可鍛性	101
可鍛鋳鉄	120
可鋳性	101
角ねじ	13
かみ合いクラッチ	54
かみ合い率	38
カム	78
干渉	39
完全ねじ部	202
冠歯車	43
含油軸受	62
キー	28
機械構造用炭素鋼	110
基準寸法	215
基準ラック	37
基礎円	36
起電力	230
基本簡略図示方法	209
逆止め弁	90, 274
ギヤポンプ	269
球状黒鉛鋳鉄 (FCD)	118
給油穴	256
境界潤滑	252
凝固点	124
強制潤滑	64, 258
共析鋼	109, 128
極圧潤滑	252
局部投影図	191
許容応力	173
許容限界寸法	215
切下げ	39
キルド	105
キルド鋼	105
金属間化合物	125
銀ろう	144
空気圧	280

索　引

空気圧シリンダ	280	硬ろう	144	自在軸継手	53
管継手	88	コーキング	33	磁性	102
管用ねじ	16	固体潤滑	250	質量効果	115, 130
クラウニング	40	固体浸炭法	133	磁粉探傷法	162
クラウンギヤ	43	コック	91	絞り	158
グラスウール	145	固定軸継手	51	絞り弁	275
クラッチ	54	コネクティングロッド	76	しまりばめ	216
クランク	76	小ねじ	23	ジャーナル軸受	60
グランドパッキン	85	固溶体	125	車軸	50
グリース	260	転がり軸受	64, 209	射出成形法	150
グリース潤滑	64, 250	コンクリート	146	斜投影	188
クリヤラッカー	153			シャトル弁	274
クロスベルト	71	**さ行**		シャルピー衝撃試験	158
クロム鋼	114	サーボモータ	237	集中荷重	180
クロムモリブデン鋼	114	サーメット	122	自由電子	230
クロロプレンゴム（CR）	148	サイクロイド歯形	37	周波	235
形状係数	176	再結晶	104	周波数	235
ゲージ圧	266	再結晶範囲	104	重力潤滑	258
結晶	103	最小許容寸法	215	主投影図	190
結晶核	124	最大許容寸法	215	ジュラルミン	140
ケルメット	143	最大高さ粗さ	211	純アルミニウム	140
減圧弁	273	材料の疲れ	173	潤滑	250
コイルばね	81	座金	24	純鉄	105
鋼	105	作動油	278	ショア硬さ	157
高温焼もどし	131	皿ばね	82	衝撃試験	158
合金	102	三角ねじ	13, 14	常磁性体	102
合金工具鋼	121	算術平均粗さ	211	状態図	126
公差域クラス	216	三相交流	235	正面図	186
公差等級	218	三相同期電動機	238	シリコンゴム	148
高周波焼入れ	134	三相誘導電動機	239	磁力線	233
合成ゴム	148	シーケンス弁	273	シルミン	140
合成樹脂軸受	62	シーズニング	118	靭性	101
合成樹脂	148	シートガスケット	85	浸炭	133
合成抵抗	232	シール	83	浸炭焼入れ	133
高速度工具鋼	121	磁界	233	真ちゅう	138
こう配キー	28	仕切弁	90	浸透探傷試験	162
鋼板	106	軸	50	スイッチ	243
降伏点	98, 172	軸受	59	すきまばめ	216
光明丹	153	軸受合金	142	すぐばかさ歯車	42
鉱油	252	軸受メタル	62	スターデルタ始動	240
高力黄銅	139	軸継手	51	スチレン・ブタジエンゴム（SBR）	148
交流	235	時効硬化	104		

287

機械・仕上の総合研究（上）

索　引

ステッピングモータ……237	**た行**	鋳鉄……105
ステンレス鋼……115		稠密立方格子……103
スナップピン……31	第一角法……186	中立面……178
スナップリング……29	耐火物……145	超音波探傷法……162
スパーギヤ……41	台形ねじ……13	超硬合金……122
スパン……180	第三角法……186	稠度……260
スピンドル……50	対称図示記号……192	ちょうナット……23
スプライン軸……50	体心立方格子……103	直動カム……79
スプリングワッシャ……24	耐熱鋼……116	直流……235
スプロケット……74	耐熱材……145	直流電動機……237
すべり軸受……60, 255	タイミングベルト……73	疲れ限度……159
スライダ・クランク機構……77	耐力……172	疲れ試験……159
スラスト軸受……60, 69	竹の子ばね……82	突合せ継手……33
寸法記入……196	多条ねじ……11	低温焼もどし……131
寸法許容差……215	打診法……162	定格出力……238
寸法公差……216	多段掛歯車装置……46	定格特性……238
寸法補助記号……197	タッピンねじ……24	抵抗……230
脆性……101	縦弾性係数……171	抵抗率……233
正投影……186	縦ひずみ……170	テーパピン……31
青熱脆性……110	タフピッチ銅……138	テーパ……92
青熱もろさ……110	ダブルヘリカルギヤ……42	滴下潤滑……257
赤熱もろさ……110	玉形弁……90	滴点……261
絶縁体……233	たわみ軸……50	てこクランク機構……76
絶縁抵抗……245	たわみ軸継手……52	手差し潤滑……257
切削性……102	弾性……170	テスタ……243
絶対圧……266	弾性係数……171	デセラレーション弁……274
接地（アース）……245	弾性限度……170, 172	電位差（電圧）……230
セミキルド鋼……105	弾性体……170	転位歯車……39
セメンタイト……107, 127	単相交流……235	展延性……101
セメント……146	炭素鋼……107	展開図……191
セレーション軸……50	炭素工具鋼……121	電気回路……231
繊維強化プラスチック……151	断熱材……145	電気抵抗……230
せん断ひずみ……169	断面係数……179	電源……230
せん断力図……181	断面図……193	電磁クラッチ……55
銑鉄……105	チェーン伝動……74	電磁誘導作用……234
全電圧始動……240	チェックバルブ……90	電磁力……234
潜熱……124	チェック弁……274	展性……101
相貫線……192	蓄圧器……277	電動機……237
想像線……189	チタン合金……141	伝動軸……50
側面図……186	窒化……133	天然枯らし……118
ソルバイト……132	窒化処理……133	天然ゴム……147
	中間ばめ……216	電力……231

索　引

電力量 ……………………… 231	のこ歯ねじ ………………… 14	ビッカース硬さ試験 ……… 156
同期電動機 ………………… 238	伸び ………………………… 98	ピッチ ………………… 10, 19
銅合金 ……………………… 138		ピッチ円 …………………… 35
灯心潤滑 …………………… 257	**は行**	引張試験 …………………… 157
同素体 ……………………… 124	歯厚ノギス ………………… 48	引張強さ ……… 98, 157, 172
導体 ………………………… 233	パーライト …………… 107, 127	比抵抗 ……………………… 233
導電率 ……………………… 233	ハイポイドギヤ …………… 44	ピニオン …………………… 42
動粘度 ……………………… 253	歯車 …………………… 35, 204	非破壊検査 ………………… 160
動物油・植物油 …………… 253	歯車ポンプ ………………… 269	火花試験 …………………… 160
等分布荷重 ………………… 180	歯車列 ……………………… 46	ピボット軸受 ……………… 61
通しベルト ………………… 20	歯先円 ……………………… 35	ヒューズ …………………… 244
止めナット ………………… 25	ハステロイ ………………… 142	表面粗さ …………………… 211
止めねじ …………………… 23	はすばかさ歯車 …………… 43	表面硬化法 ………………… 133
止め輪 ……………………… 29	はすば歯車 ………………… 41	表面性状 …………………… 211
塗料 ………………………… 152	歯底円 ……………………… 35	平ゴムベルト ……………… 72
トルースタイト …………… 131	肌焼き ……………………… 133	平座金 ……………………… 25
	破断伸び …………………… 158	平歯車 ……………………… 41
な行	歯付ベルト ………………… 73	比例限度 …………………… 172
ナット ……………………… 22	バックラッシ ……………… 40	ピン ………………………… 30
鉛フリー化 ………………… 137	ハッチング ………………… 195	Vベルト伝動 ……………… 73
なまし ……………………… 147	パッド潤滑 ………………… 257	フィルタ …………………… 276
軟ろう ……………………… 144	ばね …………………… 81, 206	フェースギヤ ……………… 43
ニードルベアリング ……… 67	はねかけ給油 ……………… 258	フェライト …………… 107, 127
ニクロム …………………… 142	ばね鋼 ……………………… 116	フェライト系ステンレス鋼
二乗平均平方根粗さ ……… 211	ばね座金 …………………… 24	…………………………… 115
二段掛歯車装置 …………… 46	はめあい …………………… 216	負荷 ………………………… 230
ニッケルクロム鋼 ………… 115	針状ころ形 ………………… 67	深溝形 ……………………… 66
ニッケルクロムモリブデン鋼	パルスモータ ……………… 237	不完全ねじ部 ……………… 202
…………………………… 115	バルブ ……………………… 90	複合材料 …………………… 151
ニッケル合金 ……………… 141	半月キー …………………… 29	袋ナット …………………… 23
ニトリルゴム（NBR）…… 148	反磁性体 …………………… 102	フックの法則 ……………… 170
ネーバル黄銅 ……………… 139	はんだ ……………………… 144	ブッシング軸受 …………… 61
ねじ …………………… 10, 202	半導体 ……………………… 233	部分断面図 ………………… 193
ねずみ鋳鉄（FC）………… 118	ピアノ線 …………………… 116	不変鋼 ……………………… 117
熱可塑性樹脂 ……………… 150	皮革 ………………………… 147	フラーリング ……………… 33
熱間加工 …………………… 104	引出線 ……………………… 200	プラスチック ……………… 148
熱硬化性樹脂 ……………… 148	非磁性鋼 …………………… 117	フランク …………………… 11
熱処理 ……………………… 129	ピストンポンプ …………… 270	フランジ形固定軸継手 …… 52
熱伝導度 …………………… 102	ひずみ ……………………… 169	フランジ継手 ……………… 88
熱伝導率 …………………… 102	皮相電力 …………………… 238	ブリネル硬さ試験 ………… 154
粘度 ………………………… 253	浸し潤滑 …………………… 257	フレミングの左手の法則 … 234
粘度指数 …………………… 254	左ねじ ……………………… 11	フレミングの右手の法則 … 234

289

機械・仕上の総合研究(上)

索　引

項目	ページ
噴霧潤滑	258
平行キー	28
平衡状態	125
平衡状態図	126
平行ピン	30
平行リンク	77
ベイナイト	128
平面カム	78
平面図	186
ペイント	152
ベーンポンプ	269
ヘリカルギヤ	41
ベルト伝動	71
偏析	103
変態	124
変態点	124
ポアソン数	170
ポアソン比	170
棒鋼	106
方向制御弁	274, 282
放射線透過試験法	162
ボールねじ	14
保温材	145
補助投影図	191
炎焼入れ	135
ポリ四ふっ化エチレン樹脂	151
ポルトランドセメント	146
ホワイトメタル	62, 142

ま行

項目	ページ
まがりばかさ歯車	43
巻掛け伝動装置	71
マグネシウム合金	141
曲げ応力	178, 180
曲げ強さ	101
曲げモーメント	178
曲げモーメント図	181
摩擦クラッチ	55
またぎ歯厚法	48
マルテンサイト	128
マルテンサイト系ステンレス鋼	

項目	ページ
	116
丸ねじ	14
マンガン鋼	113
右ねじ	11
右ねじの法則	234
密封装置	83
無鉛化	137
メートルねじ	15, 203
メカニカルシール	84
メトリックテーパ	93
面心立方格子	103
モールステーパ	92
木材	146
木ねじ	24
モジュール	36
モネルメタル	142
モルタル	146

や行

項目	ページ
焼入れ	129
焼割れ	131
焼なまし	104, 129
焼ならし	129
焼もどし	131
矢示法	186
やまば歯車	42
ヤング率	171
油圧	268
油圧シリンダ	270
油圧制御弁	272
油圧ポンプ	269
油圧モータ	272
融解	124
有効径	11
有効断面積	11
有効ねじ部	202
遊星歯車装置	45
融点	124
誘導電動機	237
ユニバーサルジョイント	53
ユニファイねじ	15
油膜	63

項目	ページ
溶接記号	221
洋白	139
要目表	205, 207
横弾性係数	171
横ひずみ	170

ら行

項目	ページ
ラジアルころ軸受	66
ラジアル軸受	60
ラジアル玉軸受	66
ラック	42
ラッパ	63
ラビリンスパッキン	86
リード	10
リード角	10
リーマボルト	21
立体カム	79
リップパッキン	85
リベット	32
リベット継手	33
リムド鋼	105
流体潤滑	252
流体継手	56
流量制御弁	282
両ナットボルト	21
リリーフ弁	272
リンク機構	76
リング潤滑	258
りん青銅	139
冷間加工	104
ロータリアクチュエータ	281
六角穴付きボルト	23
六角ボルト	20
ロックウール	145
ロックウェル硬さ試験	155

わ行

項目	ページ
ワッシャ	24
ワニス	153
割りピン	31

機械・仕上の総合研究(下)

目　次

【第1章】機械工作法

1　工作機械
1.1　工作機械の運動条件　　10
1.2　工作機械の分類　　10

2　旋盤と切削加工
2.1　旋盤　　12
2.2　普通旋盤の主要構造　　14
2.3　旋盤の付属品・取付具　　21
2.4　バイト　　28
2.5　切削油剤　　37
2.6　切削加工　　39

3　旋盤作業
3.1　旋盤作業の手順　　48
3.2　各種の切削作業　　50
3.3　タレット旋盤作業　　57
3.4　旋盤作業における問題　　61
3.5　旋盤の精度検査　　63

4　フライス盤加工法
4.1　フライス盤の種類と用途　　67
4.2　ひざ形フライス盤の構造　　68
4.3　フライスの種類と用途　　74
4.4　フライス盤作業　　77
4.5　フライス加工の切削条件　　82
4.6　フライス盤作業の問題点　　87
4.7　フライス盤の精度検査　　88

5　形削り盤・平削り盤・立て削り盤加工法
5.1　形削り盤加工法　　89
5.2　平削り盤加工法　　92
5.3　立て削り盤加工法　　95

6　ボール盤加工法
6.1　ボール盤の種類と構造　　96
6.2　ドリル　　98
6.3　ボール盤作業　　102

7　中ぐり盤加工法
7.1　中ぐり盤の種類　　108
7.2　中ぐり盤作業　　110

8　研削作業
8.1　研削盤による加工　　112
8.2　砥石の種類と用途　　119
8.3　研削作業　　123
8.4　研削条件　　127
8.5　研削作業のトラブルと対策　　131
8.6　特殊研削　　132

9　歯車工作法
9.1　歯車の製作法　　134
9.2　ホブ盤の構造と特徴　　135
9.3　その他の歯切器　　138
9.4　歯車の仕上加工　　139
9.5　歯車の精度　　142

10　ブローチ盤作業
10.1　ブローチ盤　　143
10.2　ブローチ　　144
10.3　ブローチ加工　　145

11　数値制御工作機械
11.1　数値制御の基礎　　147
11.2　NC機械のプログラミング　　148

291

11.3 NC装置の制御方法	150

12 放電加工・電解加工
12.1 放電加工	155
12.2 電解加工	156

実力診断テスト
・問題	159
・解答と解説	160

【第2章】その他の工作法

1 金属の加工性と加工法
1.1 金属材料の性質	162
1.2 金属材料の加工法	162

2 鋳造
2.1 鋳造の特質	163
2.2 溶解作業	163
2.3 造型作業	165
2.4 鋳込み・鋳造後の処理	168
2.5 特殊鋳造法	169
2.6 設計上の注意事項	170

3 鍛造
3.1 鍛造の特徴	172
3.2 鍛造作業	172

4 製缶・板金
4.1 製缶・板金用機械	175
4.2 製缶・板金作業	178

5 溶接
5.1 アーク溶接	183
5.2 ガス溶接	185
5.3 電気抵抗溶接	186
5.4 その他の溶接法	187
5.5 ろう付け	188
5.6 溶接部の欠陥と対策	189
5.7 溶断	190

6 表面処理
6.1 めっき	191
6.2 金属溶射法	193
6.3 塗装	193

実力診断テスト
・問題	195
・解答と解説	196

機械・仕上の総合研究(下)

目 次

【第3章】仕上・組立作業

1 けがき作業
1.1	けがき用具	*198*
1.2	けがき作業の要点	*198*

2 手仕上作業
2.1	はつり作業	*206*
2.2	やすり作業	*208*
2.3	きさげ作業	*213*
2.4	ラッピング	*217*
2.5	バフみがき	*221*
2.6	研磨紙布加工	*223*
2.7	のこ引き作業	*223*
2.8	リーマ通し	*225*
2.9	タップによるねじ立て作業	*230*
2.10	ダイスによるねじ立て作業	*236*

3 治具・金型・機械組立作業
3.1	治工具仕上	*238*
3.2	金型とその製作法	*244*
3.3	機械組立・調整作業	*247*

実力診断テスト
・問題	*253*
・解答と解説	*254*

【第4章】工作測定

1 測定上の注意
1.1	直接測定と比較測定	*256*
1.2	測定上の注意	*256*

2 測定器
2.1	測定器の分類	*259*
2.2	実長測定器	*259*
2.3	比較測定器	*266*
2.4	角度測定器	*270*
2.5	各種ゲージ	*272*
2.6	その他の特殊測定器	*274*

3 測定法
3.1	形状と位置の精度測定	*276*
3.2	表面粗さの測定	*277*

実力診断テスト
・問題	*279*
・解答と解説	*280*

【第5章】品質管理・安全衛生

1 品質管理

1.1	品質管理の基礎	*282*
1.2	品質管理の手順	*282*
1.3	管理図	*285*
1.4	管理限界	*288*
1.5	抜き取り検査	*289*

2 安全衛生

2.1	機械作業の安全	*290*
2.2	機械作業の衛生	*294*

実力診断テスト

・問題	*297*
・解答と解説	*298*

●参考文献　　　　　　　*299*
●索引　　　　　　　　　*300*

著者略歴

平田 宏一（ひらた こういち）

- 1967 年　東京生まれ
- 1992 年　埼玉大学大学院理工学研究科機械工学専攻修了
- 1992 年　運輸省 船舶技術研究所 機関動力部 研究官
- 1998 年　埼玉大学大学院理工学研究科より博士（工学）取得
- 現　在　（国研）海上・港湾・航空技術研究所　海上技術安全研究所
　　　　　環境・動力系　副系長

　学生時代から模型スターリングエンジンなどの実験装置の製作をはじめる。現在、同研究所において、スターリングエンジンや舶用ディーゼルエンジンの研究に従事。主に機械設計と熱機関を専門分野とし、様々な実験装置の設計・試作を行っている。

主な著書

「模型スターリングエンジン」（共著）、山海堂、1997 年
「スターリングエンジンの理論と設計」（共著）、山海堂、1999 年
「はじめて学ぶ熱力学」（共著）、オーム社、2002 年
「マイコン搭載ロボット製作入門 ―AVR で魚型ロボットのメカを動かす―」、CQ 出版、2005 年
「絵とき 機械加工の基礎のきそ」、日刊工業新聞社、2006 年
「絵とき 機械設計の基礎のきそ」、日刊工業新聞社、2006 年
「絵とき 機械用語事典【作業編】」（共著）、日刊工業新聞社、2007 年
「絵とき 機械用語事典【設計編】」（共著）、日刊工業新聞社、2007 年
「目で見てわかる 手仕上げ作業」、日刊工業新聞社、2008 年

お問い合わせについて

本書の内容に関するご質問は、下記の宛先までFAXまたは書面にてお送りください。お電話によるご質問、および本書に記載されている内容以外のご質問については、一切お答えできません。あらかじめご了承ください。

●問い合わせ先
〒162-0846
株式会社 技術評論社 第三編集部
『機械・仕上の総合研究（上）』質問係
FAX　03-3267-2271

なお、ご質問の際に記載いただいた個人情報は、質問に対するご返答の目的以外には使用いたしません。また、質問への返答後、速やかに破棄させていただきます。

●カバーデザイン
布施田 正男（太陽印刷工業株式会社）
●本文DTP
株式会社 森の印刷屋
●図版
株式会社 森の印刷屋
Studio Sue
アントえくぼ
上村いづみ
押井愛利子
u-ca
有限会社 バーズツウ
（石井順子、鹿沼芽久美）

技能研修＆検定シリーズ

[改訂版] 機械・仕上の総合研究（上）

2015年 4月25日　初版第1刷発行
2025年 4月23日　初版第8刷発行

著　者●平田 宏一

発行者●片岡 巌

発行所●株式会社 技術評論社
　　　　東京都新宿区市谷左内町 21-13
　　　　　電話　03-3513-6150　販売促進部
　　　　　　　　03-3267-2270　書籍編集部

印刷／製本●港北メディアサービス株式会社

定価はカバーに表示してあります。

●本書の一部または全部を著作権法の定める範囲を超え、無断で複写、複製、転載、テープ化、ファイル化することを禁じます。本書に記載されている会社名、製品名などは各社の商標および登録商標です。

©2015　平田 宏一

●造本には細心の注意を払っておりますが、万一、乱丁（ページの乱れ）や落丁（ページの抜け）がございましたら、小社販売促進部までお送りください。送料小社負担にてお取り替えいたします。

ISBN978-4-7741-6568-4　C3053

Printed in Japan